树冠通透，枝量较稀，果实着色较好

细长纺锤形夏季树冠

作者在山东省沂水县培训果农

根系丰满的苹果苗木，有利于提高栽植成活率，保证苗全苗齐苗壮

剪除基砧强大根系，有利于控制树冠旺长

剪除背上旺枝

作者在河北省易县苹果园进行拉枝

全树拉枝后松塔树形园貌

矮密苹果主干形幼园

细长纺锤形初果期苹果园

三年生高纺锤形苹果园

苹果矮密园结果状

矮密果园树墙结果状

甘肃省天水市花牛苹果留侧生枝下垂果

神富 6 号苹果丰产状

苹果摘袋后疏剪遮光枝

钢丝拉枝器

篱壁式果园

高纺锤形幼园行间状况

高纺锤形三年生树结果状

垂柳式树形结果状

垂柳式树形下垂枝结果状

四主枝开心形结果状

三主枝扇形结果状

苹果树合理整形修剪图解

（第4版）

主　编

汪景彦

副主编

隋秀奇　李　壮

编著者

杨良杰　李　敏　孙思邈

王大江　刘万达　王　禹

绘　图

汪景彦

金盾出版社

内 容 提 要

本书由中国农业科学院果树研究所汪景彦研究员主编和修订。本书自出版以来，重印32次，发行72.6万册，深受广大读者的欢迎。作者根据当前苹果树控冠改形的需要，并针对修剪中出现的新问题，对原书进行了修订。主要内容包括：概述，常用树形及其整形技术，果园郁闭与树体改造，树冠调控方法，常用修剪方法、作用与应用，修剪技术纠错，省工简化修剪法等。本书内容先进完善，贴近生产实际，是广大果农、园艺技术人员以及农业院校相关专业师生很有价值的实用参考书。

图书在版编目（CIP）数据

苹果树合理整形修剪图解 / 汪景彦主编 . —4 版 . —北京：金盾出版社，2023.7
ISBN 978-7-5186-0693-1

Ⅰ . ①苹…　Ⅱ . ①汪…　Ⅲ . ①苹果—修剪—图解　Ⅳ . ① S661. 105-64

中国国家版本馆 CIP 数据核字 (2023) 第 070487 号

苹果树合理整形修剪图解（第 4 版）

汪景彦　主编

出版发行： 金盾出版社	**开　　本：** 710mm × 1000mm　1/16
地　　址： 北京市丰台区晓月中路 29 号	**印　　张：** 18
邮政编码： 100165	**彩　　页：** 0.25
电　　话：（010）68176636　68214039	**字　　数：** 236 千字
传　　真：（010）68276683	**版　　次：** 2023 年 7 月第 4 版
印刷装订： 三河市双峰印刷装订有限公司	**印　　次：** 2023 年 7 月第 33 次印刷
经　　销： 新华书店	**印　　数：** 726 001 ～ 729 000 册
	定　　价： 56.00 元

再版前言

苹果树整形修剪，作为综合管理措施中的一项重要技术，受到了广大果农和科技工作者的普遍重视。它在很大程度上能合理调节果树生长与结果的关系，影响产量和品质的形成，还能为各项田间操作提供方便条件。笔者在50余年的生产和科研实践中深刻体会到，该技术具有以下五大特点：

第一，时代性强。20世纪50－60年代，重树形、轻结果，短截多，修剪重，“一把剪子定乾坤”，过分突出整形修剪的作用；70－80年代，密植兴起，追求早实、丰产高产，提倡轻剪长放多留枝、多留花芽多结果；从90年代开始，苹果生产进入“质量时代”，市场变了，一切要为优质高效服务，在修剪上提倡“旺者拉、弱者缩、密者疏、极少截”，在栽培体制上，由“密植、密枝、密果”转为“适度栽植、适当留枝、适量留果”，因此提出“控冠改形、限产增质”，倡导综合技术的配合作用，重视树体结构、群体结构的调整，大力改善树冠光照条件，充分满足优质生产的要求。

第二，技术性强。在操作上有一定难度。如在整形方面，骨干枝级次多，数量大，需要处理好各级枝间的主从关系；在修剪方面，有放、缩、截、疏、刻剥、变向等方法，用起来千变万化，有些技术在1～2年内难以掌握、精通。

第三，时间性强。许多技术必须在适宜的物候期内进行，错过了，则效果欠佳。如刻芽应在萌芽前进行，环剥应在成花前进行等。

第四，平衡性强。修剪，主要是调整树体各部平衡（抑强扶弱），即树冠上下平衡、同层枝平衡、地上部与地下部（根系）的平衡、生长与结果的平衡等。所以，在当前控冠改形过程中，在大枝去除多的当年，对存留的大枝、小枝要轻剪长放，保持总量平衡。否则，树势返旺，不利于成花结果。

第五,经验性强。在多数情况下,整形修剪经验是重要的。有的人虽有满腹修剪理论,但不进行实地操作,是不敢动手剪树的,更不可能熟练掌握这门技术。所以,虽然有统一的修剪方案,总修剪趋势相同,但在个别技术处理上却不尽一致,此乃修剪者个人经验、技术水平差异所致。因此,我们应认真向实践学习,向有先进修剪经验和技术的人学习。

综上所述,苹果树整形修剪技术特点鲜明,复杂多样,千变万化,须不断完善和发展,永无止境。

1993年,我们编绘、由金盾出版社出版的《苹果树合理整形修剪图解》一书,相继重印11次,发行了近60万册;2003年对原书进行了第1次修订,出版了第2版,后又重印了8次,发行量增至65.8万册;2012年又对第2版进行了修订,之后重印了12次,发行量增至72.6万册,在广大苹果产区技术普及方面发挥了不小的作用。如今,又过了10年,苹果生产蓬勃发展,整形修剪技术更加丰富、完善,我们将多年来电话答疑、登门拜访、读者来信问题归纳总结,列为概述一章。这些新技术已列入本书第4版中,使本书更具先进实用性,使其在果农致富中发挥更大作用。

虽经修订,也难免有不足之处,切盼业内同行和广大读者不吝赐教,衷心感谢!

编 著 者

目　录

第一章
概　述

苹果栽培涉及面广，技术细致、复杂，尤其整形修剪，形式多样，变化多端，在1～2年内难以精通。笔者将多年来电话答疑、登门拜访、读者来信等提出的问题进行归纳总结，具体如下。

一、苹果整形修剪的作用和影响

苹果栽培管理是一种综合技术的体现，从技术复杂程度看，整形修剪更突出一些。

整形修剪，在很大程度上会影响苹果树的生长和结果，因此对苹果树早实丰产、壮树稳产、优质高效生产有重要影响。同时，对整形修剪的作用要有真正的理解，不能过分夸大和贬低。应该认识到整形修剪只有在加强土肥水管理和病虫害综合防治的基础上，并与其他栽培管理措施（如防御自然灾害等）相结合，才能最大限度地发挥其应有的作用和影响。

二、推广采用更能省工高效的主干形树形

随着科技的进步和社会的发展，果树的树形也在不断地改变，从过去的稀植大冠——主干疏层形、十字形、变则主干形，现在已改变为密植矮化高效栽培，树冠由大冠圆头形逐渐变小、变扁，光照好、品质佳，更趋于省工高效，也更适于标准化和机械化管理。当今，我国大多数乔砧苹果树多采用小冠疏层形、自由纺锤形，一般为中大树冠。而在许多新建果园多采用细长纺锤形，尤其乔

砧+短枝型品种组合,更适于这种树形,如甘肃省天水地区,约有12.7万公顷花牛苹果,90%苹果树都是标准化的细长纺锤形。在河南省三门峡一带,也有大面积采用由河南省三门峡市灵宝东村园艺场纵敏师傅发明的松塔树形。该树形上小下大,拉枝到位,光照良好,优质果率达90%以上。甘肃、陕西等省的苹果园也有采用松塔树形的。近年,随着矮砧密植的兴起,在建有支柱篱架的苹果园,已引进国外的高纺锤形或主干形,但行间操作、整形修剪需有平台车协助。

现在把细长纺锤形、松塔树形、高纺锤形等一类具有明显的、有绝对生长优势的中央领导干的树形,统称为主干形树形。这类树形结构简单,没主、侧枝,只有1个坚强的中央领导干,其他的大、中、小枝组,用拉枝法将其角度拉到90°~120°,利用角度控制树势和冠幅,结果早,品质好,省工高效,是当前应该推广和采用的树形。

三、树形改进的历史

随着生产的发展、科技的进步,社会经济条件的改善和市场要求的改变,果树树形也处于不断革新改变之中。一种好的树形,只能在特定的历史、生态和栽培条件下,产生积极的效果,而不能在任何条件下起到同样良好的作用和效果。

亚洲和欧洲是世界果树起源和发展的重要地区,栽培历史悠久,经验丰富,技术领先,产量比重大。追溯果树的发展史,在17世纪前,果树栽培相当原始粗放,一般不搞整形修剪,树形均为放任的自然圆头形,密不通风,透光不良,果实产量低,果个小,品质差。

公元前3世纪左右,欧洲开始种植矮生果树,作为庭院树木点缀观赏。11—13世纪,我国重视杏、桃、石榴和苹果等矮生果树类型培育,并得到迅速发展。但这类果树只集中于城郊和庭院中栽培,以满足封建王朝富人享用。17世纪中叶到20世纪中外各国庭院果树已由放任生长阶段转入蓬勃发展的塑形期，利用矮化砧或矮化品种，把树冠整成形式多样的机械人工形来点缀皇室、公园、地主庄园，如各式扇形、圆锥形、单干形、树篱形等，这类树形在18世纪的欧洲发展很快，它不追求高产，只求形美、果大、色好、质佳。1880—1890年，机械人工形果树栽培达极盛时期。但采用此类树形和整形方法，果树株产和单产量低，同时，需要借助墙壁或昂贵的支柱篱架，以及大量熟练而有丰富经验的工人师傅，因此导致投入成本高，方法难于推广应用，更不适于大面积经济栽培。

19世纪末期以来，随着资本主义的发展，交通运输和贮藏条件的改善，人们迫切需要果树生产实行商品化、规模化经济栽培，并力求减少用工和投资，提高劳动生产率，降低成本，及早收回投资，提高纯收益。于是，原来流行的管理费工、产量低、成本高的机械人工形及其相应的细致化修剪法，逐渐被淘汰。随后，逐渐兴起的是人工自然形，如开心自然形、主干疏层形、变则主干形、三挺身树形、十字形逐渐推广于生产。这类树形为了形成坚强的骨架结构，栽后1～5年为整形阶段，剪得较重，树势较旺，产量上升较慢，但到中后期，产量相当可观。其优点是不需要繁杂的手工操作，投资较少，利于人工和机械操作，为大面积商品化生产创造了适宜条件。

20世纪50—80年代，我国上述大冠树形（以主干疏层形为主）是生产上应用的主导树形。后来，随着密植的兴起，尤其矮化砧受到重视后，中、小冠树形，如小冠疏层形、自由纺锤形、细长纺锤形等开始推广。这充分显示出树形由单一向多样化发展，树体结构由复杂向简单、由高大圆向矮小扁方向发展，层次由多变少（甚至为0），枝轴由长变短，改善通风透光条件，为缩短整形年限、简化整形程序和修剪方法奠定了可靠基础。

四、树形的发展趋势

（一）展现多样化的特点

栽植密度不同、栽植方式不同、品种不同、机械化程度不同、生态条件不同等,树形也应有不同的选择。

1. 大面积生产园 一般采用中小冠树形,如小冠疏层形、小冠开心形、简易疏层形、改良纺锤形、自由纺锤形、细长纺锤形等。

2. 矮化密植园 多用细长纺锤形、松塔树形和高纺锤形。

3. 观光果园 树形多种多样,如各种纺锤形、各种扇形、开心形、盘形等。有条件的还可以建立拱棚架、篱壁架等,进行拱棚形或篱壁式整枝,或利用墙壁整枝,以达到景观新颖,别具一格的效果,引人入胜。

(二)选育柱形品种

自动长成柱形,如芭蕾系苹果(舞佳、舞美、舞姿、舞乐等),在中央领导干上,直接着生短果枝结果,侧生枝很少,几乎不需要人工整形修剪,适于高密栽培。

(三)重视和发展主干形整枝

在密植,尤其矮砧高密栽培(株距1米左右)条件下,树形越小越好,高纺锤形、松塔树形等就成为首选树形。因其树体结构简单,整形省工,光照好,早实丰产快,果品质量高,管理方便,适于机械化,省工省投资,经济效益高。

(四)机械人工形有所发展

随着城乡人民生活水平的提高,居民小区、别墅区的快速增加,以及假期的增多,人们多有闲情逸致,宅旁果树会迅速发展起来,其中盆栽果树也会走进千家万户,为了美化,绿地,点缀环境,机械人工形(U字形、双U字形、套U字形等扇形)会相应得到应用。

(五)出现更适于机械作业的树形

国外有一种最新的“豆腐块”式和“二层楼”式的整形方式,是用跨行式修剪机或综合管理机进行整形修剪，其他管理也完全是用机械来完成的，这种综合管理机兼行施肥、喷洒农药(随时回收从树上滴下的药液，既不浪费农药，又不污染土壤)、中耕、碎枝、采收等作业，目前还处于小规模试验阶段。其优点是受光面大，土地利用率高，适于机械化采收，上层果实着色好，可供鲜食，下层果实着色差，可供加工。"二层楼"式树形外表像细高的圆锥形，两层间有段间隔距离，以利于分层采收上下两层果实，这样可完全取代人工操作管理。

(六)选育省工品种

随着科技进步，可能选育出几乎不需特殊整形的新优品种，如用枝条直接扦插于定植穴并能直立生长结果的短枝型品种，既省人力，又省机械化管理，还有良好的品质和效益。再如烟台现代果业科学研究院已选出神富 6 号，又叫"懒富"，即"懒汉"富士，不需人工拉枝，自然生长，结果良好。据笔者调查，6 年生懒富每 667 米^2 产量 6 500 千克，不铺反光膜，也能着色浓红，深受果区欢迎。

总之，当前苹果树形正处于深刻变革阶段，一些新的整形修剪方法，将伴随栽培现代化、集约化、省力化而陆续用于生产。我们应认真总结和学习，掌握国内外的先进经验，密切结合国情、园情深入探讨整形理论与技术，创新提出更新、更完善的整形修剪方法，全力推动果业发展。

五、选用树形的原则

适用树形的原则有如下 8 条。

第一，因地制宜选用树形。果树要适地适栽，不同生态条件对树体影响较大，因此，要根据当地气候、土壤状况选择树形，平地、肥沃、年雨量大，树旺难控制，应选择较大树冠树形，如小冠开心形，小冠疏层形；山地、贫瘠、肥力差、年雨量小，树体长得慢，冠小，好控制，应选小冠树形，如细长纺锤形、松塔树形等。

第二，根据株行距大小选用树形。通常选择树形要看株距大小，株距3米以上的可用小冠疏层形(或小冠开心形、改良纺锤形)，株距2～3米的可用细长纺锤形，株距1米左右的可用高纺锤形。

第三，根据砧一穗组合情况选用树形。乔砧一乔化品种＋无病毒苗木，树势特旺，难于控制，一般要选用大、中冠树形；乔砧一矮化中间砧一乔化品种，其生长势中庸偏强，可选中冠树形(自由纺锤形、改良纺锤形)；乔砧一短枝型品种，可选中、小树形(细长纺锤形等)；矮砧一短枝型品种，即双矮组合，适用矮纺锤形、高纺锤形等。

第四，根据品种特性选用树形。当前栽培的苹果品种有几十个，主栽品种有10来个，其生长、结果特性差异很大，一般分为短枝型、半短枝型和普通型3种，短枝型可用小树形，半短枝型可用中等树形，普通型(乔化)可用中、大型树形。

第五，树形选择要求冠体通风透光。要求群体和个体通风透光，叶片无寄生区，光合产物积累多，树势健壮。

第六，树形选用要充分利用营养面积和空间。在一定年限内树形充分利用给予它的营养面积和空间，以最大效率地发挥其生产潜力。

第七，要求树形整形简单易行，造型保持容易，管理省工，降低人工成本。

第八，树形选用要充分满足经营者的愿望与要求。如快速收回投资，或适于观赏、美化，成为当地亮点景观，点缀环境。

六、矮化密植树形的特点

当今，果树栽培已进入矮化密植栽培时代，栽植行距多为3～4米，株距多为0.7～2.5米，每667米^{2}栽植66～220株，在此情况下，树形必须小型化，其特点如下。

第一，树体矮、骨架小，便于机械和人工操作。要求树高不超过行距（2.5～3.5 米），行间射影角＜49°（行间射影角为邻行树顶到本行树冠基部连线与水平面的夹角），确保树冠下部果实每天有 3 小时直射光照射，果实着色好，冠径不超过株距，一般冠幅和叶幕层厚度在 2 米左右。树形可选用纺锤形、圆柱形、主干形、直立单干形、扇形和篱壁形等。

第二，骨干枝数量少，多为 3～5 个，有的只有中央领导干（不留主侧枝，只留各类枝组）。小冠开心形，只留 1～2 层主枝；三主枝自然开心形或三挺身树形只留 1 层主枝，骨干枝少，整形简单，成形快，用工量少。

第三，骨干枝弯曲延伸（中央领导干或主枝）。这有利于控制上强下弱，促进树势上下平衡，树势稳定，结果好，产量稳，品质高。树形可选用多曲柱形、折叠式扇形等。

第四，株间连成树墙。枝条可以交叉，形成良好的树形结构，行间留出 1.5～2 米的作业道，以利于光照和田间作业。

第五，有利于实行机械化管理。在机械化程度高的矮密苹果园通常采用行间平台车或修剪机剪树，将树行视为一个整体，剪成一定的几何图形（梯形、三角形、篱壁形等），管理省工，工作效率高。

第六，成形快、结果早。过去，稀植大冠树需要 5～6 年才能完成整形任务，开始挂果；如今采用矮密小树冠，2～3 年便可完成整形任务，并开始结果。如松塔树形、高纺锤形栽后 2～3 年可达预定高度，3～4 年便可完成整形任务，同时进入结果期。

七、简化修剪的特点

过去传统的修剪技术比较烦琐，费工费时，生产者在短期内难于掌握，要熟练掌握该技术，没有几年的积累是不行的。传统的修剪方法主要是采用截、缩法，有的老师傅采用“枝枝必问”，更加费工，一天剪不了几株树。笔者曾到辽宁省海城市老韩的苹果园，种植的品种是寒富，树龄8年，盛果期树共有500余株，请两位技术人员负责剪树需要25天剪完，一天一人只能修剪7～8株。在笔者的指导和建议下，采用简化修剪法30分钟剪完5株树，老韩觉得简化修剪法不错，能够提速、省工，本来25天的工作15天就可完成，可以节省工费3 000元。翌年6月笔者又去老韩的苹果园看修剪效果，发现树体光照好，坐果足够用，树势健壮，老韩很满意。简单概括简化修剪法的原理，是在遵循果树自身生长发育规律的基础上，根据果树年龄、枝量、花芽量而采用的简易、省工、高效的修剪技术。其基本特点包括以下几个方面。

第一，修剪手法以疏、放、拉为主。完全摒弃了过去的以截、缩为主的剪法。笔者2011年11月26～27日在河南省三门峡市陕州区二仙坡果园修剪调查，在一人修剪操作情况下，剪一株8年生乔砧红富士苹果树需8.1分钟，平均剪下41剪，疏枝占99%，回缩占1%，几乎全部长放(表1-1)。另外，还调查了5年生乔砧红富士和M26中间砧红王将树各剪法比例与耗时(表1-2)。

表1-1　8年生乔砧红富士各剪法比例与耗时

株号	疏枝	回缩	短截	长放	耗时(分钟)
1	62	0	0	全部	8
2	52	0	0	全部	9
3	39	0	0	全部	10
4	36	1	0	几乎全部	6
5	37	1	0	几乎全部	10
6	28	0	0	全部	9
7	46	0	0	全部	8
8	31	0	0	全部	7
9	52	1	0	几乎全部	8
10	27	1	0	几乎全部	6
合计	410	4	0	几乎全部	81
平均	41	0.4	0	几乎全部	8.1
占比(%)	99.0	1.0	0		

表 1-2　5 年生乔砧红富士和 M26 中间砧红王将树各剪法比例与耗时

类型	株号	疏枝	回缩	短截	长放	耗时(分钟)
5 年生乔砧红富士	1	30	0	0	全部	5
	2	26	0	0	全部	5
	3	25	0	0	全部	4
	合计	81	0	0	全部	14
	平均	27	0	0	全部	4.7
	占比(%)	100	0	0		
5 年生 M26 中间砧红王将	1	22	0	0	全部	3
	2	15	0	0	全部	3
	3	18	0	0	全部	3
	合计	55	0	0	全部	9
	平均	18.3	0	0	全部	3
	占比(%)	100	0	0		

由表 1-2 可以看出，5 年生树，不论是乔砧还是矮化中间砧，与接穗组合，疏枝都占 100%，没有回缩和短截。单株平均修剪耗时，乔砧为 4.7 分钟，矮化中间砧为 3 分钟，省时省力。

第二，减轻了工作量。从表 1-1 和表 1-2 可以看出，5 年生乔砧红富士，单株平均疏枝 27 个；M26 中间砧红王将单株平均疏枝 18.3 个；8 年生乔砧红富士，单株疏枝 41 个，耗时分别为 5 分钟、3 分钟和 8.1 分钟。按每人工作 6 小时，一天可修剪 667 米^2 左右苹果园，比常规修剪省工 1/2～2/3，从而降低了用工成本。

第三，技术简单易学。我们把苹果简化修剪概括 8 项基本技术：一是基本不短截；二是基本不回缩；三是基本长放（不动剪）；四是基本采用疏枝法；五是基本用拉枝法控制树势；六是不留“树上树”；七是不搞串花枝回缩；八是不搞“戴帽剪”。所以，主要是疏枝、拉枝、长放，简单易学。我们曾用一天时间教会 2 位没有学过修剪技术的销售经理学会修剪技术。一般有修剪经验的老技术员，只要抛弃传统修剪习惯，接受新事物，就能在 1～2 天完全掌握该剪法。我们从甘肃省天水市到山东省烟台市,从河南省三门峡市到辽宁省葫芦岛、海城、丹东一带,推广该修剪技术,得到广大果农的普遍接受和好评。

第四,从树形上简化。这是修剪技术简化的基础。树体大,骨干枝多,需考虑主侧枝间的主从关系和平衡关系,修剪起来,十分困难,也比较费脑筋。因此,应尽可能选择小冠树形,精心培养一个坚强的中央领导干,在其上不留主、侧枝,只留20～30个侧生分枝(各类枝组)。每年修剪时,只去除密生、重叠和过长、过粗(干枝比超过1∶0.5的)或过低(离地面1米以下)的侧生枝。一般每年只剪除2～3个侧生枝就够了。

第五,从品种上简化。选育柱型品种(如芭蕾系苹果)、短枝型品种或易于修剪的品种,如懒富品种不需人工拉枝、开角,结果着色良好,颇受果农欢迎。

第六,从栽培体制上考虑。矮密栽培已成为世界苹果栽培的主流,我国在适宜地区也开始采用有支柱篱架式矮密栽培,少者几公顷,多者几百公顷。这类果园由于采用矮化砧或矮化中间砧,根系浅,树体矮,生长量小,树体通透,果实品质高,且整形简单,修剪容易,是今后的发展方向。

八、疏除大枝的种类

随着苹果树年龄的增长,骨干枝会越来越粗大,原来觉得分布合理,相互影响不大,后来觉得问题很大,到了不疏、不解决不行了。因此,每年冬剪时,都需要处理一部分有问题的大枝,但量要掌握好。该疏除的大枝介绍如下。

(一)低位枝、近地枝

疏除树干上低位枝或近地枝又称提干,是目前成龄树、郁密果园树冠改形的主要方法之一。过去老树形,多半是低干矮冠,基部主、侧枝因果实负载过重而低垂。近地,不但影响树体下部透光和果实品质,也不便田间操作。因此,应逐年疏除,不能一次到位,否则会影响地上地下部的平衡,也会使产量剧降。一般果农不愿接受,但在特殊情况下,也可灵活处理。2000年,笔者作为陕西省万荣县政府的果树顾问,被分配到王显乡王三闷的果园,做技术指导。该果园是县委书记挂牌联系点,果园种植 2 668 米^2 红富士苹果,8～9 年生,正值盛果期,每 667 米^2 产量 3 500～4 000 千克。考虑果园树密枝多,果实品质不高,只在地头剪了 11 株苹果树。其中,有一株自由纺锤形树,基部近地面 50～60 厘米处按三大主枝排列,而且上部枝量也较大,笔者把三大主枝全部疏除,王三闷看在眼里,疼在心里。当时,王三闷不能理解笔者的做法和用心,之后果园仍沿用老方法修剪其他果树。翌年秋,果实摘袋后,全县约 2 万人分批到王三闷果园参观笔者指导修剪的那株树,统计单株着果数为 192 个,单果重都在 250 克以上,单株产量约 50 千克,折合 667 米^2 产量应在 4 000 千克左右。秋后笔者问王三闷对我的剪法是否理解,他说:"我现在完全服了"。当年冬天,王三闷按照笔者的剪法对全园进行提早修剪。

提干要因树制宜,有计划有步骤地进行。一般每株树每年疏除 0～2 个主枝,3～4 年完成修剪;肥水好,树势旺的果园,可适当加速提干,用 2～3 年完成修剪;老弱树,先去除把门侧、大侧枝,压缩变小后,再逐年去除。

(二)把门侧枝

主干疏层形、小冠疏层形基部枝上常配备侧枝 1～3 个,第一侧枝离主干近,一般小于 40 厘米,常称把门侧枝。由于基部空间小,把门侧枝就显得多余了,一是影响修剪者上树操作,二是影响果品质量。因此,要及时疏除把门侧枝,以改善树体通风透光状况。

(三)竞争性大枝

在中央领导干上,由于未及时处理好竞争枝,致使其长大后,便形成竞争性大枝。竞争性大枝的存在,不仅影响其他骨干枝的正常生长,分散势力,遮挡阳光,还难以调控和改造,一般应疏除之。如果疏除后感觉太空,将外侧枝回缩改造成临时辅养枝,等周围枝长起来后,再将外侧枝疏除。

(四)双杈枝、三杈枝、多杈枝(多头领导枝)

在中大型树形整形过程中,往往要对中央领导干进行短截修剪。如果对剪口下第二、第三芽枝未及时进行处理改造,就会形成双杈枝、三杈枝、多杈枝。这类枝的存在,不仅会扰乱树形,影响有用骨干枝的延伸和分布,还影响光照和枝组的形成。遇到上述情况,应下决心对树体进行改造处理,一般双杈枝要选其中一个方向好,枝量、角度合适的留下,而将另一枝疏除。三杈枝,有两种处理方法:一是留中间,去一边,翌年再去另一边;二是开心形,去中间,留两边,翌年再疏除另一枝;多头领导枝,当年选位置、生长势适合的做原头,将其他枝疏除1～2个,或缩剪改造1个枝,这样可以改造乱头形。

(五)双生枝、轮生枝

双生枝是指一个节点上萌生"双胞胎"枝,通常应在早期留下一个角度、方位合适的枝条,而将另一枝疏除。有的树上,竟然还保留着多年生粗大的双生枝,相互影响着枝组的形成。修剪时,应留下一个方位、角度合适,势力中等,枝组较丰满、花芽较多的枝,而将另一枝疏除。

轮生枝是在不长的距离内向周围分生4～5个同龄枝,容易造成"掐脖"现象,削弱中央领导干的优势,使高度生长受到限制。为此,在修剪时应先留下方位、角度合适的1～2个枝,将其他分枝逐年疏去。对于寒富苹果树来说,它是易生轮生枝的品种,其枝条顶端常分生4～5个势力均等的分枝,应在冬剪时,只留下1～2个有用分枝,将其他分枝疏除,让枝条正常延伸。

(六)密生枝、重叠枝、"排骨枝"

密生枝分布较近,相互影响,光照不良,果实、叶片、枝条摩擦较严重,在内膛容易出现寄生区和寄生叶片，因此要及时解决密生枝问题。过去中、大冠树形都明确规定了保留的主枝数，但生产中往往要多留3～4个，对多留的大枝采取逐年去除的方式为好。各种主干形树也有明确规定，侧生枝数量，幼树一初果期多留5～10个侧生枝，但到盛果期就显得过密，也应逐年疏除调整。否则，果实小品质差，不仅影响经济效益，还影响果园寿命。

重叠枝分布在同方向，上下枝条较近。如果枝间距离小于40厘米，枝细时重叠不明显，当枝条增粗后，枝条重叠严重，相互遮蔽，影响成花和花芽质量，导致花芽不充实，果实个小，着色不良，造成果实售价低，经济效益差。例如，河南省灵宝市上埝园艺场有6.7公顷松塔形苹果树，开始几年结果良好，近些年由于树冠增大，重叠枝多，密不通风，果个越来越小。园主向笔者求助询问原因，笔者分析果园情况，并示范修剪方法。园主照做，经过几年的修剪，果园的确有了较大的改观。

"排骨枝"分布在主枝上的同一侧，侧枝较多，而且距离较近，并排生长，形如排骨。在修剪时，可以采用"一二三，去中间"或"留中间，去两边"的方法加以解决，拉开枝间距离，有利于枝组的形成和光照的改善。

（七）背后枝

在整形早期，骨干枝背后着生的辅养枝也可保留，以增加结果部位和枝量。一旦进入盛果期，树冠大，枝叶多，结果部位显著增加，背后枝已完成结果使命，失去存在价值，应及时疏除。否则，这些背后枝缺乏生长优势，枝条细弱，光照不良，果实小质量差。

（八）直立枝、"树上树"

在拉平或斜生的骨干枝背上，因极性关系，经常会抽生一些直立徒长枝，树越旺，这类枝越多，没几年就长成树上树，严重影响周围枝组的形成和主、侧枝的正常延伸。所以要对背上直立枝、"树上树"及时控制。一是按一定距离，将直立徒长枝拉平或下垂，使其变成有用的枝组，二是将“树上树”直接疏除。但背上不能疏光，隔一定距离留些中小枝组遮阴，严防发生日灼。

（九）交叉枝、过长枝

我国近年苹果栽植密度加大，不论乔砧园还是矮砧园，都有株间交叉、行间交接的问题，整个果园密不透风，田间作业困难，亟须进行控冠改形，缩小冠体，留出作业道。将伸向行间的过长枝疏掉，或将其重回缩于后部良好分枝处。给行间留出1.5～2米作业道。一般株间交叉枝允许有10%的交叉，但有的交叉枝已伸向邻株中央领导干时，也应将其疏除。树冠内的交叉枝，根据位置和交叉严重程度以及花芽状况，采取疏一枝、放一枝，相互让位，但不采用截、缩处理。

（十）病虫枝

苹果树在粗放管理条件下，枝干病虫害发生较严重，如苹果小吉丁虫、天牛等危害枝干；腐烂病、干腐病、轮纹病等都会不同程度地损伤皮部，造成树势衰弱，甚至整株死亡。因此，要及时检查病虫害，及早防治。对于防治后难以恢复的主、侧枝或辅养枝，可于患病处后部有后备枝处回缩；若病疤在枝干基部，而且面积大，影响整枝生长和结果，也可将整枝疏除。在主干形树上，侧生枝较大、较多，一旦有腐烂病，可将全枝疏除，一般不会造成严重减产。

九、疏除小枝和枝组的种类

随着树龄和枝量的增加，内膛光照越来越差，寄生叶越来越多，花芽质量越来越差，果实、枝、叶摩擦增多，果实着色不良，品质下降。为此，修剪时在逐年处理好大枝的基础上，应该对小枝或枝组进行调整。

（一）低位贴地枝

由于留枝过低，加上果实的重压，许多贴地长的枝增加，应将这些枝疏除，以提高冠基高度和果品质量。

（二）竞争枝

一般骨干枝头短截后，在剪口下，第二、第三、第四芽枝生长较旺，与延长头长势、长度、粗度相近，构成与第一芽枝竞争状态。这些竞争枝如不加以控制改造，会严重干扰标准树形的塑造，浪费营养，树冠郁密。因此，在夏季修剪时要进行处理，采用疏除、扭梢、重截等方法均可。

（三）双杈枝

势力相当的两个小枝或枝组，并排延伸，相互影响，修剪时保留原来的延伸方向，而将另一枝疏除。

（四）直立枝

主、侧枝或拉平的侧生分枝背上，常发生许多直立枝，越靠近主干和中央领导干抽生越长。主干形修剪时，先将近主干20厘米处的直立新梢疏去，再往前可用扭梢、摘心、疏除法控制，交错进行。

（五）双生枝

在同一节点上，同时萌发出两个枝，留下一个方位合适、有生长空间的小枝，而将另一枝疏掉。

（六）轮生枝

在一个短距离内，萌生4个以上的侧生新梢，要选其中1个方向好的新梢留下,其他新梢尽量疏除。如果夏剪没做好,冬剪要补上。

(七)密生枝

在主、侧枝上或剪、锯口周围经常发生密生新梢,应隔三岔五疏剪一些新梢,不宜全部去光,以保护枝干防止日灼。

(八)衰弱枝

随着树龄和枝龄增加,必然会形成衰弱枝。这些枝细弱、芽瘪、花芽少,不堪利用,应予疏除,用周围健壮枝或枝组取代,以复壮树势,确保优质稳产。

(九)"躺卧枝"

有的小枝条或枝组顺着骨干枝背上平行躺在上面,成为"躺卧枝"。其生长势较弱,但对其他枝组有一定影响,结果后果实不会下垂,但着色不良,果实呈圆锥形,而且容易发生日灼病,所以要注意疏除"躺卧枝"。

(十)"肘形枝"

扭梢枝结果后未及时疏除,多年后,变粗变大,长到母枝上形成了"肘形枝"。有的树扭梢较多,一直保留多年。扭梢枝结的果实因其基部受过伤,营养运输不畅,一般果个较小,且质量较差,所以应及时或者分年将其疏除。

(十一)"盘龙枝"

骨干枝上长出很长的直立枝,为了缓和其长势,将其缠绕在母枝上,多年后树皮相连,愈合在一起,很难解开就成了"盘龙枝"。"盘龙枝"会影响其他枝条的正常生长发育,修剪时有空间的应用力将其解开,无空间可拉时,就将其疏除。

（十二）小木桩、小木橛

连年重短截或重回缩形成的小木桩或小木橛，此类枝条不仅容易被“闷死”，还容易感染腐烂病等，故应从基部疏除。

（十三）圈枝

圈枝是把一些80厘米以上的长梢弯成圆圈，或将两长枝相互缠绕，并拉平放置，以缓和枝势，促进成花。该项技术现在已不提倡，尽量不用为好。但仍有个别果园图省事搞圈枝。建议早日解开圈枝，并将枝拉开、拉平，以利于缓势成花。

（十四）病虫枝

在管理粗放的果园，会出现蝉向枝条产卵，或腐烂病、干腐病感染1～2年生枝，或枝梢、花序感染白粉病等病虫害，修剪时应细致查找病虫枝，及时清除掉。

以上所述，树上大枝、小枝该疏的20余种，具体剪法可在后面各章节中找到图示，限于篇幅这里不再赘述。

第 二 章
常用树形及其整形技术

一、主干疏层形

稀植树形中，最常用的还是主干疏散分层形，曾被我国推为丰产树形。该树形可简称为主干疏层形。目前，我国大量乔砧普通型品种仍采用稀植栽培。此种树形的整形技术如下。

(一)树体结构

1. 全树结构 主干疏层形全树结构见图 2-1。

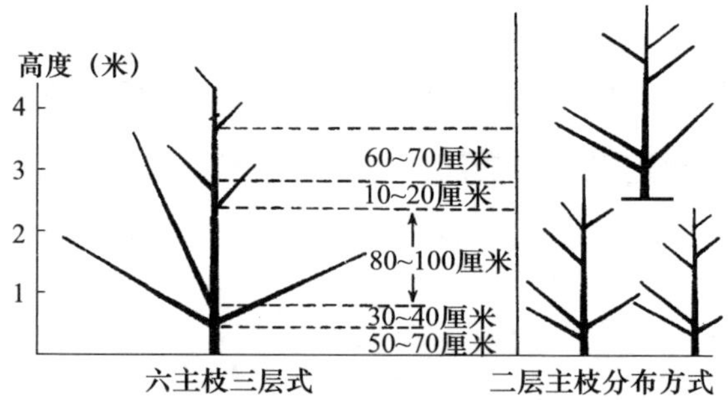

图 2-1 主干疏层形全树结构

2. 主枝数量与分布 主干疏层形主枝数量与分布见图 2-2。

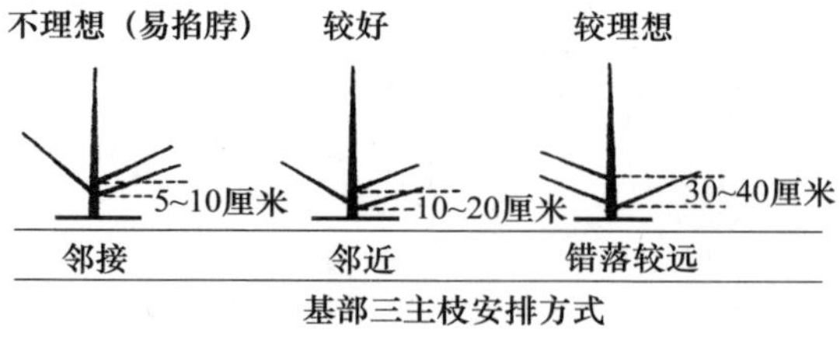

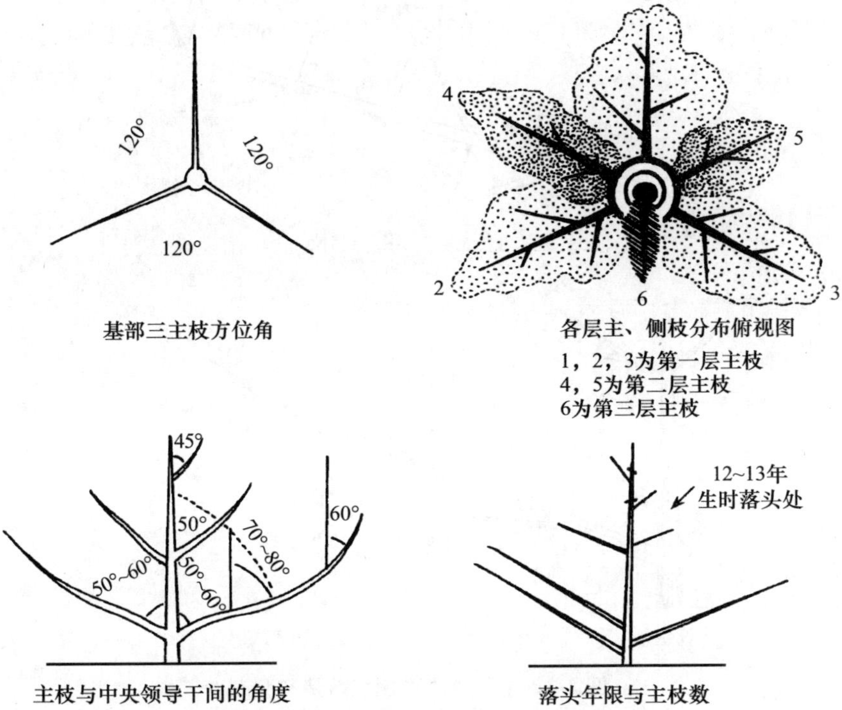

图 2-2　主干疏层形主枝数量与分布

3. 侧枝数量与分布　主干疏层形侧枝数量与分布见图 2-3。

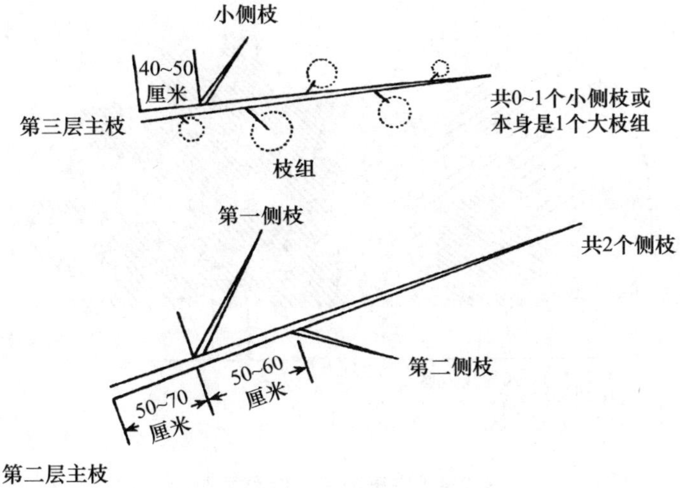

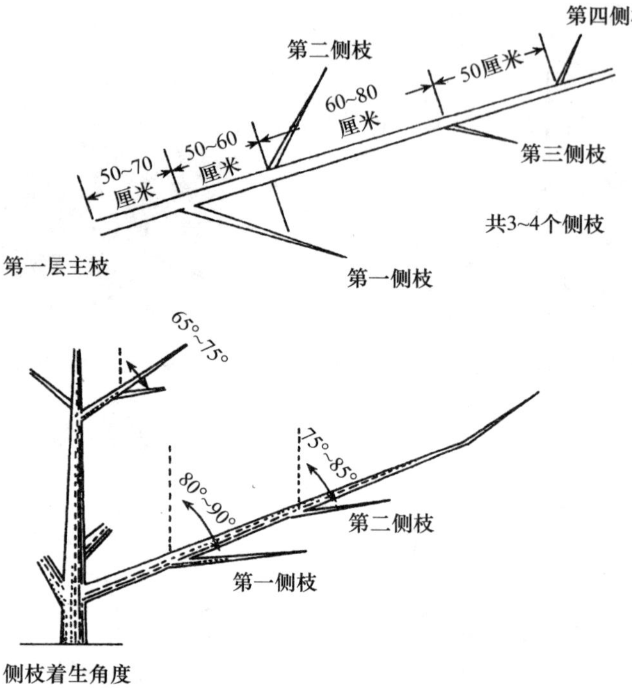

图 2-3　主干疏层形侧枝数量与分布

侧枝要选背斜侧方向,切不可用竞争枝作侧枝。侧枝分枝角度要比主枝大 10°～15°,以保持良好的主从关系。

4. 叶幕层厚度　主干疏层形叶幕层厚度见图 2-4。

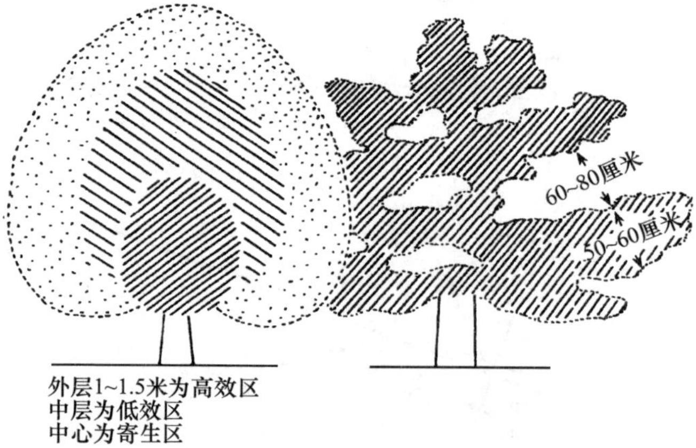

图 2-4　主干疏层形叶幕层厚度

(二)整形技术

1. 定干　栽后,按整形要求,对苗木进行定干,一般定干高度为80～90厘米,因品种、地力等而定。主干疏层形定干与抹芽见图2-5。

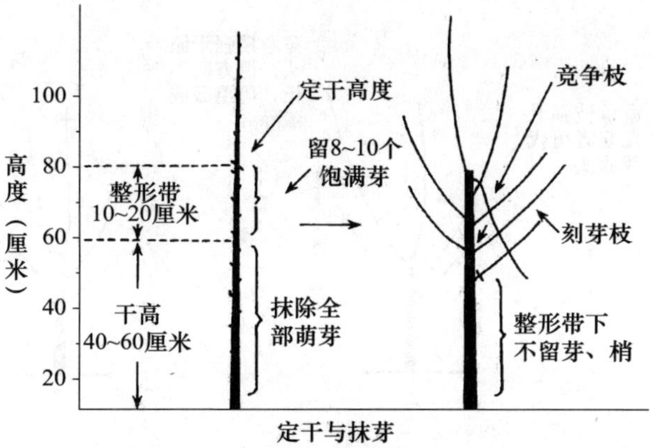

图2-5　主干疏层形定干与抹芽

2. 栽后第一年修剪　主干疏层形栽后第一年修剪见图2-6。

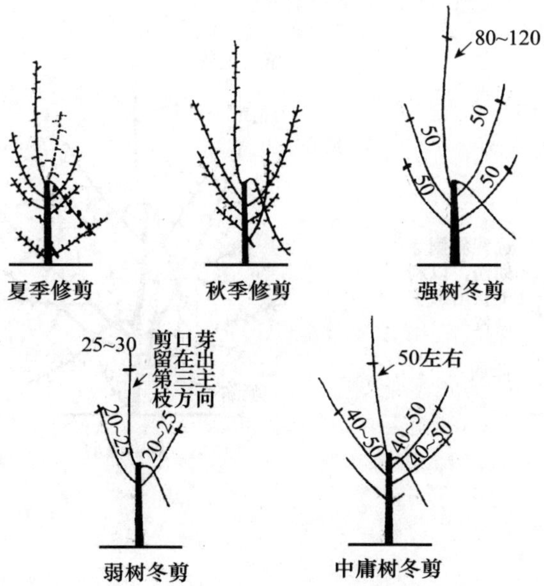

图2-6　主干疏层形栽后第一年修剪　(单位:厘米)

中庸树各主枝的剪口芽要留外芽,以便开张角度,同时选好第三、第四芽,以背斜侧为好,出枝作侧枝用。

修剪时应注意:第一主枝不要朝南,以利于将来树冠透光。主干疏层形竞争枝处理方法见图2-7。

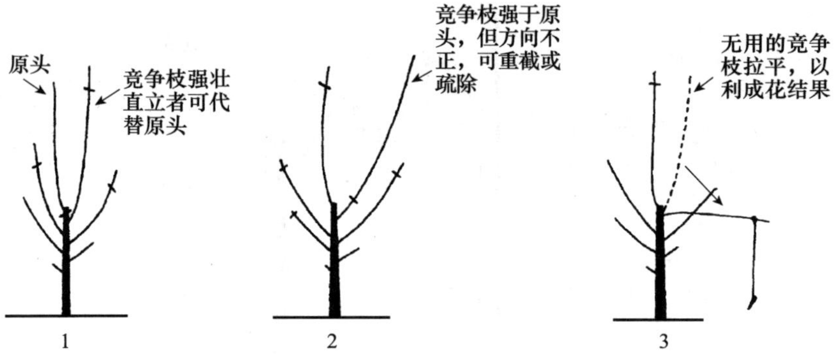

图2-7 主干疏层形竞争枝处理方法

3. 栽后第二年修剪 栽后第二年(图2-8)要着重选培第三主枝或第一、第二主枝上的第一侧枝。注意控制旺梢。

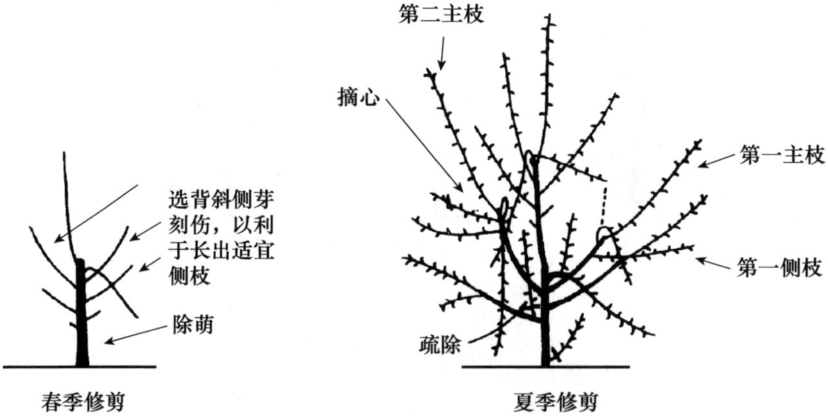

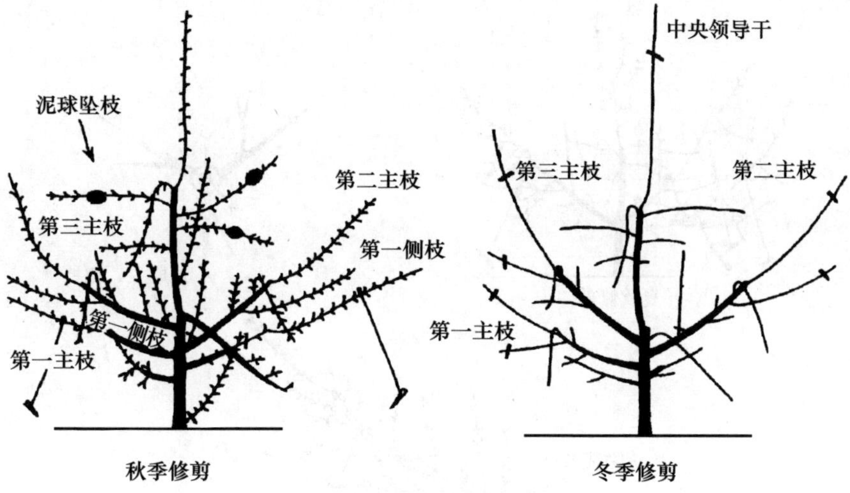

图 2-8　主干疏层形栽后第二年修剪

4. 栽后第三年修剪　修剪要点如下。

第一,中央领导干延长枝剪留 50～60 厘米,剪口芽留在上年剪口芽的对侧,以利于直线延伸。

第二,基部主枝延长枝剪留 50 厘米左右,剪口芽留外芽。

第三,第一、第二侧枝均在饱满芽处选外侧芽剪。长度约 40 厘米。

第四,夏、秋季修剪同前 2 年,控制直立竞争枝,多拉枝,使无用枝变为有用枝。对辅养枝,拉平不截。

第五,第二层主枝延长枝剪留 50 厘米左右,剪口第三、第四芽选出第一侧枝的外斜侧方向。

修剪时应注意:一是角度小的主、侧枝,用拉枝法开张角度;二是疏除内膛近主干 20 厘米处的直立徒长枝;三是辅养枝尽可能长放,全部拉平;四是扭梢枝结果后,从基部疏除。主干疏层形栽后第三年修剪见图 2-9。

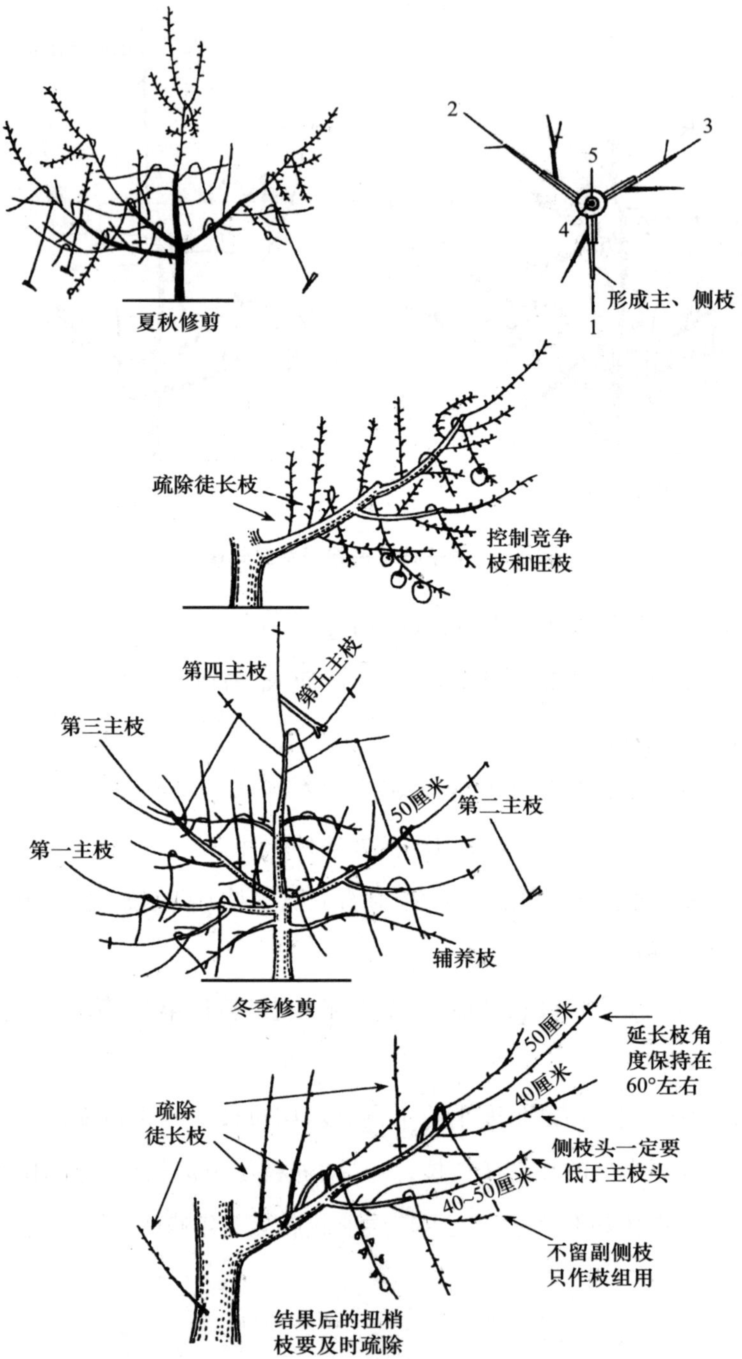

图 2-9 主干疏层形栽后第三年修剪

5. 栽后第四年修剪　修剪要点如下。

第一，中央领导干延长枝剪留 50 厘米左右，剪口芽留在上年的对面，剪口下第三、第四芽为出下层主枝的方位。

第二，各层主枝延长枝剪留 40～50 厘米，剪口第三芽选背斜侧方向，以便抽生合适的侧枝。

第三，辅养枝长放，长度达到 1 米以上者，要拉平；影响骨干枝生长者，要疏剪侧生枝，缩小面积；严重影响的，也可疏除。

第四，继续加强夏季修剪，控制旺枝和直立枝，对辅养枝可用环剥等措施，既有利于促花结果，又有利于整形。

除骨干枝延长枝短截外，其余尽可能拉平、长放，不影响骨干枝的生长。主干疏层形栽后第四年修剪见图 2-10。

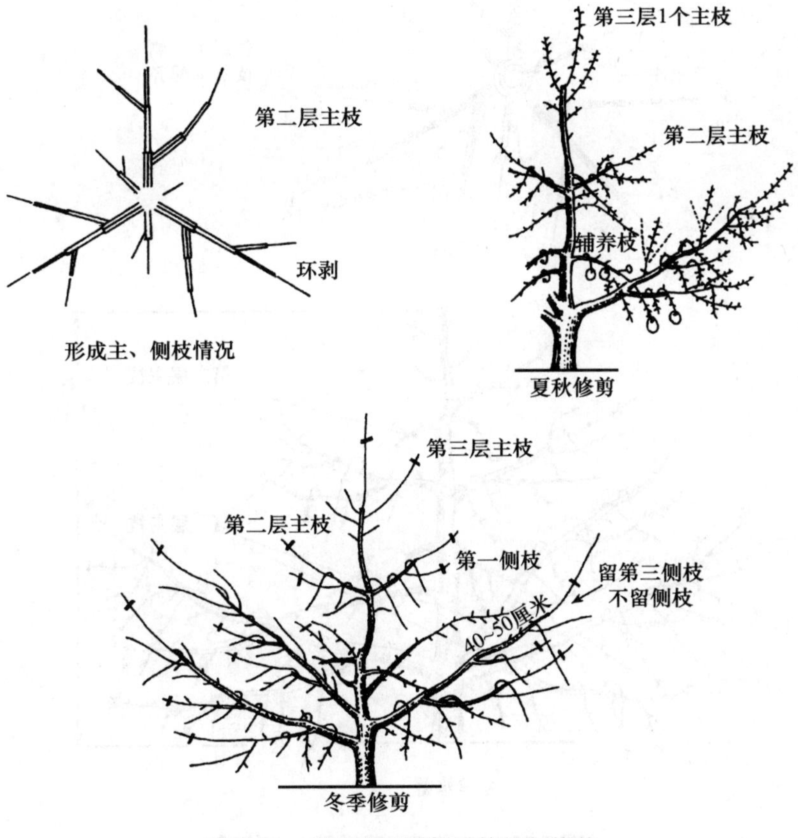

图 2-10　主干疏层形栽后第四年修剪

6. 栽后第五年修剪 修剪方法见图2-11,修剪要点如下。

第一,中央领导干延长枝,于40～50厘米饱满芽处剪。

第二,继续选留第二、第三层主枝及第一、第二层上的第二、第三侧枝,均在外向和背斜方向选饱满芽处短截。

第三,剪除徒长枝、直立枝、竞争枝。

第四,辅养枝继续拉平、长放,加强夏季修剪促花,处理方法同前一年。

第五,夏剪同前几年。

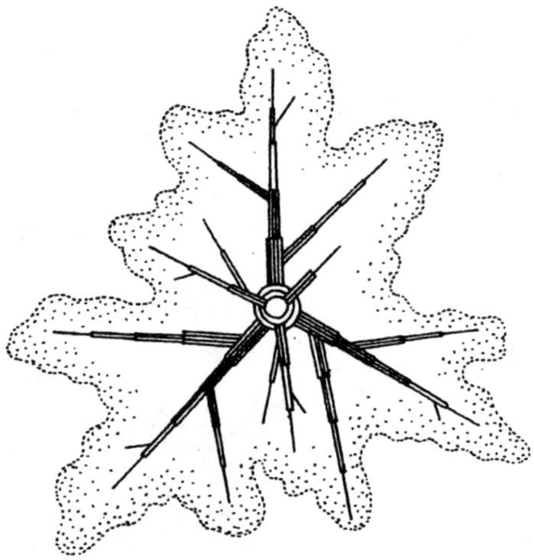

各层主、侧
枝基本配齐

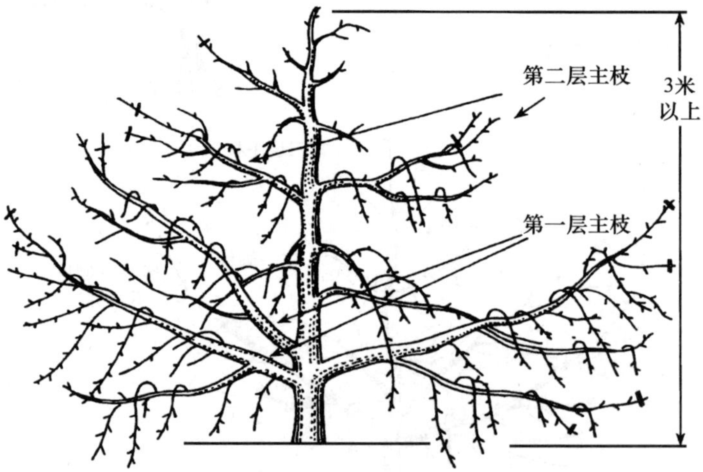

冬季修剪

图2-11 主干疏层栽后第五年修剪

7. 落头开心方法　为了改善枝冠内膛光照条件，在进入盛果期前要进行落头开心。落头前要创造落头的条件：第一、第二年长放，任其生长；第三年削弱，疏除大的侧生分枝；第四、第五年去掉。主干疏层形落头开心方法见图 2-12。

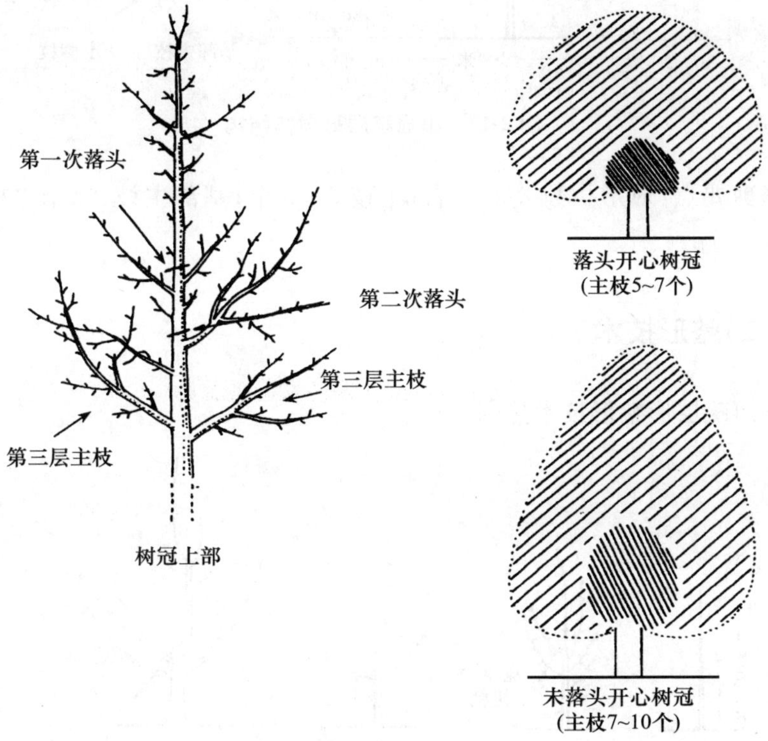

图 2-12　主干疏层形落头开心方法

二、小冠(简易)疏层形

该树形属中冠树形，适合中度密植。

(一)树体结构

小冠疏层形树体结构见图 2-13。

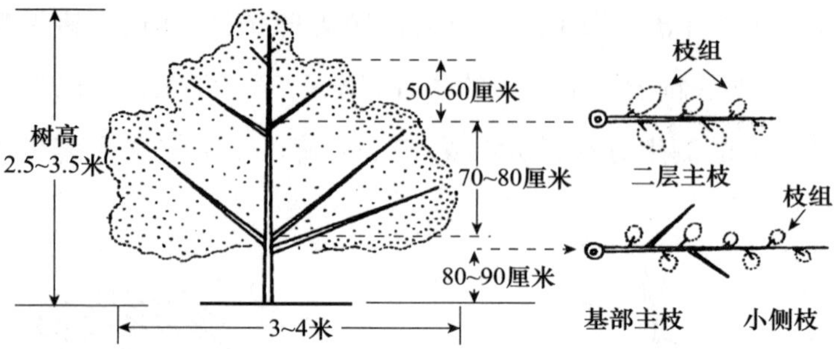

图 2-13　小冠疏层形树体结构

修剪要点：冠形指数 0.8 左右；主枝 5～6 个；基部主枝，每个主枝上有 1～2 个小侧枝。

(二)整形技术

小冠疏层形整形技术见图 2-14。

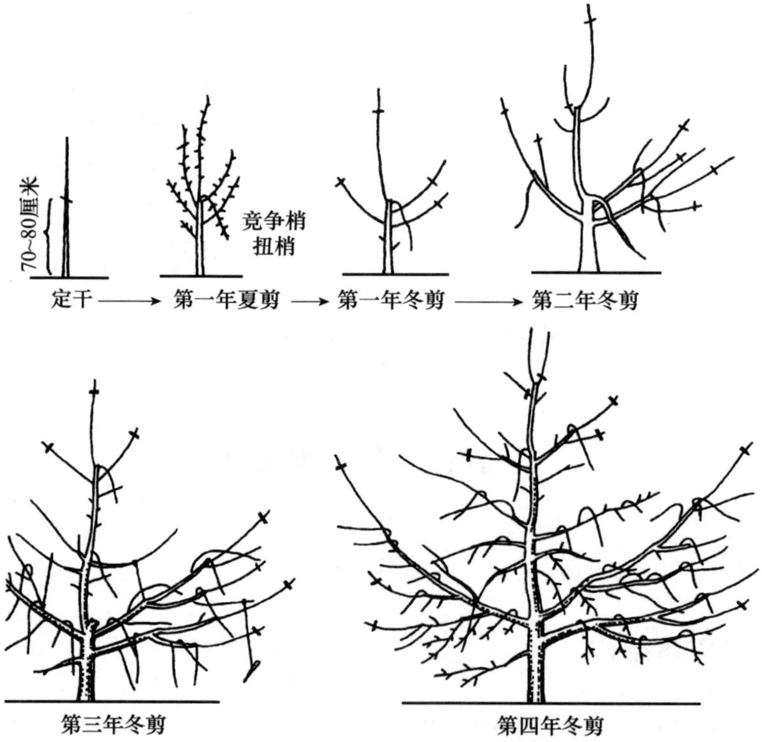

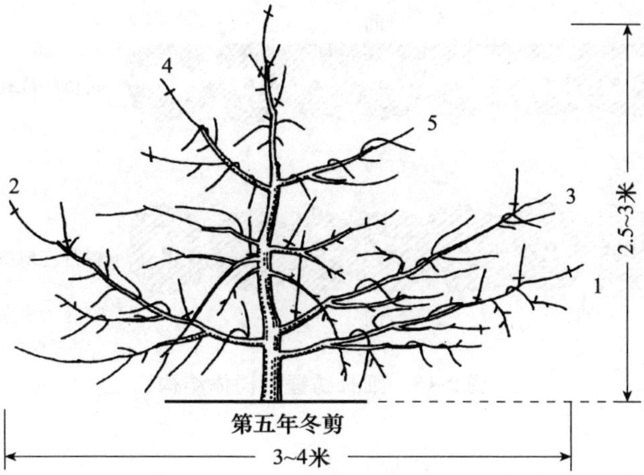

图 2-14　小冠疏层形整形技术

三、细长纺锤形

该树形属小冠树形，适用于矮砧和短枝型栽培，一般行距 3～4 米，株距 1.5～2.5 米。

(一)树体结构

侧生分枝 15～20 个，分布于四面八方，树体上小下大呈细纺锤形。细长纺锤形树体结构见图 2-15。

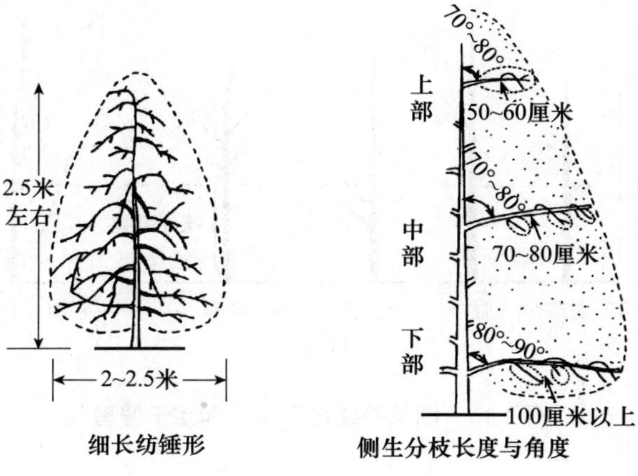

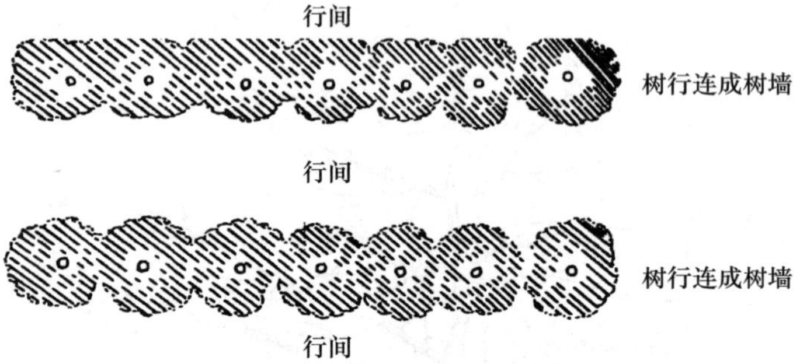

图 2-15　细长纺锤形树体结构

(二)整形技术

1. 定干高低　细长纺锤形不定干和定干修剪见图 2-16。

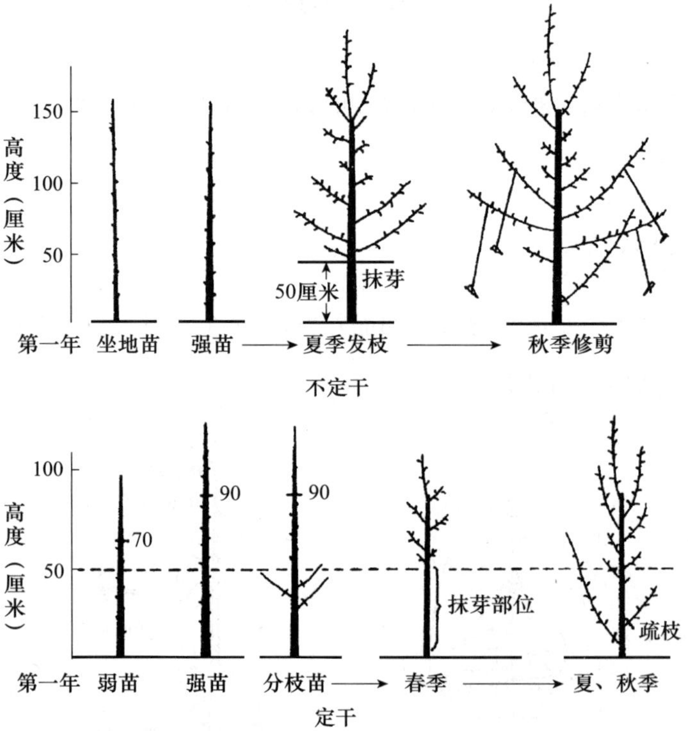

图 2-16　细长纺锤形不定干和定干修剪

2. 第一年修剪　细长纺锤形第一年修剪见图 2-17。

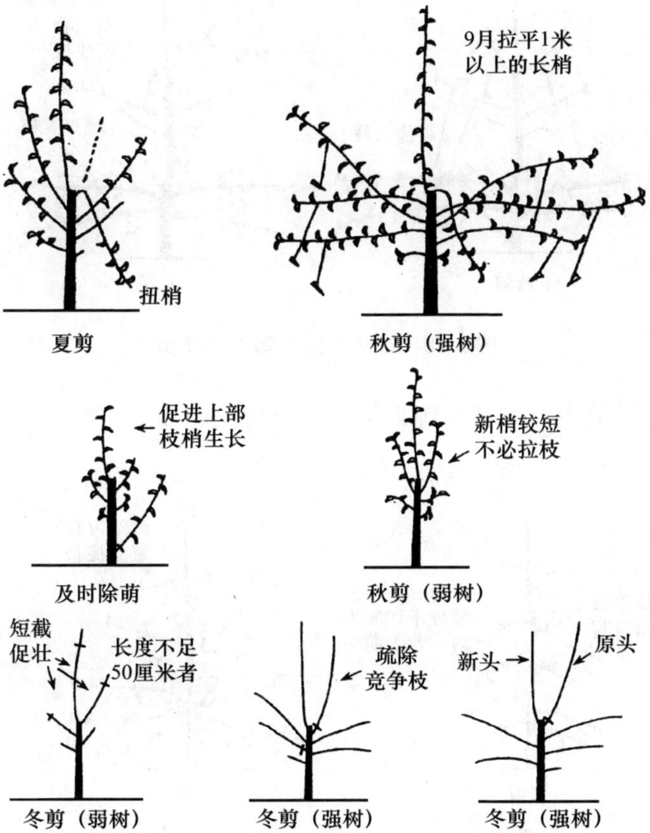

图 2-17　细长纺锤形第一年修剪

3. 第二年修剪　细长纺锤形第二年修剪见图 2-18。

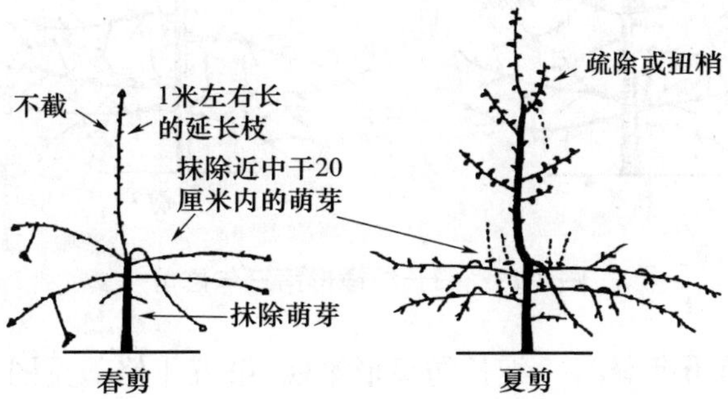

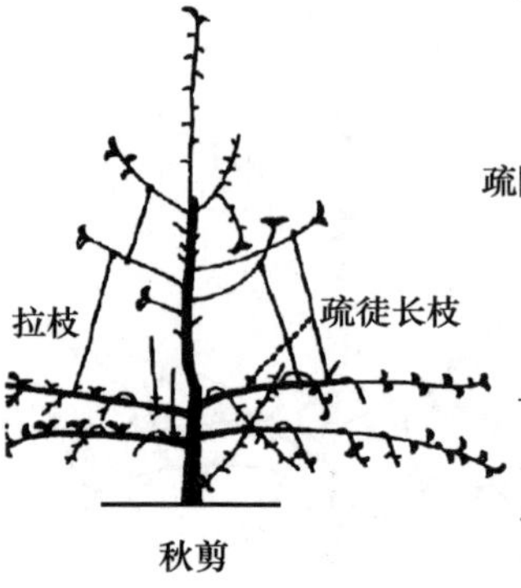

图 2-18 细长纺锤形第二年修剪

4. 第三年修剪 细长纺锤形第三年修剪见图 2-19。

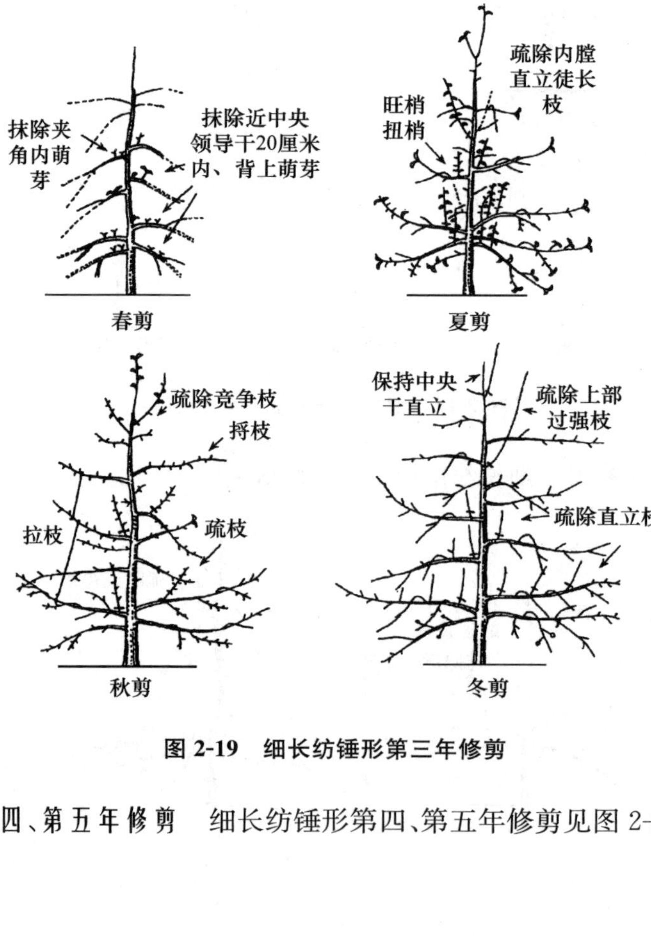

图 2-19 细长纺锤形第三年修剪

5. 第四、第五年修剪 细长纺锤形第四、第五年修剪见图 2-20。

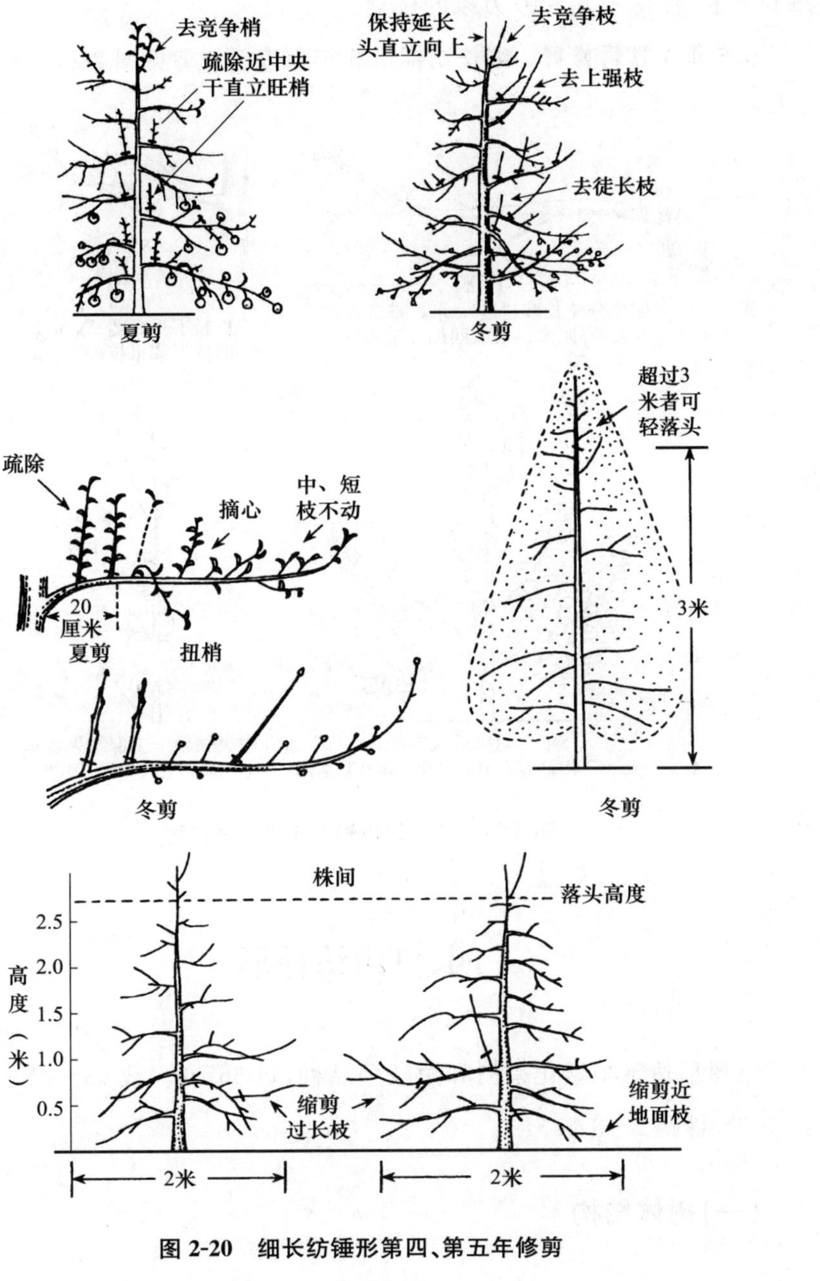

图 2-20　细长纺锤形第四、第五年修剪

修剪时应注意：一是保持上弱下强、上小下大状态；二是保持 15～20 个水平侧生分枝；三是保持冠基（距地面）高度；四是保持株间、行间冠距；五是每667米^{2}保持8万～10万条的枝量。

6.5年生以后修剪 细长纺锤形5年生以后修剪见图2-21。

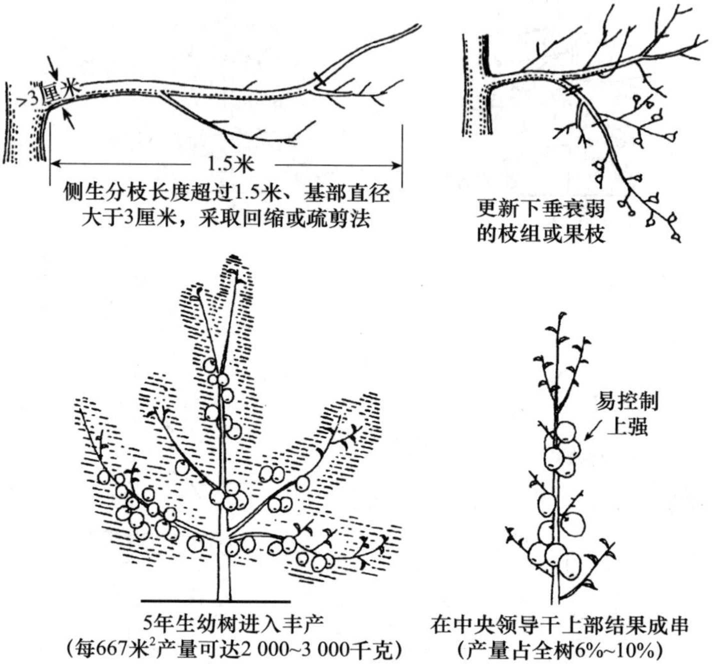

图2-21 细长纺锤形5年生以后修剪

四、自由纺锤形

该树形适于半矮化果树和短枝型品种，每667米^{2}栽43～83株。行距4～5米，株距2～3米。

(一)树体结构

全树小主枝10～15个，均匀分布，伸向各方，无明显层次。自由纺锤形树体结构见图2-22。

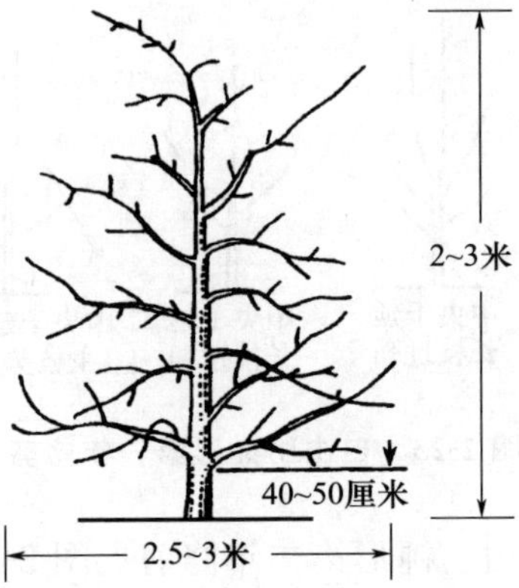

图 2-22　自由纺锤形树体结构

(二)整形技术

1. 第一年修剪　自由纺锤形第一年修剪见图 2-23。

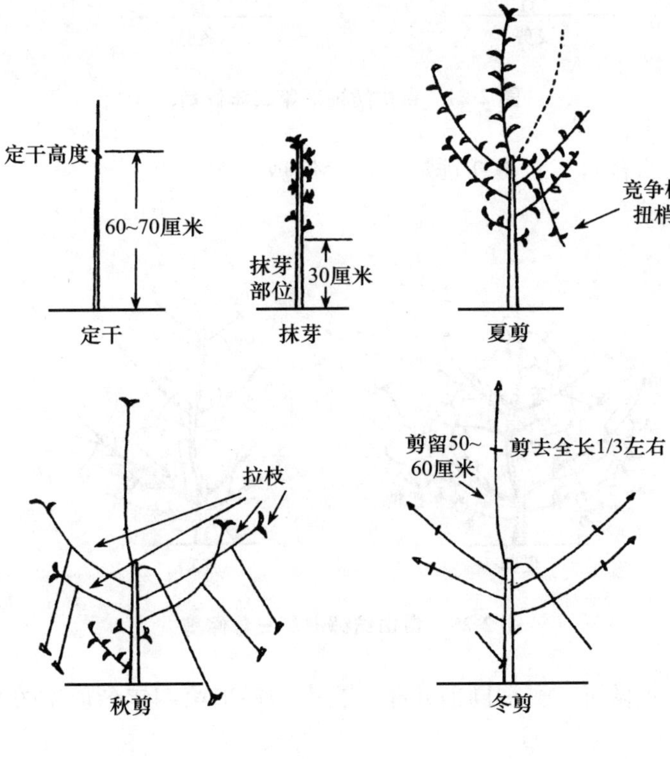

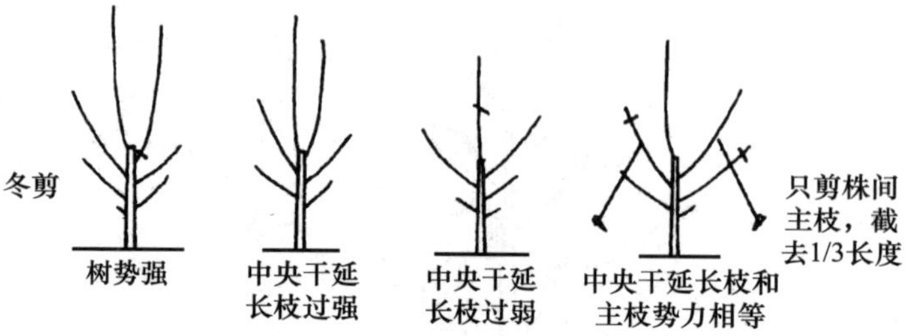

图 2-23 自由纺锤形第一年修剪

2. 第二年修剪 自由纺锤形第二年修剪见图 2-24。

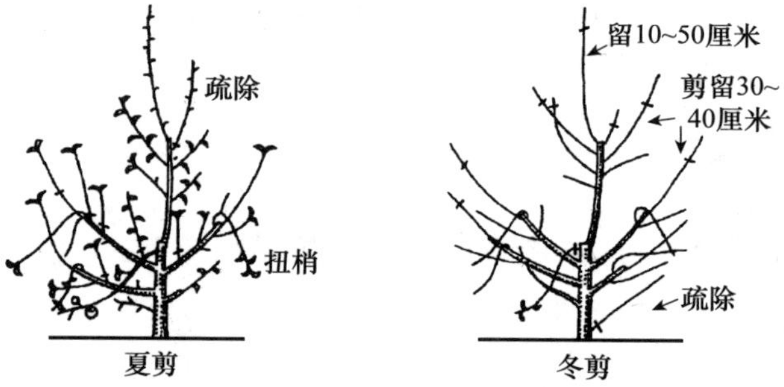

图 2-24 自由纺锤形第二年修剪

3. 第三年修剪 自由纺锤形第三年修剪见图 2-25。

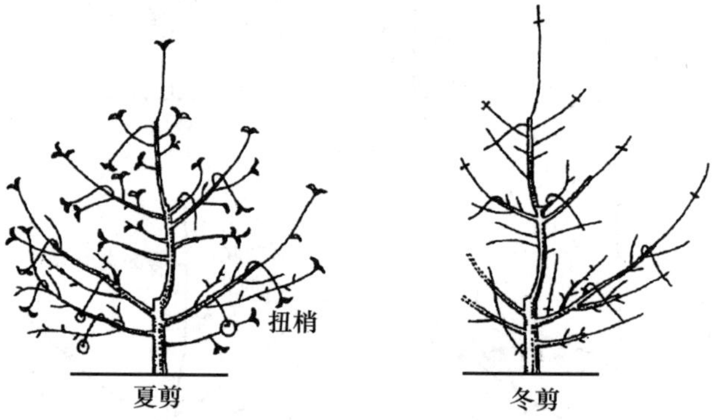

图 2-25 自由纺锤形第三年修剪

4. 第四年修剪 夏剪同前几年。自由纺锤形第四年冬剪见图 2-26。

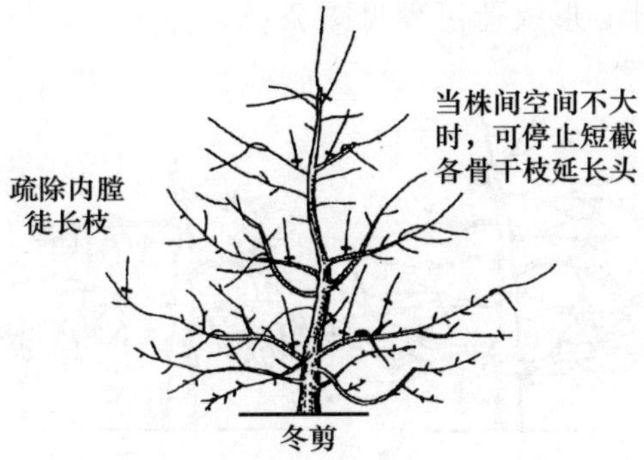

图 2-26 自由纺锤形第四年冬剪

5. 第五年修剪 夏剪同前几年。自由纺锤形第五年冬剪见图 2-27。

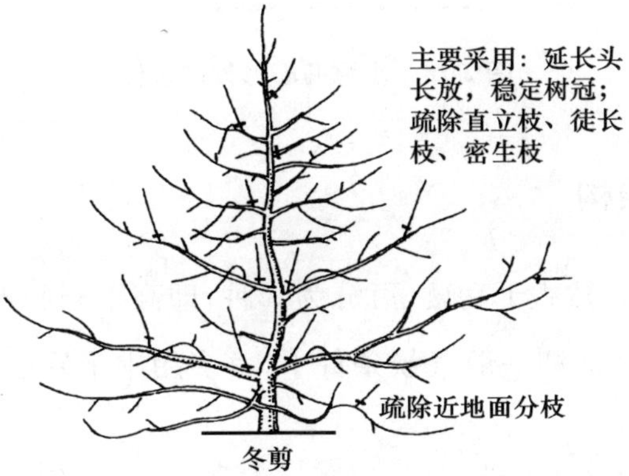

图 2-27 自由纺锤形第五年冬剪

五、小冠开心形

该树形由北京市昌平区中日好友观光果园张显川和张文和等，经 10 余年探索、试验，将日本大冠开心树形与中国密植早丰技术高度融合后提出的新树形。该树形对解决我国当前苹果园个体、群体郁闭问题有着现实意义。采用这种树形及其相关技术，是实现优质稳产、简化管理、降低成本、提高经济效益的最佳途径之一，值得果树科技人员和广大果农结合具体实际情况参考、应用。小冠开心形改造过程见图 2-28。

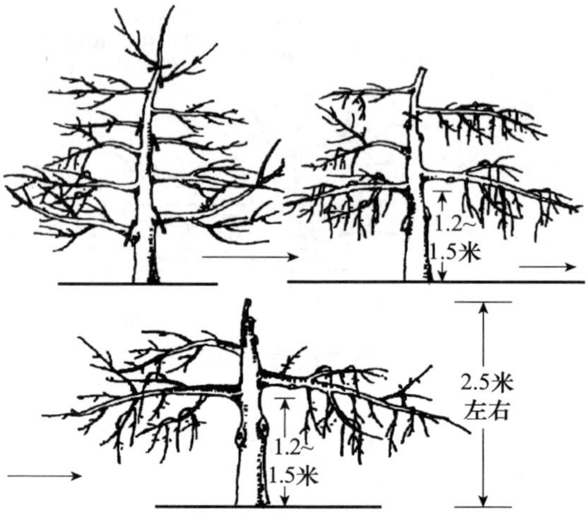

图 2-28 小冠开心形改造过程

(一)树体结构

1. 树体类型 按主干高矮,可分为 3 种,即高干开心形、中干开心形和矮干开心形。在平地和一般气候条件下,宜多用中干开心形。小冠开心形种类见图 2-29。

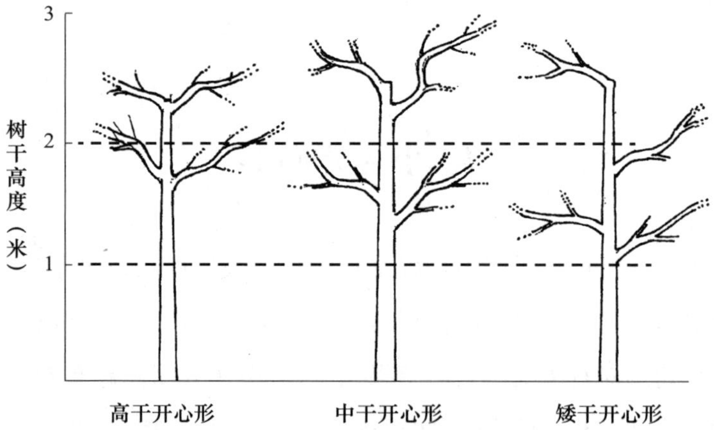

图 2-29 小冠开心形种类

2. 树冠轮廓　树形改造完成后，树高 2.5～3 米，干高 1.2～1.5 米。树干＋中央领导干总高度为 2～2.5 米，主枝 2～4 个，因其空间大小而定。空间大的可留 4 个主枝，空间小的可留 2 个主枝。这样，就有 3 种树形存在，即二主枝开心形、三主枝开心形和四主枝开心形。

在生产中，选用哪种类型的树形，要因砧一穗组合、立地条件、栽植密度和栽培方式等而定，但多以中干四主枝开心形为主，随树体扩大，有的可过渡到二、三主枝开心形。小冠开心形树冠总体轮廓见图 2-30。

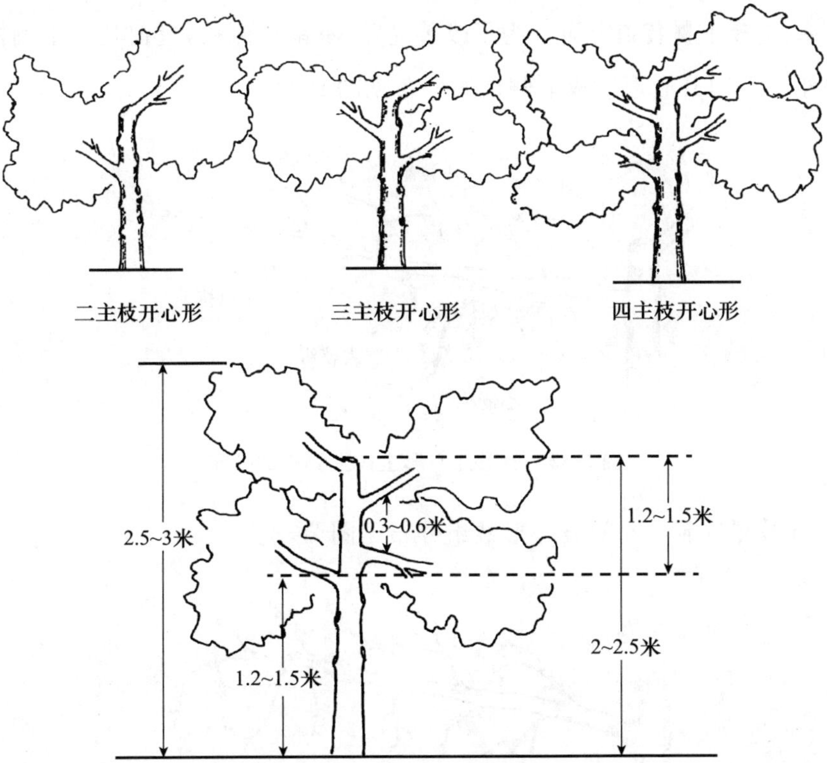

图 2-30　小冠开心形树冠总体轮廓

3. 主枝角度　主枝角度大小因着生部位高低而变化。着生部位高的，角度开张可大些；着生部位低的，角度开张可小些。一般着生角度为 60°～80°。小冠开心形主枝角度见图 2-31。

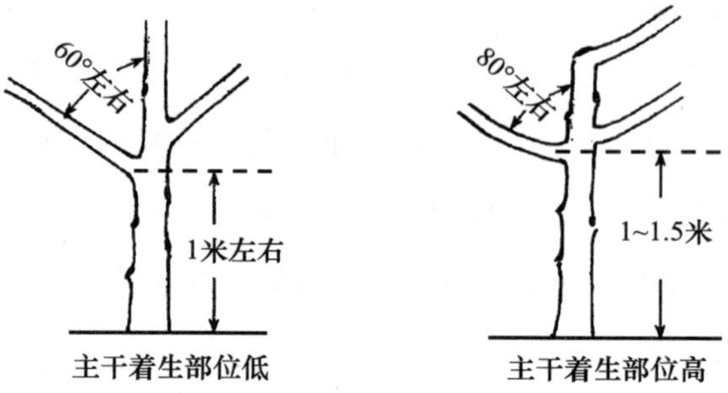

图 2-31 小冠开心形主枝角度

4. 主枝上侧枝的分布 为了改善光照,不留大侧枝,只留几个小侧枝或大枝组。小冠开心形主杈上侧枝的分布见图 2-32。

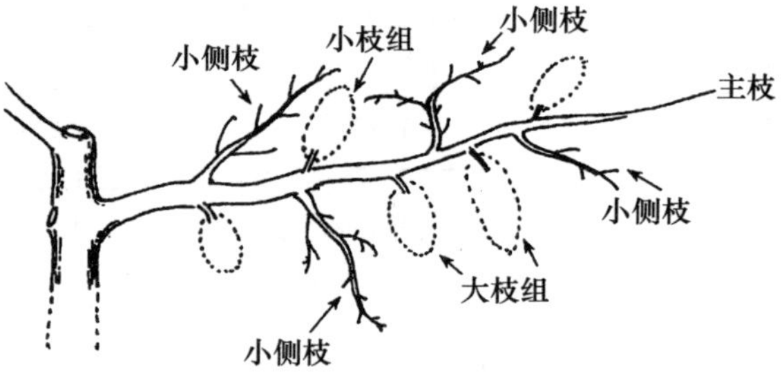

图 2-32 小冠开心形主枝上侧枝的分布

5. 枝组分布 小冠开心形枝组分布见图 2-33。

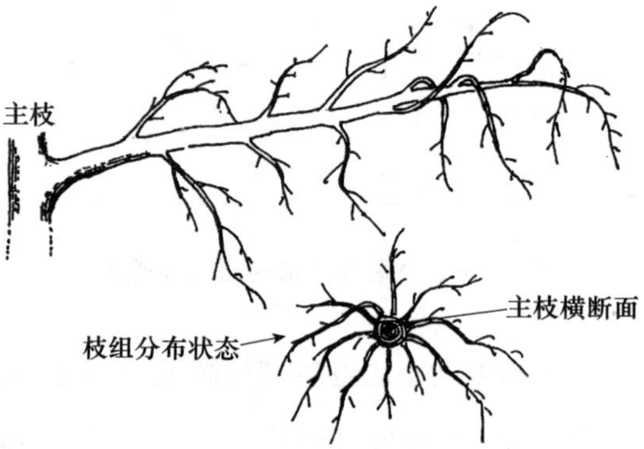

图 2-33 小冠开心形枝组分布

6. 枝组类型　主要为松散型、单轴延伸型、下垂型。小冠开心形枝组类型见图 2-34。

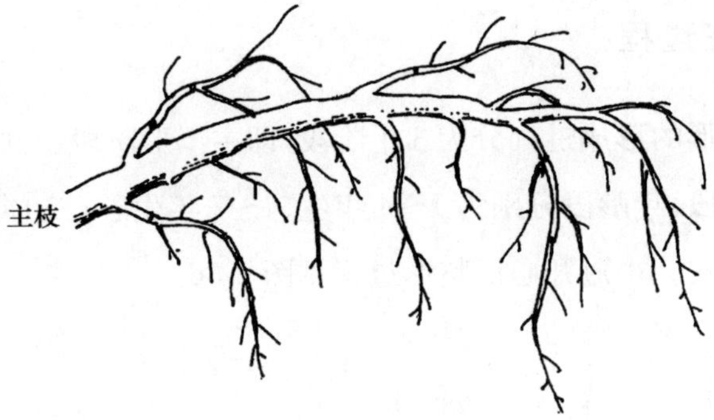

图 2-34　小冠开心形枝组类型

7. 树体结构特点　一是主枝少，不重叠、不交叉；二是叶幕厚度适度，呈单层树冠；三是枝组以单轴细长、松散下垂型（图 2-35）为主；四是树体结构简单，只有主干、主枝、枝组三级，便于树上、树下作业；五是树体结构可因树的具体情况而定，灵活调整，自由变化。

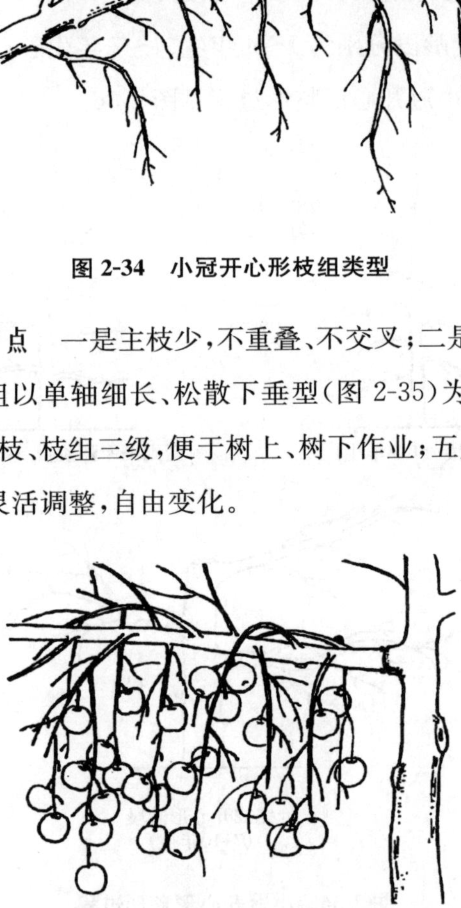

图 2-35　小冠开心形下垂枝组系统

8. 生产优势　与小冠疏层形和细长纺锤形相比，该树形具有以下优势：一是光照条件更好，可充分消除树冠内膛枝叶“寄生区”；二是可因势利导调节树势；三是易形成花芽，花芽数量多，质量好；四是果实着色好、品质佳，优质果率高,经济效益好;五是便于田间作业(疏花、授粉、打药、套袋等);六是整形修剪技术灵活多变,简单易学,利于推广普及。

(二)整形过程

小冠开心形的形成过程分为 3 个阶段,即主干形阶段、变则主干形阶段、完成开心形阶段,年龄段分别为 1～4 年生、4～7 年生、7～10 年生,采取的是稳步过渡的形式。小冠开心形整形过程见图 2-36。

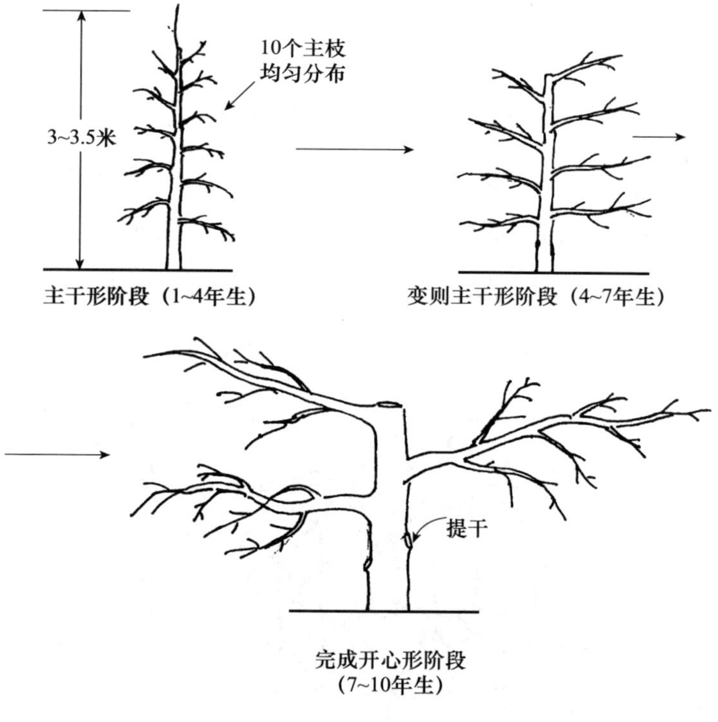

图 2-36 小冠开心形整形过程

(三)关键技术

1. 选定适宜栽植密度 小冠开心形适于有较大的营养面积,如北京地区,以八棱海棠为砧木的红富士小冠开心形成龄树,单株占地以 30 米^2 左右为宜；而海拔高、干旱地区，树体相对较小，单株占地面积以 20～25 米^2 为宜。为了获得较高的早期产量，可采用计划密植法，即前期栽植密度可大些，后经间伐，成为上述最终密度(图 2-37)。如北京地区，先按 3 米×5 米定植，单株营养面积为 15 米^2，后经过控制或间伐临时株，则变成 5 米×6 米，即单株营养面积为 30 米^2。

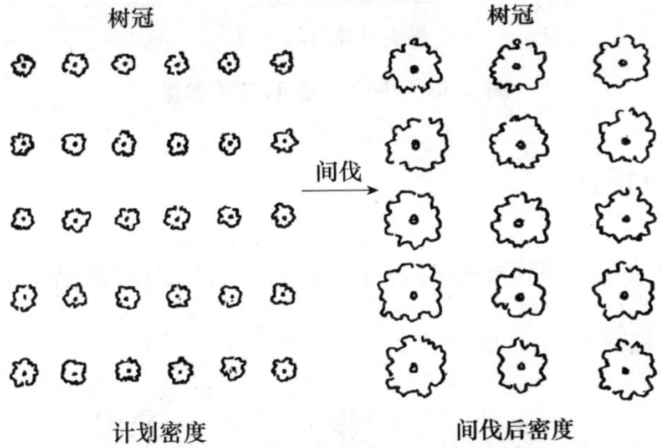

图 2-37　小冠开心形采取计划密植法

2. 有关参数　在土壤有机质含量 0.8%～1.2%和枝叶覆盖度 75%左右的情况下，以每 667 米^2 产量 1 500～2 500 千克为目标，冬剪后每 667 米^2 留枝量为 5 万～7 万条，夏季叶面积系数为 2.5～3.5，叶片数为 60 万～90 万片。若管理水平高，每 667 米^2 枝量 7 万条也可获得 3 500 千克以上的产量，并易于稳产。小冠开心形有关参数见图 2-38。

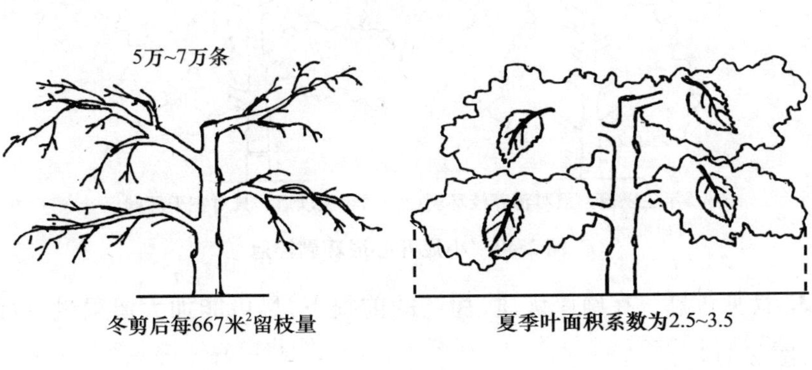

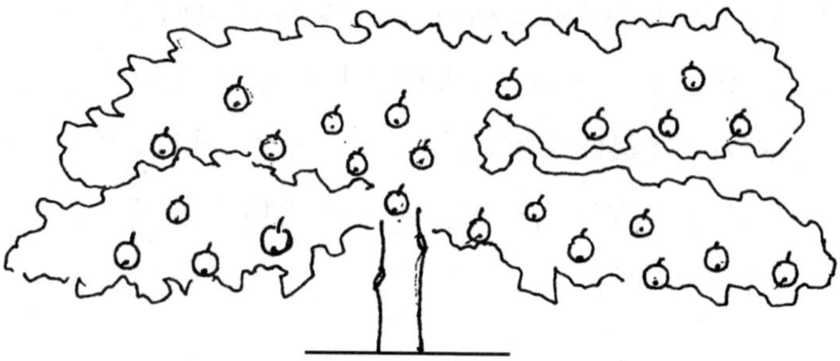

图 2-38 小冠开心形有关参数

(四)控冠措施

1. 提干 在整形期,要适时提干(图 2-39),以缓和树势,减缓扩冠速度,保持树体相对稳定。

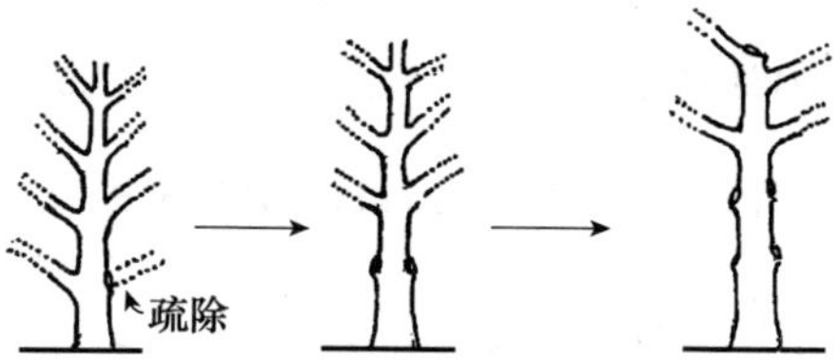

图 2-39 小冠开心形提干控冠

2. 环剥 因树龄不同,环剥部位不同。小冠开心形环剥控冠见图 2-40。

图 2-40 小冠开心形环剥控冠

3. 以果压冠 在确保优质、稳产的前提下,尽可能加大留果量,以缓和树势(图 2-41)。

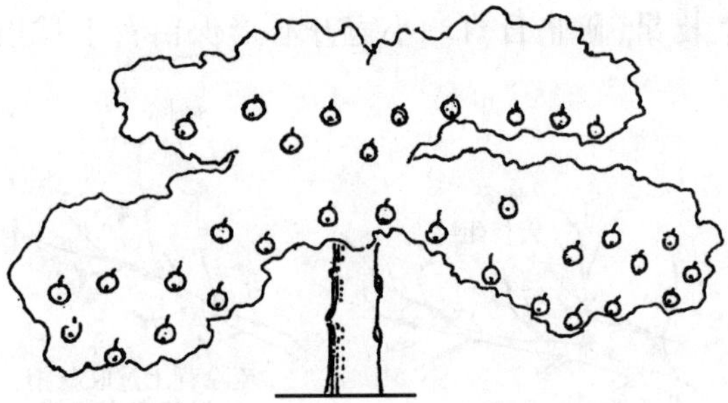

图 2-41　小冠开心形以果压冠

4. 轻剪缓放　多采用长放、疏枝、少截缩的剪法，以利于形成单轴长放型、下垂型、松散型枝组。小冠开心形轻剪缓放控冠见图 2-42。

图 2-42　小冠开心形轻剪缓放控冠

5. 主枝换头　先对原头背上 1 年生枝长放，逐渐形成双头，使原头结果下垂，逐渐形成一个大枝组。这样，可实现平衡与分散势力、优势部位结果和控制树冠扩大 3 个目的，即一举三得。小冠开心形主枝换头见图 2-43。

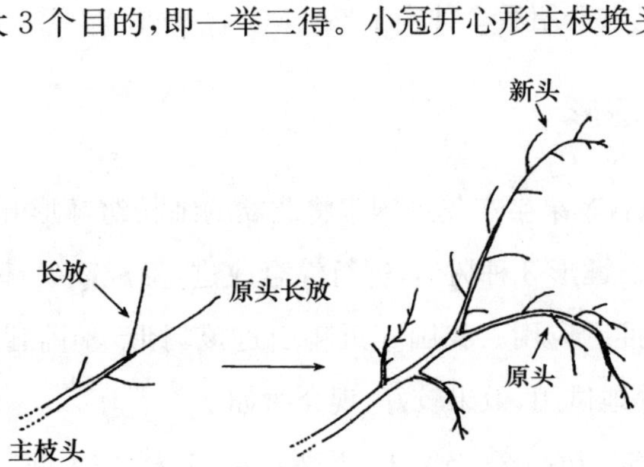

图 2-43　小冠开心形主枝换头

6. 保留背上枝组,防止日灼 小冠开心形保留背上枝组见图 2-44。

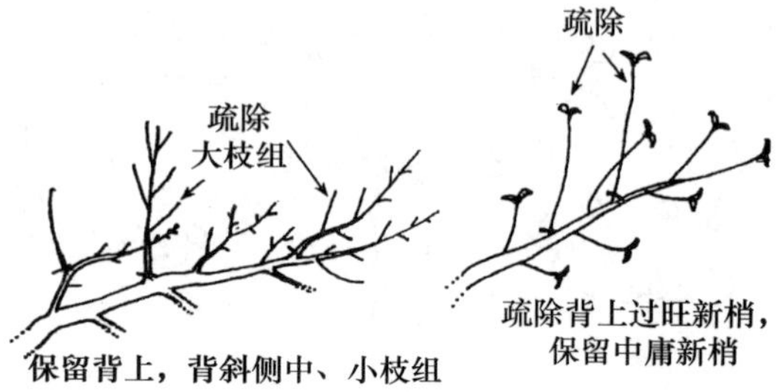

图 2-44 小冠开心形保留背上枝组

六、主干形

该树形属小冠树形,在欧洲,18 世纪就有主干形,成为宫廷园艺树形。因需要人工支柱、熟练工艺和整形技术,未能在大面积生产上推广,近年来,随着矮砧苹果的发展和建园投资能力的增强,主干形又被重视起来。我国主干形有细长纺锤形、超细长纺锤形、优良主干形、细型主干型、高纺锤形和松塔树形等,虽然名称繁多,但其共同特点是只有一个坚强的、直立的中央领导干,无主、侧枝,中央领导干由下而上不分层次,螺旋状,均匀排列着 15～45 个不等的侧生分枝(各类枝组),也称"小主枝",树体结构简单,整形容易,易为果农所接受。这里仅介绍后 2 种主干形。

(一)高纺锤形

20 世纪末期,苹果生产先进国家将北欧的细长纺锤形和北美、新西兰的直立主干形、超纺锤形 3 种树形,进行综合改进,形成高纺锤形,目前已在意大利、美国等国推广应用。我国于近年引进该树形,李丙智、燕志晖等在陕西、甘肃、河北等地试用,效果较好,现介绍如下。

1. 树体结构 树高 3～3.2 米,干高 0.8～1 米,中央领导干挺拔健壮,其上均匀配备 25～35 个侧生分枝(小主枝)。其分生角度因枝条长势不同,角度为110°～130°(强者大些,弱者小些)。中央领导干与同点侧生分枝粗度比维持在5～6∶1,侧生枝基部最大直径不超过2.5厘米。其上着生中、小枝组,平均枝量在25条左右,最多不超过45条。成形后,最大冠径1.2～1.5米,呈修长纺锤形,树冠通风透光,叶片光合效率高,果实着色好。高纺锤形树体结构见图2-45。

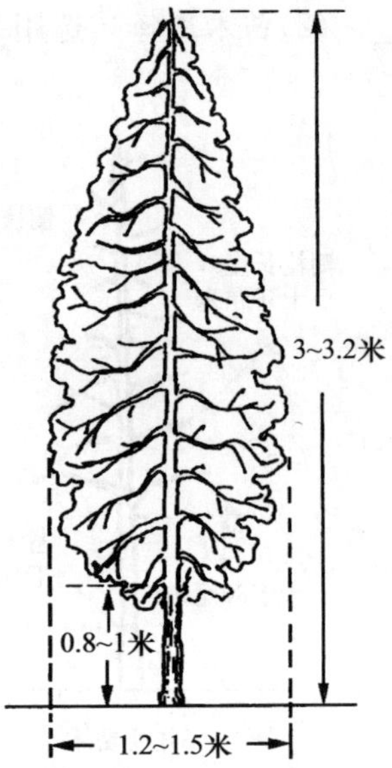

图2-45 高纺锤形树体结构

2. 整形技术 该树型适合的行距,国外是3～4米(平地3～3.3米,坡地3.6～3.9米)。株距1～1.5米,长势弱或中等的品种(如元帅系、嘎拉、金冠等)可用0.9米,长势强的富士、乔纳金等和一些顶花芽结果品种青苹等可用1.2米。根据我国国情,建议株行距为1.3～1.5米×3.5～4米,每667米^{2}栽植111～147株。该树形适于密植,早期结果好,产量较高,管理方便,经济效益好。其整形修剪要点如下。

(1)砧穗选择 该树形成功的果园都是采用矮化砧或矮化中间砧(图2-46)。

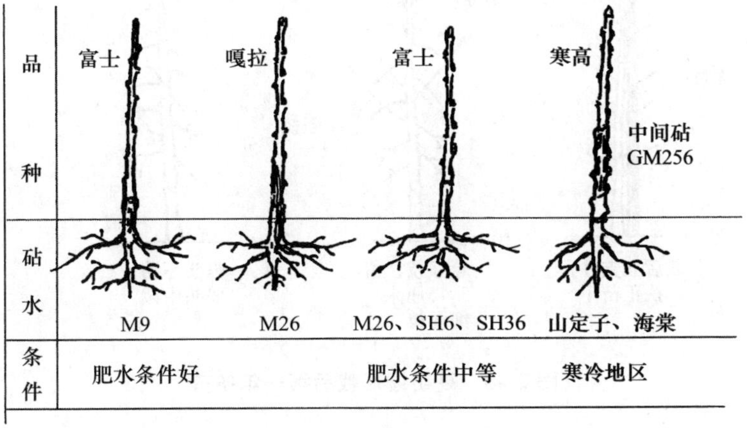

图2-46 高纺锤形树体采用矮化砧或矮化中间砧

(2)苗木选择　选用 2～3 年生健壮苗木建园(图 2-47)。

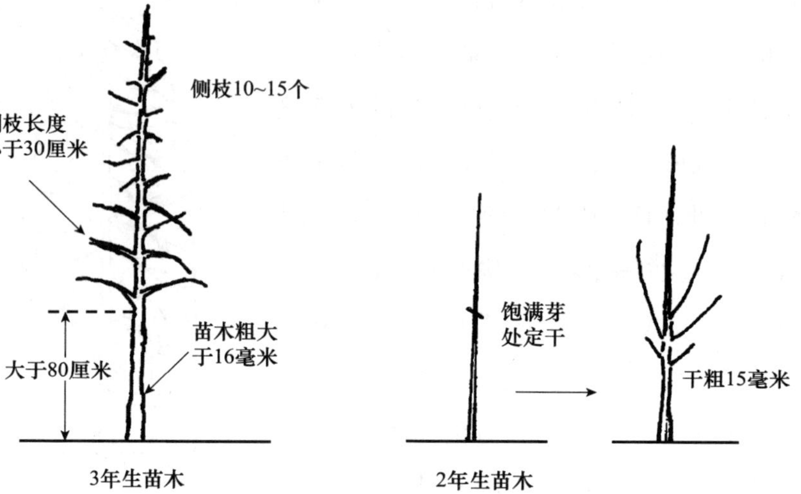

图 2-47　高纺锤形树体苗木选择

(3)整形修剪　栽后定干,弱苗在春梢饱满芽处定干;壮苗在秋梢饱满芽处定干。

①第一年冬剪　见图 2-48。

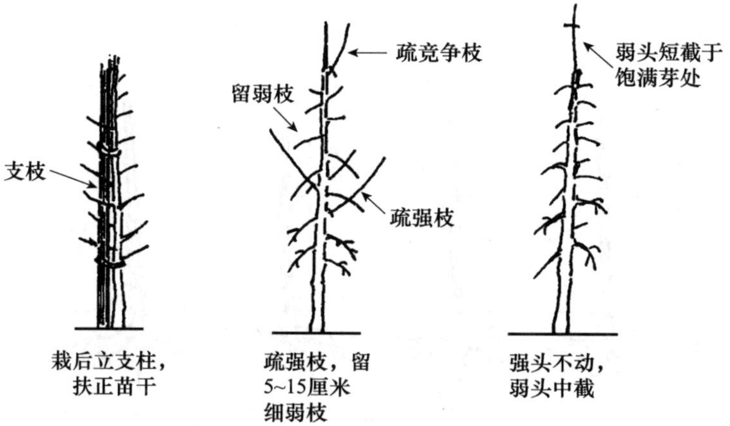

图 2-48　高纺锤形栽后第一年冬剪

②第二年冬剪　见图 2-49。

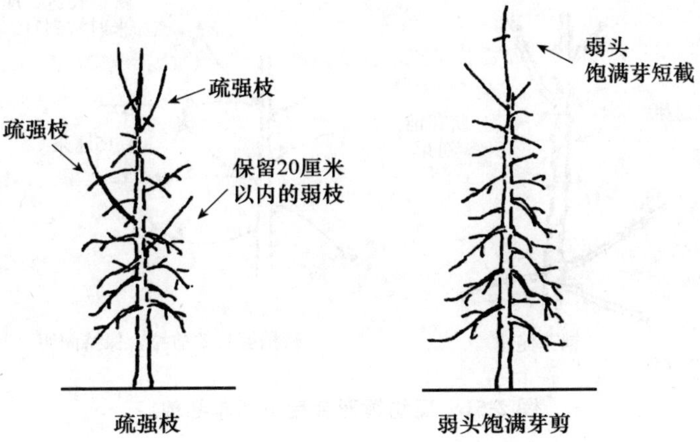

图 2-49　高纺锤形栽后第二年冬剪

③第三年冬剪　见图 2-50。

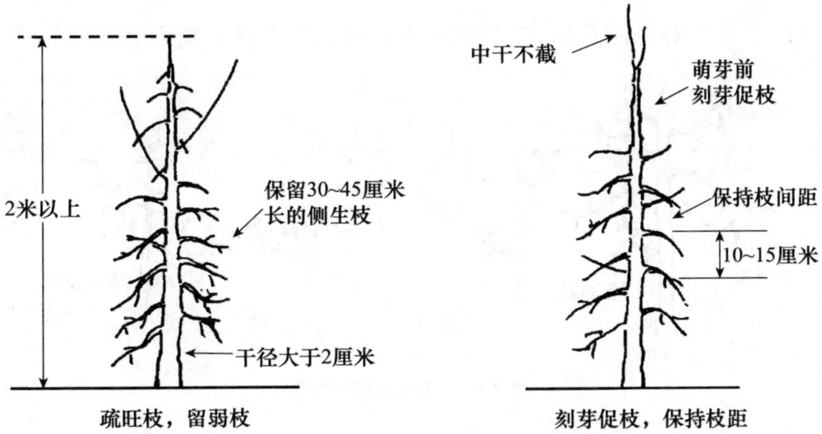

图 2-50　高纺锤形栽后第三年冬剪

④第四年冬剪　见图 2-51。

中干上发出的侧生枝，尽可能多保留，但开张角度较小，待其长至 45 厘米左右时，开张角度达 110°，促其缓势成花。侧生枝在中央领导干上螺旋排列，但注意同侧间距保持在 20～25 厘米，对中干上的光秃部位仍进行萌芽前刻芽促枝。

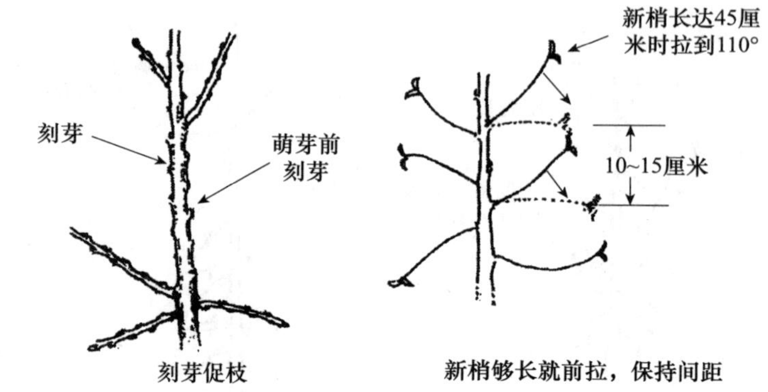

图 2-51　高纺锤形栽后第四年冬剪

⑤第五至第六年基本成形　修剪方法主要是疏、放、拉枝组呈珠帘式结果，结果枝开张角度 110°左右，同侧枝间距 15～20 厘米。

3. 配套修剪

(1)抹芽　春季萌芽后，随时抹除无用枝、芽，以利于集中养分(图 2-52)。

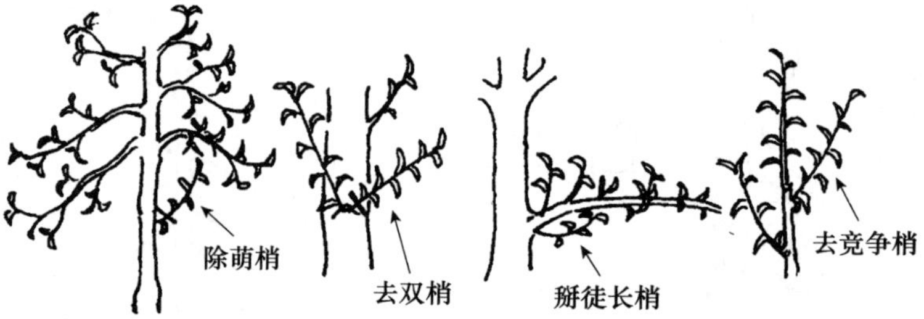

图 2-52　高纺锤形抹芽

(2)刻芽　除对中央领导干光秃处隔几天就进行萌芽前刻芽外，还要对拉下垂的侧生分枝也进行细致的刻芽(图 2-53)。

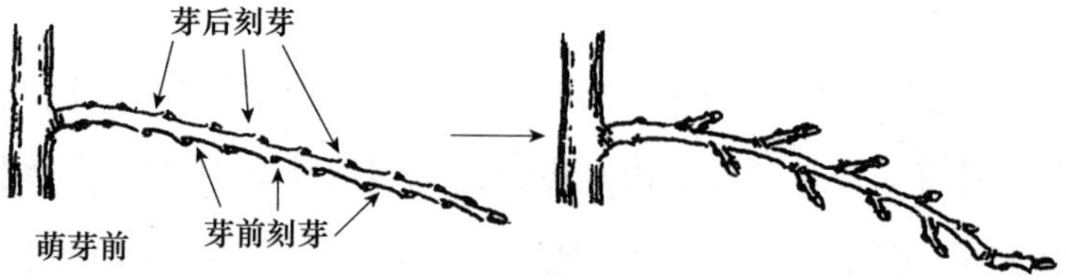

图 2-53　高纺锤形刻芽

(3)疏密留强,更新弱枝　高纺锤形疏枝见图 2-54。

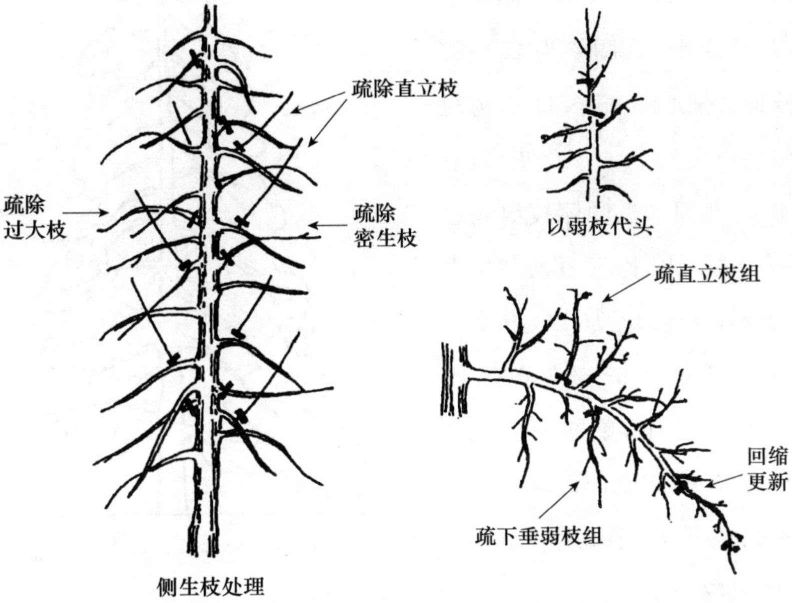

图 2-54　高纺锤形疏枝

(二)松塔树形

该树形由河南省三门峡市灵宝东村园艺场纵敏师傅于 1955 年试验成功,后经大面积生产实践,不断完善,于 2001 年 10 月 18 日正式通过省级鉴定,认为它是在吸取当前常用树形优点的基础上,创造发明了不需支柱篱架比细长纺锤形还小的主干树形。该树形上小下大、挺拔、规范,形似雪松树形,故名松塔形。树冠整齐壮观,通风透光,果品质量好,操作简单易学,经济效益显著,现已在三门峡市二仙坡等果园共推广数千公顷。实践证明,松塔形是生产优质、高档苹果的理想树形之一。

1. 树体结构　该树形是在纺锤形的基础上,吸纳了优良主干形和圆柱形的优点,结合当地实际,不断改进、完善,适于乔、矮砧苹果的新树形,树冠呈细长圆锥形(图 2-55)。

成龄树高4米左右(落头后3～3.5米),干高0.8～1.2米,枝组数最多40余个,后调整为25～27个。枝组开张角度95°～110°,树冠下部枝展长度为80～120厘米,上部为40～60厘米。同侧枝组间距在15～20厘米以上,呈螺旋状依次向上排列,干枝比为1∶0.2～0.3。单株枝量600～1 200条,留花芽150～200个,单株平均结果100～200个,每667米^{2}结果1500～2 000千克,最高达5 000千克,优质果率90%以上。

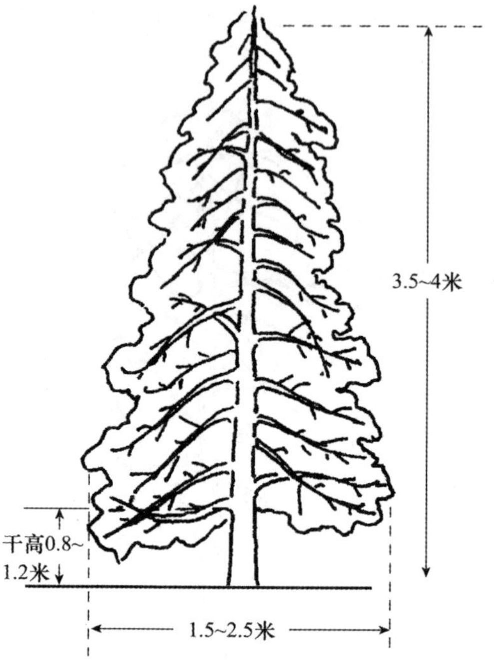

图2-55 松塔树形树体结构

2. 树形特点

(1)中央领导干强直,主从分明 挺拔健壮,中央领导干与同点枝组粗度比严格控制在1∶0.2～0.3,对过分粗大、影响树势平衡的严加控制。

(2)枝组丰满,角度低垂 一般角度为100°～110°,强枝组可达120°～130°。该树形前期(栽后5年内),枝组数可多达40余个,后逐渐调整到25～27个,保持枝组丰满而不密。

(3)通风透光,管理便当 由于树冠上小下大,枝组不长,树冠较小,行株间宽敞,便于各项田间管理,枝枝不挡、果果见光,着色艳丽,果品优良。

(4)树势健壮,产量稳定 枝组角度在95°以上,而且结合多道环割、刻芽等,枝势生长缓和,背上不冒条,营养消耗少,中、短枝多,成花早而多,早实、丰产、稳产。

3. 整形技术

(1)定干　健壮苗木栽后定干高 1～1.2 米，剪口下 20 厘米为发枝带，逢芽必刻，促发分枝，干高留 90～100 厘米(图 2-56)。

(2)第一年冬剪　定干当年，剪口下可抽生 5～10 个枝条，最上部有 3～4 个强枝，选其中长势旺、位置居中的作为中心干延长枝，长放不截，而对其下几个竞争枝进行疏除，再往下皆为中、短枝，长势较弱，宜全部保留不动，这种剪法有助于保持中央领导干的优势。松塔树形栽后第一年冬剪见图 2-57。

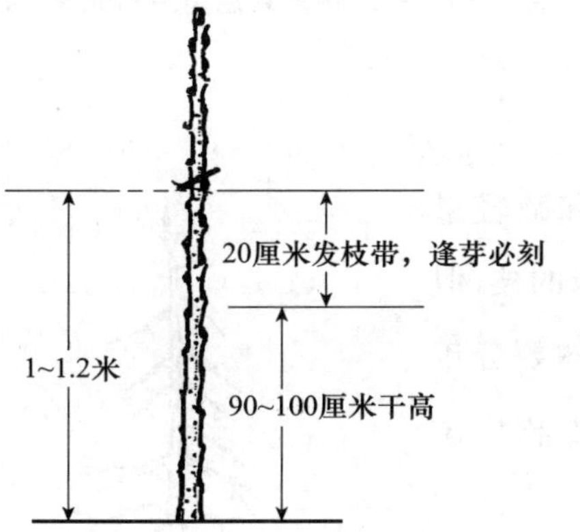

图 2-56　松塔树形定干

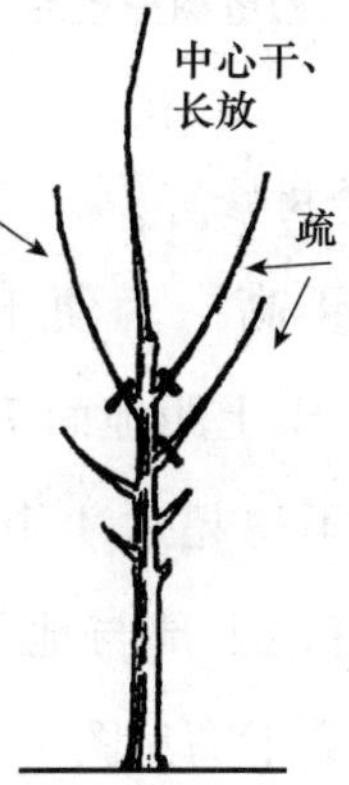

图 2-57　松塔树形栽后第一年冬剪

(3)第二年冬剪　为扶持中心干绝对优势，须对延长头下的几个竞争枝、直立枝和过密枝进行疏剪，使新抽生枝间隔 5～10 厘米，呈螺旋状依次向上排列，各个枝头要保持单轴延伸，切勿短截，对保留枝组要及时拉枝到位，开张角度 95°～110°。松塔树形栽后第二年冬剪见图 2-58。

(4)第三年及以后冬剪　每年去除竞争枝、内向枝、过旺直立枝、交叉枝等。注意加大旺枝角度，缓势促短枝，对过低枝要适当疏除。第五年，基本成形。枝量大增，进入正常结果。松塔树形栽后第三年修剪见图 2-59。

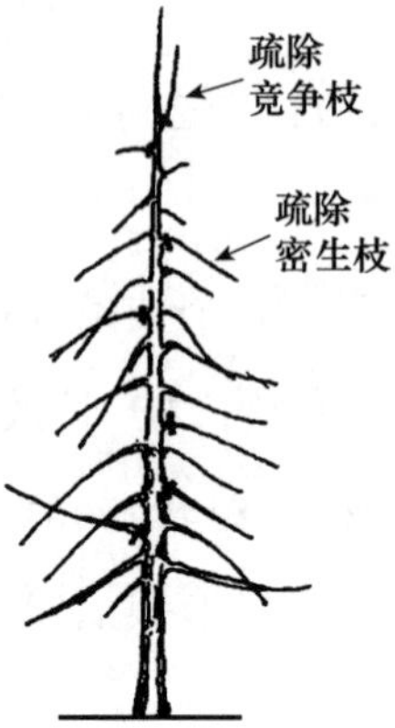

图 2-58 松塔树形栽后第二年冬剪

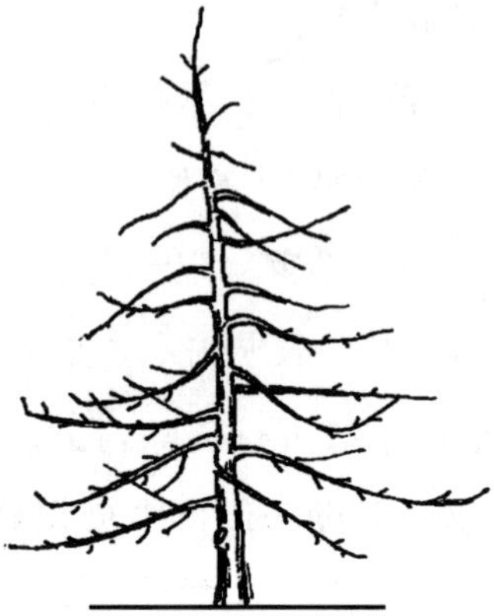

图 2-59 松塔树形栽后第三年修剪

(5)成龄树修剪

①提高干高　为便于地下管理和减轻果锈,要疏除主干上距地面70～100厘米的枝,但一次疏大枝不得超过4个,大枝多的树要分年去除,以维持地上部与地下部的平衡。松塔树形成龄树提高干高见图2-60。

图 2-60 松塔树形成龄树提高干高

②控制树冠　枝展长度应不大于1.5米,超过的要适当疏、缩。当枝组基部直径超过3厘米时,应用细枝组代替,即去粗留细、去大留小。当枝组过密时,要去密留稀,同方向间距在30厘米以上。松塔树形成龄树疏剪控冠见图2-61。

③刻芽促枝　萌芽前在中央领导干上缺枝部位进行芽上部位刻伤,芽距保持在10厘米左右,各侧生下垂枝组,背上芽在芽后1毫米处浅刻,两侧芽及背下芽在芽前刻,以促生中、短枝,多成花结果(图2-62)。

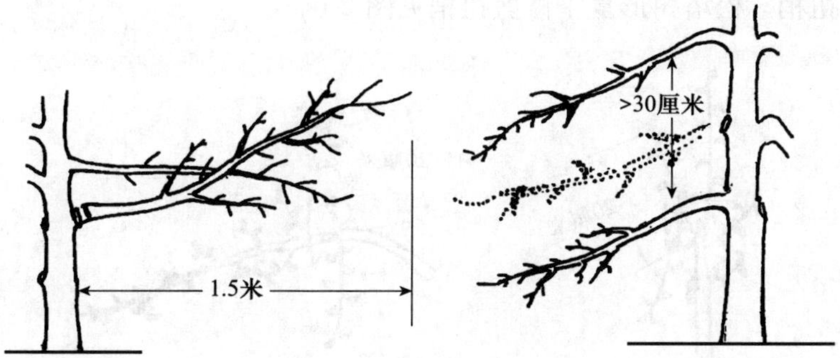

图 2-61　松塔树形成龄树疏剪控冠

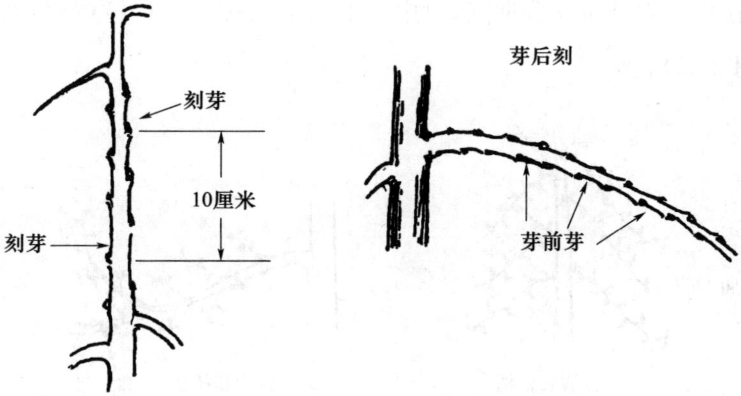

图 2-62　松塔树形成龄树刻芽促枝

(6)夏季修剪

①除萌　松塔树形夏季修剪除萌见图 2-63。

图 2-63　松塔树形夏季修剪除萌

②扭梢　松塔树形夏季修剪扭梢见图2-64。

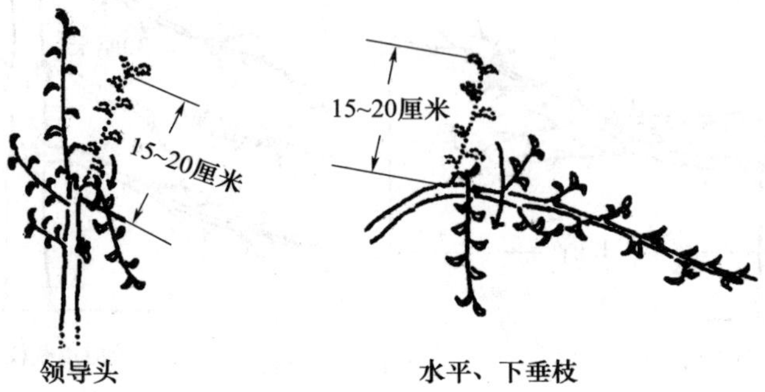

图2-64　松塔树形夏季修剪扭梢

③拉枝　立秋至秋分期间,对中干上与上翘枝组进行拉枝,角度在110°左右(图2-65)。

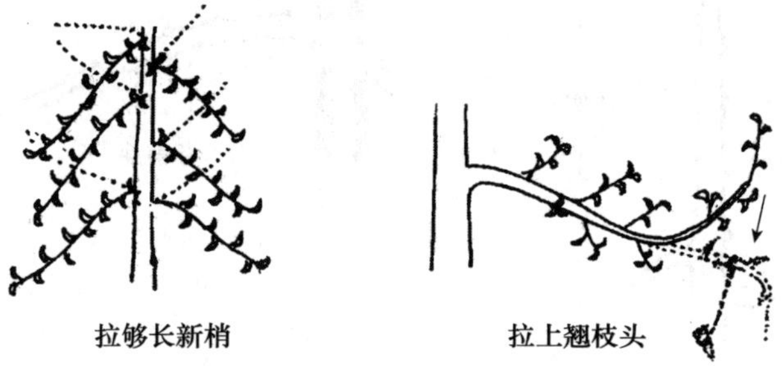

图2-65　松塔树形夏季修剪拉枝

④剪秋梢　9月底至10月初,疏除中干与枝组上的秋梢,以利于改善树冠光照,促进枝条成熟和花芽分化。

第 三 章
果园郁闭与树体改造

目前，许多果园仍沿用密植体制，想用“三密”（密植、密枝、密果）达到早实、丰产的目的，以获取更高的效益，故在栽植上尽量密植，不但矮化树实行密植，就连乔化树也采用密植。但是，栽后没几年，果树尚未大量结果就全园郁闭不堪，不但田间作业不便，而且果品质量也难以提高，这类果园已经到了不改造就难以维持的地步了。我们曾在 20 世纪 90 年代初就提出“控冠改形”的问题。2000 年，陕西省提出“大改形、强拉枝”的行动口号，已在全省展开，并取得一定成效。其他果区也逐渐开始树体改造工作。

一、群体郁闭与解决方法

（一）株间交接、交叉

1. 株间交接状况及解决方法

（1）株间交接状况　见图 3-1。

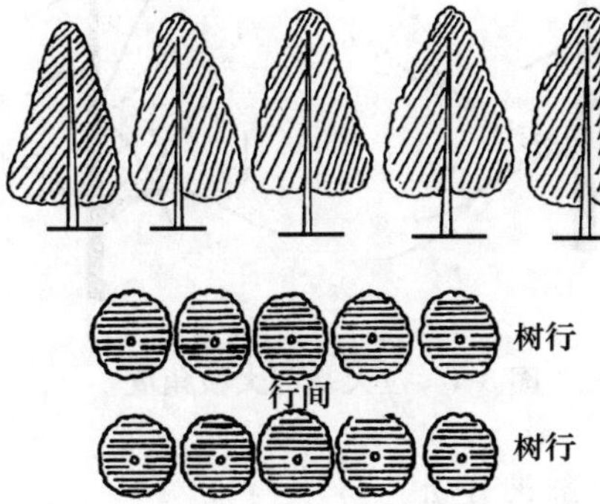

图 3-1　株间交接状况

(2)解决方法

①去除低位大枝　可提高冠基高度,见图 3-2。

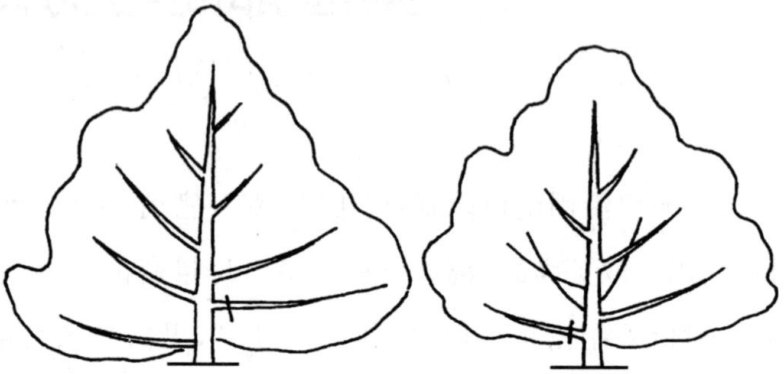

图 3-2　去除低位大株

②停止短截株间延长枝　见图 3-3。

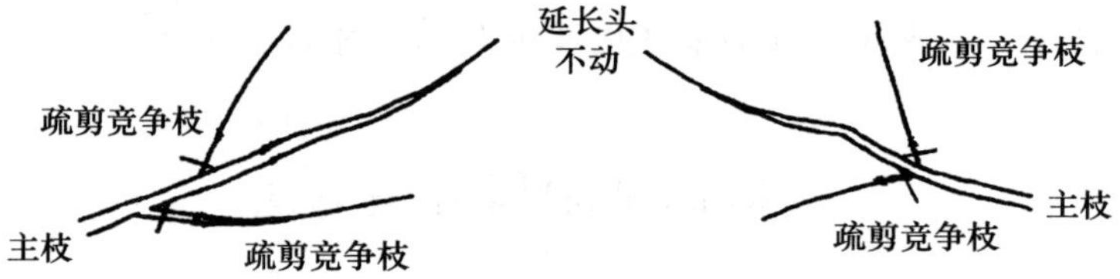

图 3-3　停止短截株间延长枝

③拉大基部大枝角度　见图 3-4。

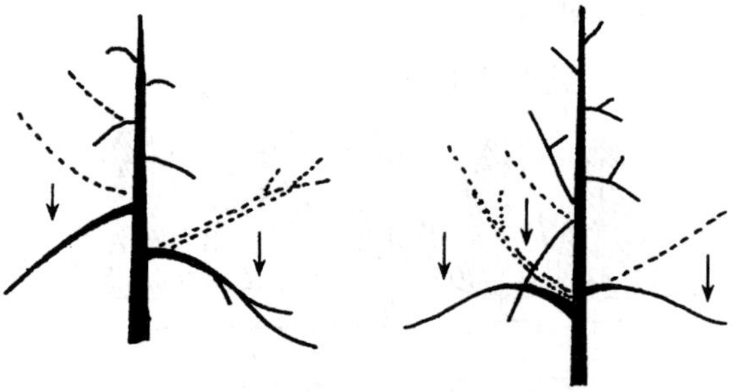

图 3-4　拉大基部大枝角度

2. 株间交叉状况及解决方法

(1)株间交叉状况　见图 3-5。

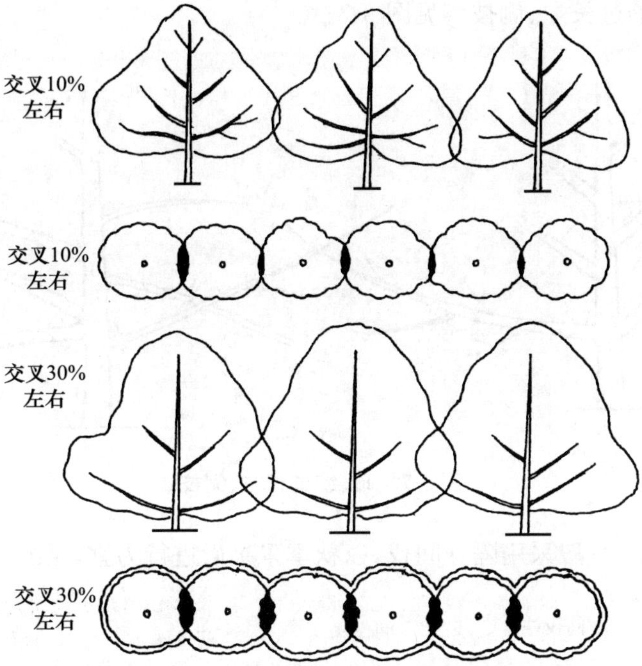

图 3-5　株间交叉状况

(2)解决方法

①改形　改为冠体小的树形,见图 3-6。

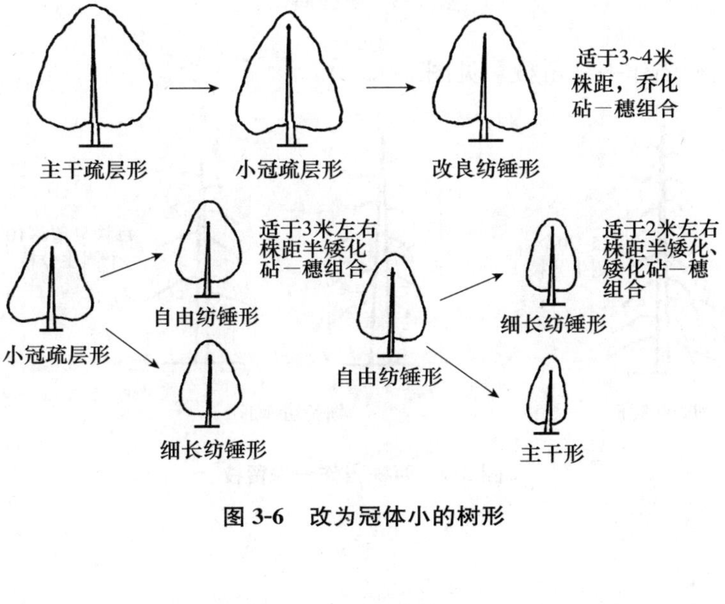

图 3-6　改为冠体小的树形

②疏、缩过长主、侧枝　见图3-7。

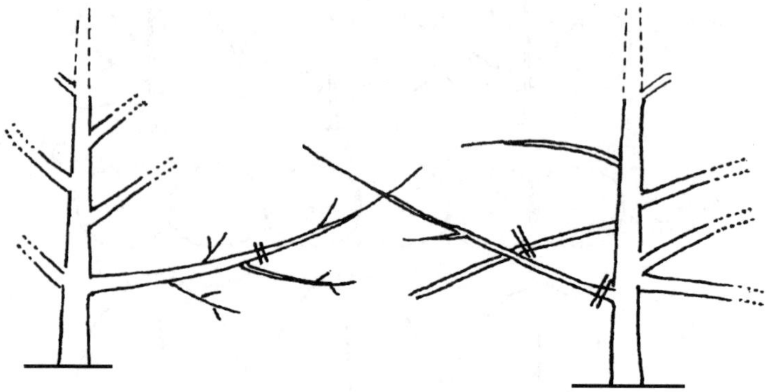

图3-7　疏、缩过长主、侧枝

③间伐　一般采用隔株间伐,以秋季采果后进行为宜,见图3-8。

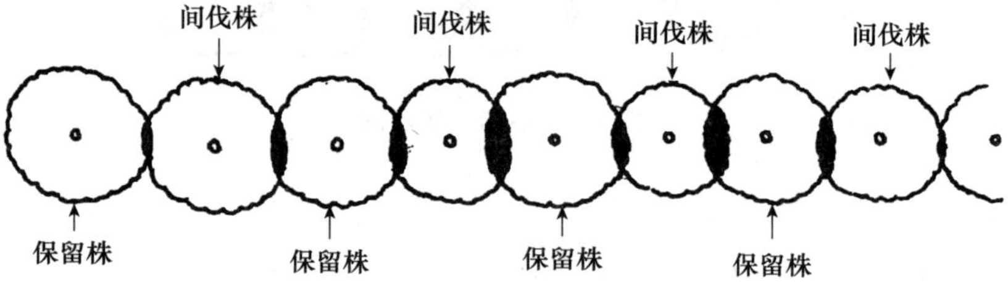

图3-8　隔株间伐

④两株当作一株留枝　见图3-9。

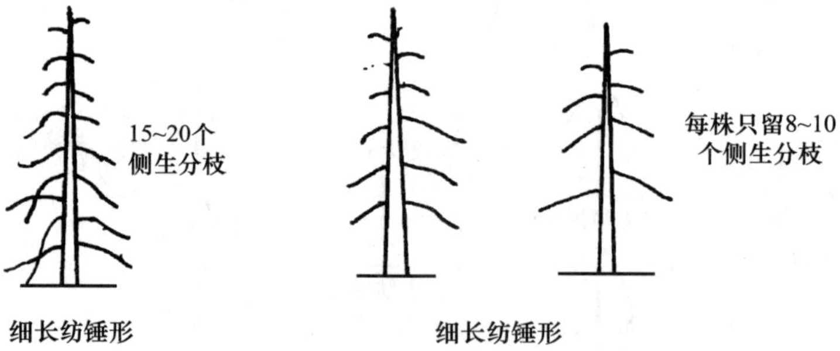

图3-9　两株当作一株留枝

(二)行间交接无通道

1. 行间交接状况　见图 3-10。

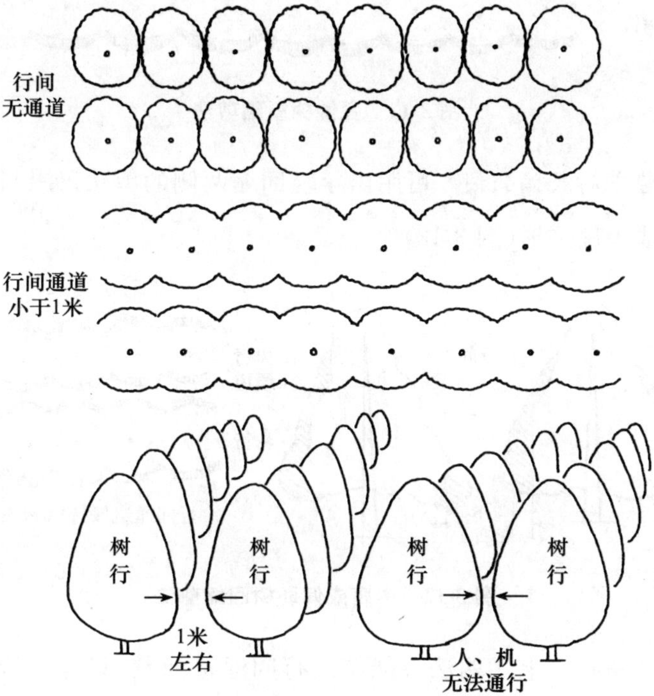

图 3-10　行间交接状况

2. 解决方法

(1)树势强健树　当年重缩一侧,下年再缩另一侧,以防树势返旺(图 3-11)。

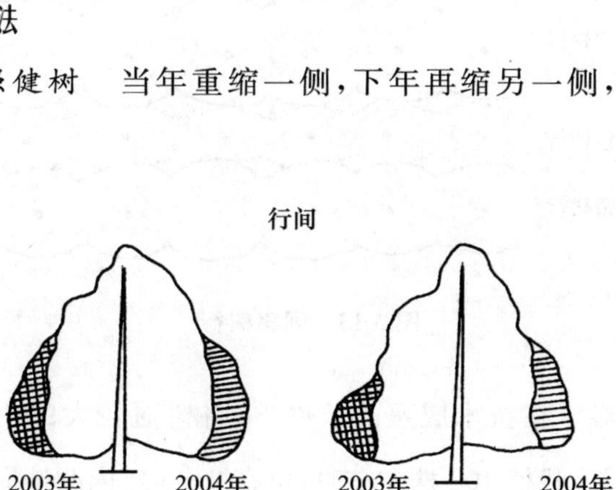

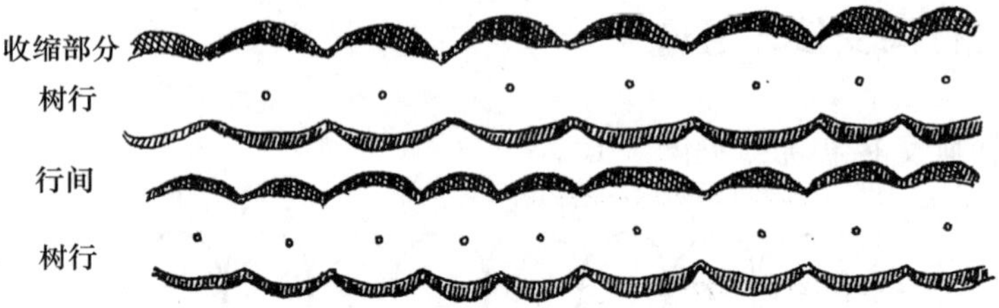

图 3-11 强健树重缩剪法

(2)树势中庸或偏弱树 可用当年轻回缩两侧的剪法，使树行变成树篱状，单株树成为扁平形(图 3-12)。

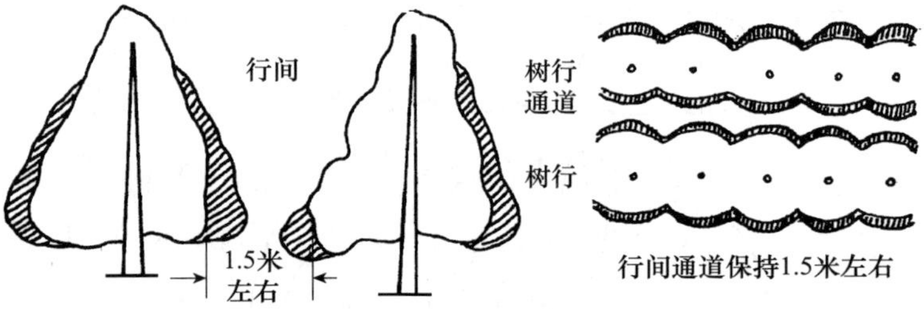

图 3-12 中庸或偏弱树回缩剪法

(3)间移树行 上述两法不能解决行间通透问题，只能隔行间移，保持较大行间(图 3-13)。

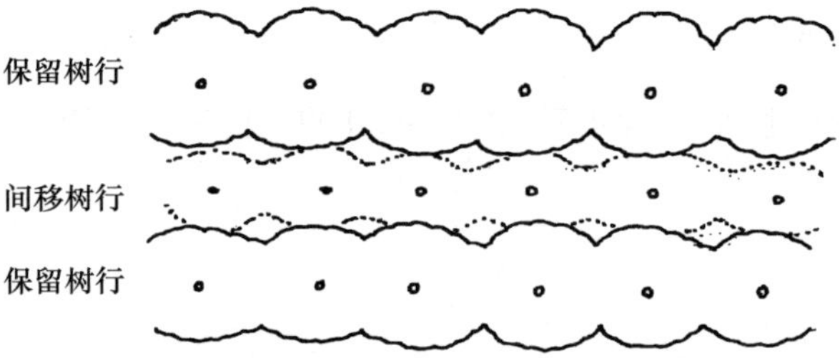

图 3-13 间移树行

(4)改造树形 在技术成熟的条件下，将树冠较大的树形改造为主干形，如果每 667 米^2 栽植 100 株左右时，可在 2～3 年内改造完毕(图 3-14)。

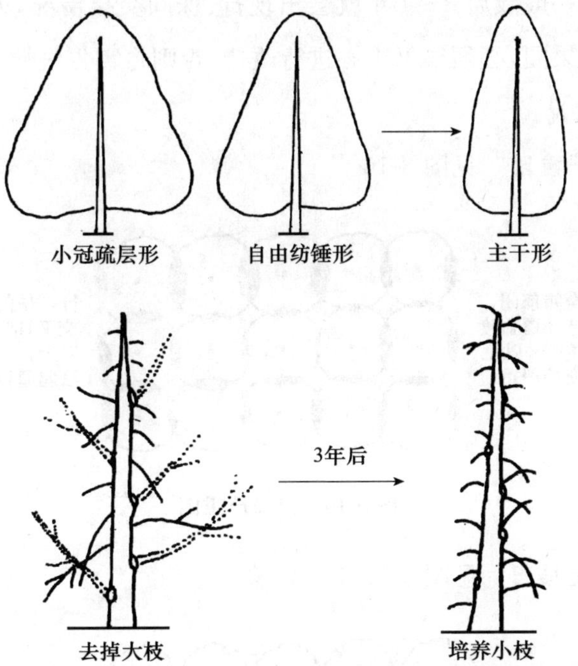

图 3-14 改造树形

3 年以后，行间保持足够通道。一般机械作业需 2 米作业道，人力作业需 1～1.5 作业道(图 3-15)。

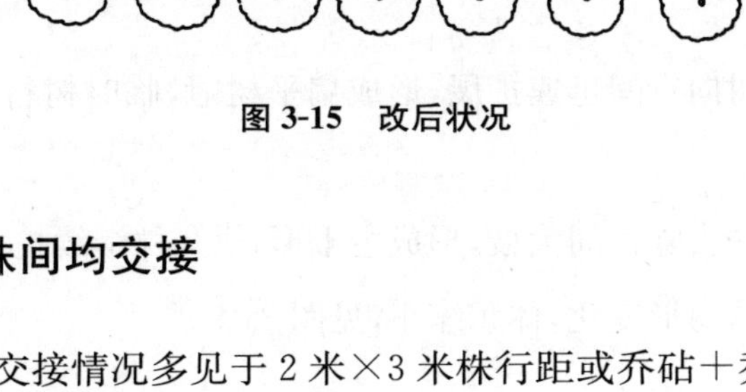

图 3-15 改后状况

(三)行、株间均交接

行、株间均交接情况多见于 2 米×3 米株行距或乔砧＋乔化品种＋无病毒砧穗组合。一般栽后3～4年就会出现行、株间交接情况,人、机器都难以通行。对这类果园,必须早下决心进行改造,否则将宣告失败。

1. 交接状况

(1)交接严重园　见图3-16。

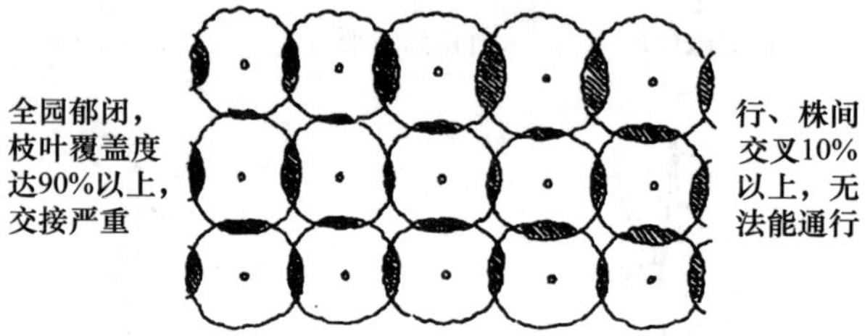

图3-16　交叉严重园

(2)即将交接园　见图3-17。

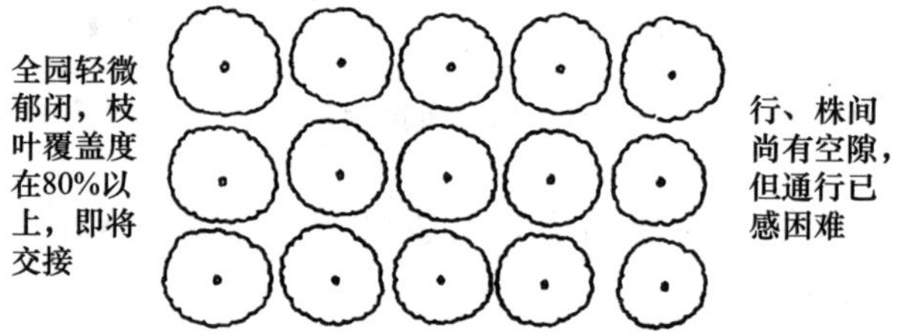

图3-17　即将交接园

2. 解决方法

(1)严重交接园　见图3-18。行距在2～3米的可采取以下方法。

第一,隔行变成临时行,临时行逐年缩小树行宽度,永久行逐年扩大树行宽度。

第二,永久树向行间迅速扩展,形成扁平树冠,临时树行进一步收缩,形成树篱。

第三,临时株去除株间大枝,形成主干形,永久株继续扩大树冠。

第四,临时株树形变化,体积缩小,见图3-19。

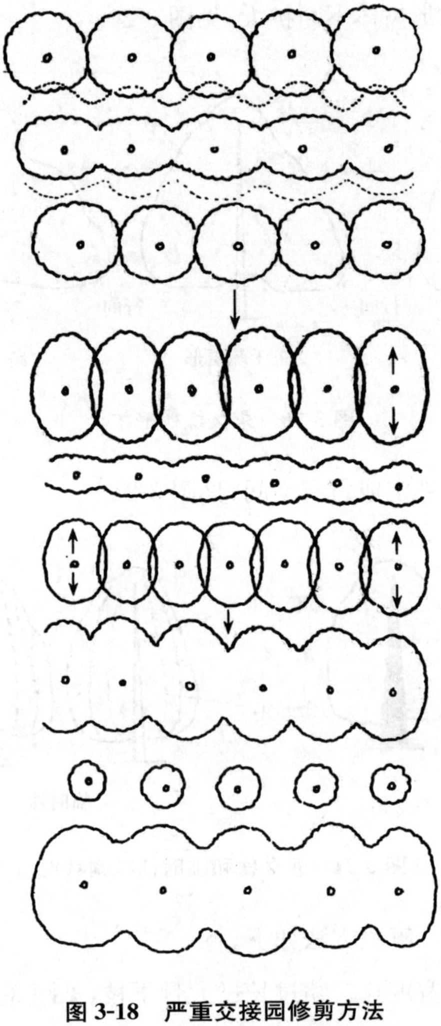

图 3-18　严重交接园修剪方法

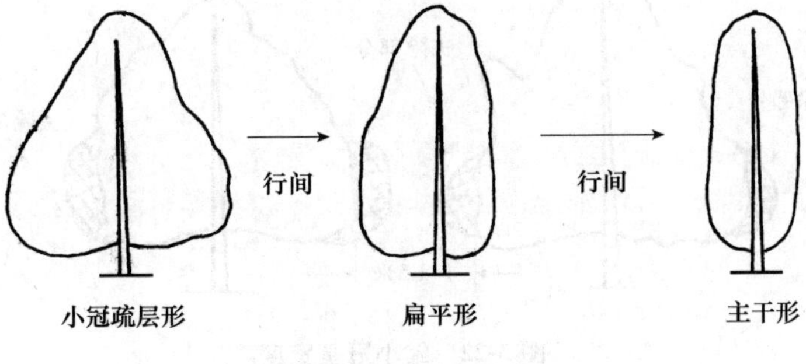

图 3-19　临时株树形缩小

第五，永久株树形树体不断扩大，见图 3-20。

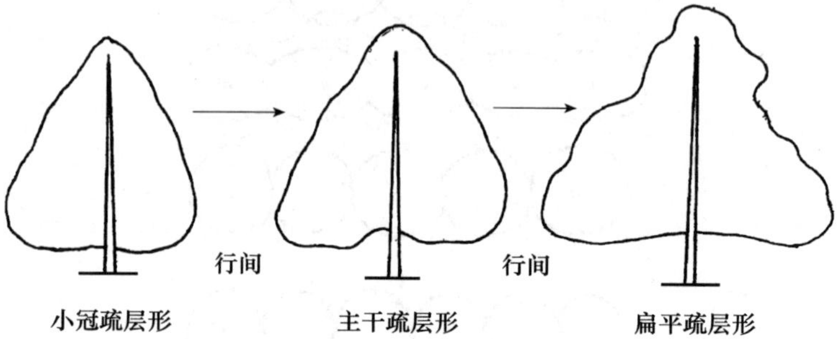

图 3-20　永久株树形扩大

第六，株间保持稳定或留有空间，见图 3-21。

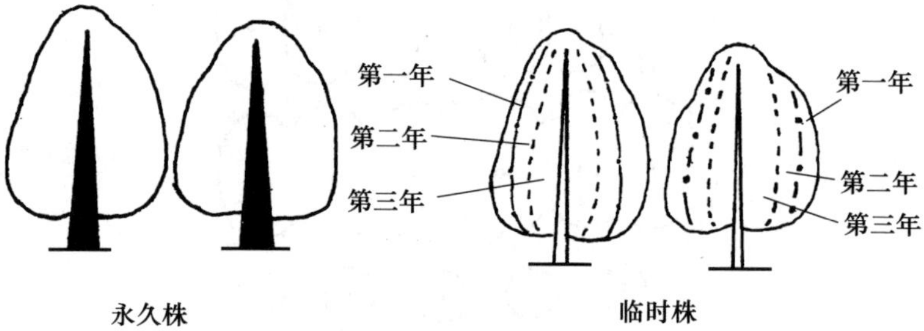

图 3-21　永久株和临时株株间状况

(2)即将交接园　解决方法如下。

第一，缩小冠基宽度，疏、缩过长过大骨干枝，见图 3-22。

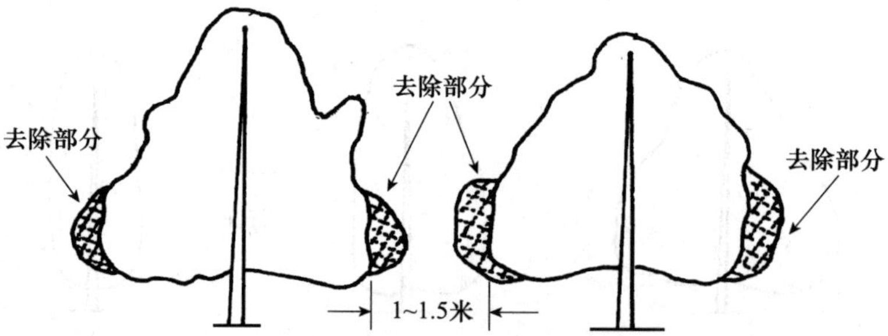

图 3-22　缩小冠基宽度

第二，延长头长放，同时疏剪外围强枝，见图 3-23。

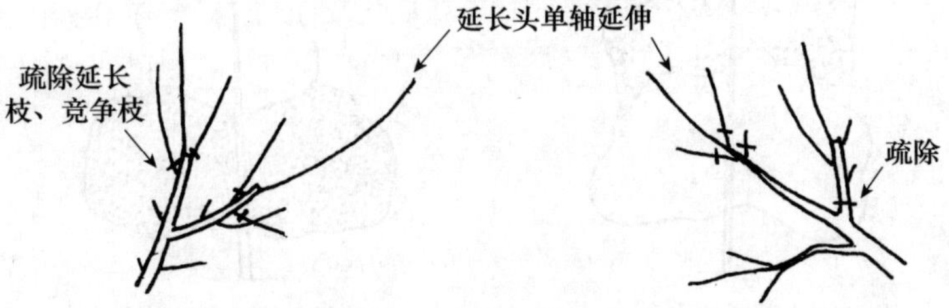

图 3-23　延长头长放

第三，去除上部大枝，见图 3-24。

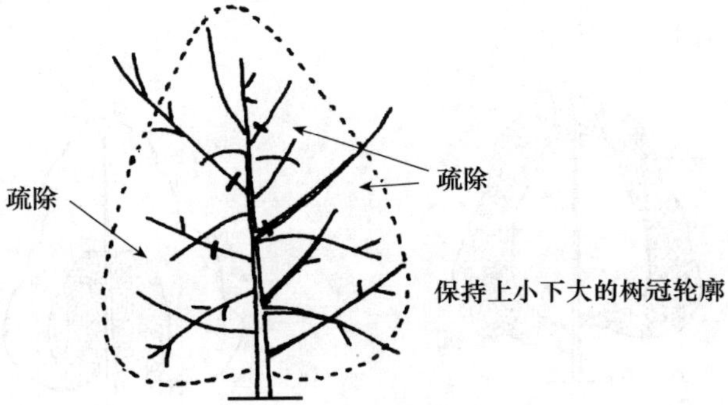

图 3-24　去除上部大枝

二、个体郁闭与解决方法

(一)局部郁闭

所谓郁闭，即树体某处自然光照低于 30%的部位。

1. 郁闭状况　郁闭是由于轮生枝、重叠枝、并生枝和重剪所致。

(1)上部郁闭　见图 3-25。

(2)下部郁闭　见图 3-26。

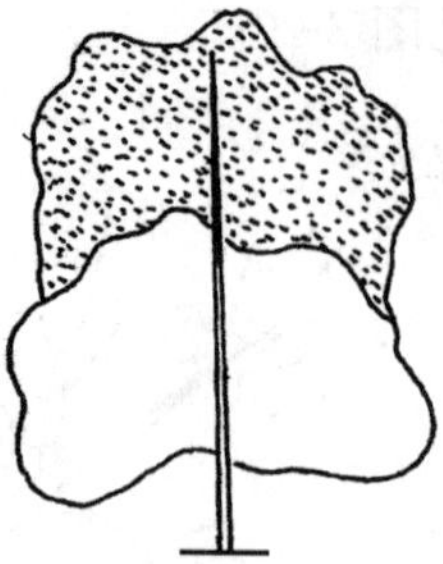

上部旺枝太多

图 3-25　上部郁闭

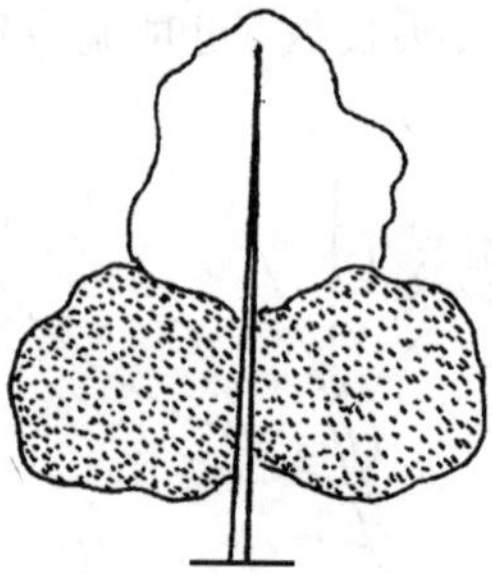

基部主枝过多、过大

图 3-26　下部郁闭

(3)外部郁闭　见图 3-27。

(4)内膛郁闭　见图 3-28。

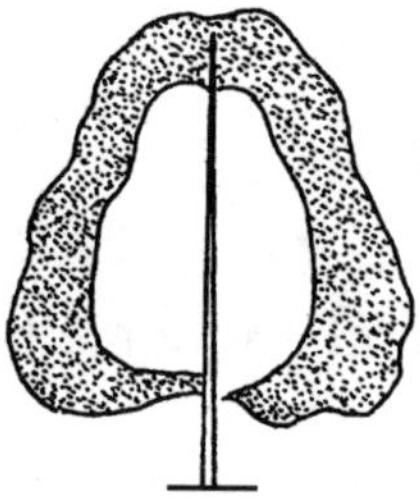

外围枝重截，导致新梢过多及外围枝枝组过多、过大

图 3-27　外部郁闭

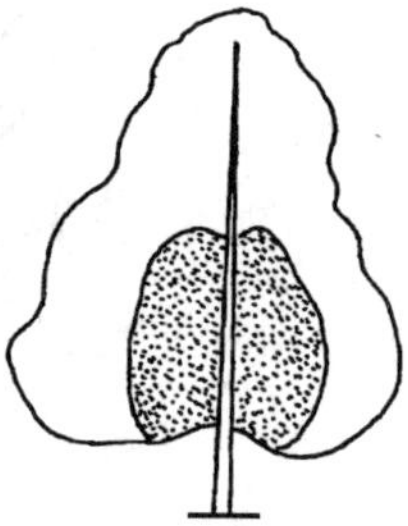

内膛辅养枝过多

图 3-28　内膛郁闭

(5)个别部位郁闭　见图 3-29。

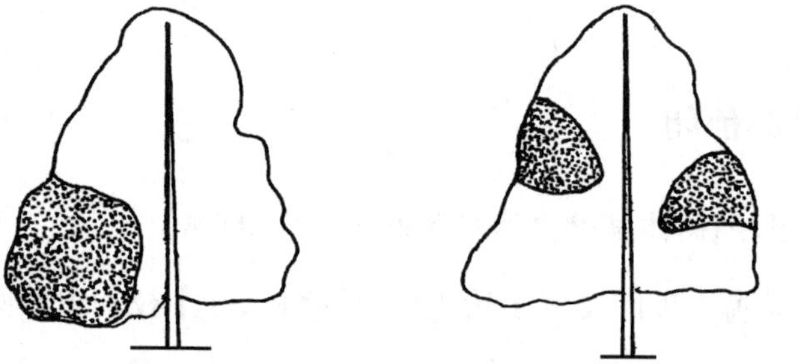

个别部位交叉严重

个别部位重叠交叉严重

图 3-29　个别部位郁闭

2. 解决方法

(1)疏除郁闭处重叠枝、并生枝、交叉枝和轮生枝

①重叠枝(上下方向)　疏除方法见图 3-30。

②并生枝(水平方向)　疏除方法见图 3-31。

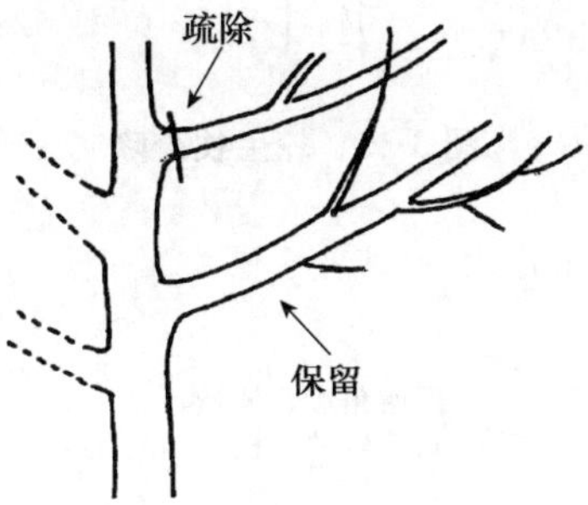

图 3-30　重叠枝疏除

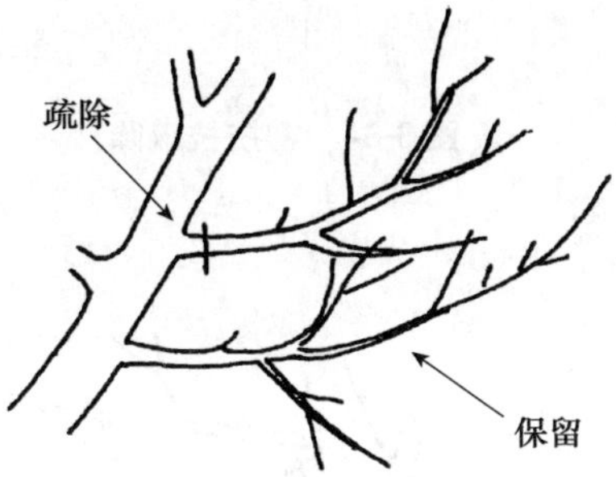

图 3-31　并生枝疏除

③枝头交叉枝　疏除方法见图 3-32。

④分枝交叉枝(错开疏)　疏除方法见图 3-33。

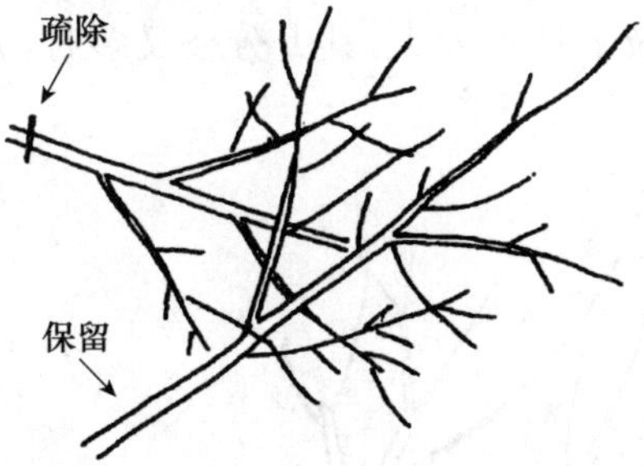

图 3-32　枝头交叉枝疏除

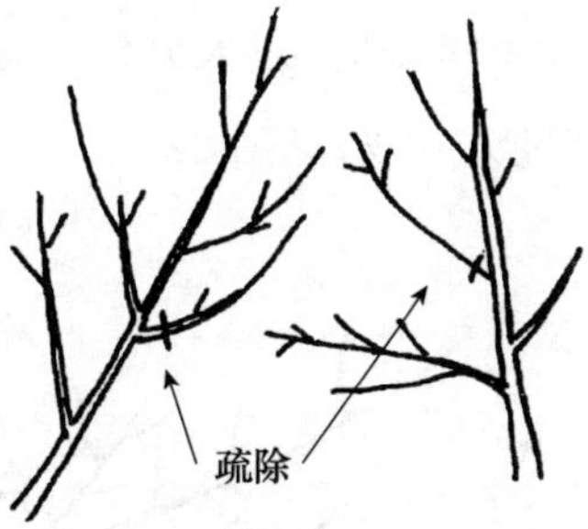

图 3-33　分枝交叉枝疏除

⑤密挤枝(疏 1～3 个)　疏除方法见图 3-34。

⑥轮生枝(疏 1～2 个)　疏除方法见图 3-35。

⑦双生枝(去一留一)　疏除方法见图 3-36。

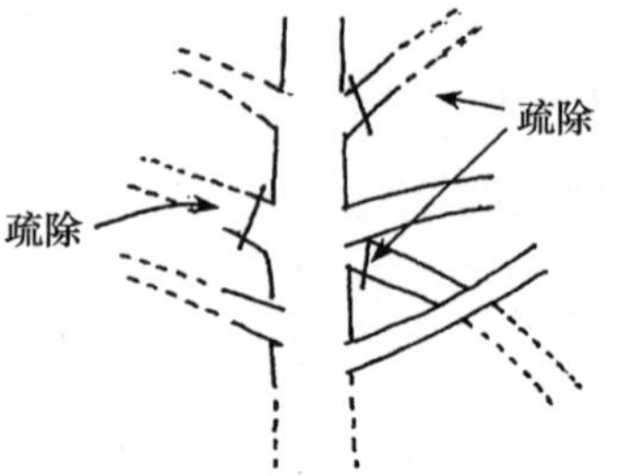

图 3-34 密挤枝疏除

图 3-35 轮生枝疏除

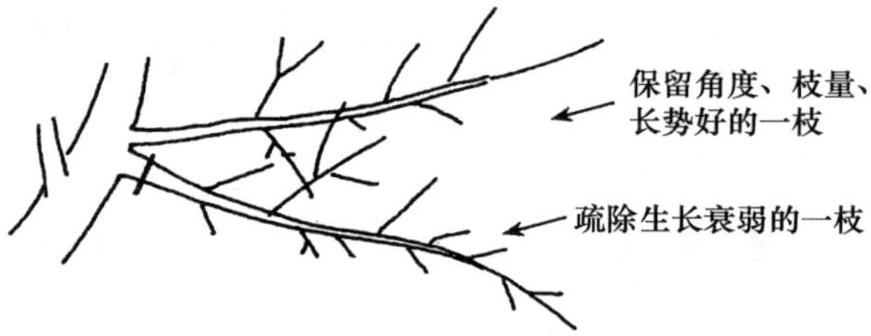

图 3-36 双生枝疏除

(2)疏除过大分枝

①疏除 2～3 个过大分枝 骨干枝上枝量太大,其上分枝又多时,先疏除 2～3 个过大分枝,见图 3-37。

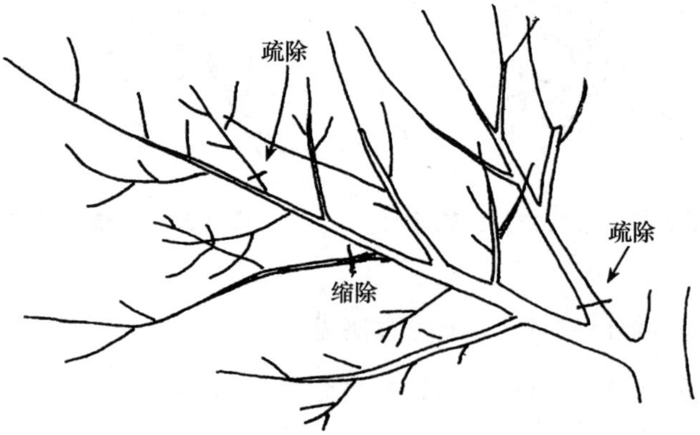

图 3-37 疏除 2～3 个过大分枝

②疏剪双头枝 见图 3-38。

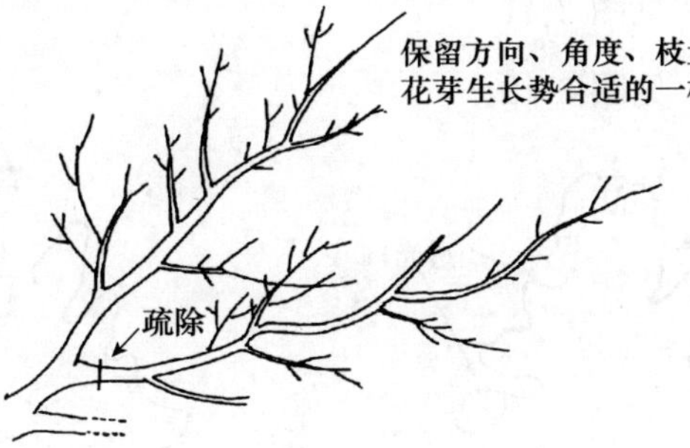

图 3-38 疏剪双头枝

(3)疏剪外围密生 1 年生枝,改短截为长放

①控制竞争枝 见图 3-39。

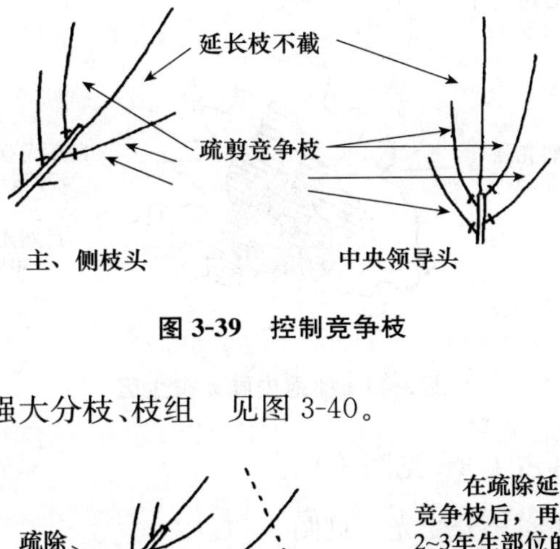

图 3-39 控制竞争枝

②疏剪外围强大分枝、枝组 见图 3-40。

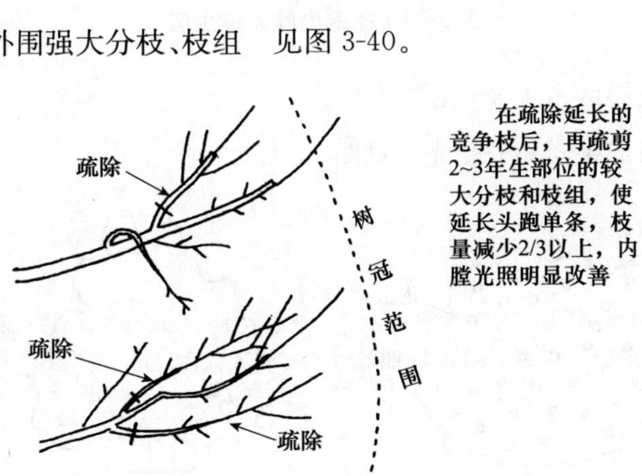

图 3-40 疏除外围强大分枝、枝组

(4)树冠密度调整结果

①打开“窗户” 见图3-41。

②摘掉“帽子” 见图3-42。

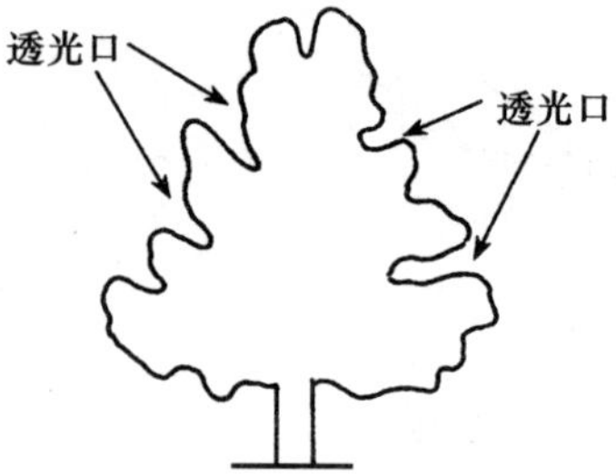

图3-41 打开“窗户”

图3-42 摘掉“帽子”

③树冠内膛无寄生区 见图3-43。

图3-43 树冠内膛无寄生区

④树下花影区占1/3 见图3-44。

⑤树冠下部果实充分受光 见图3-44。

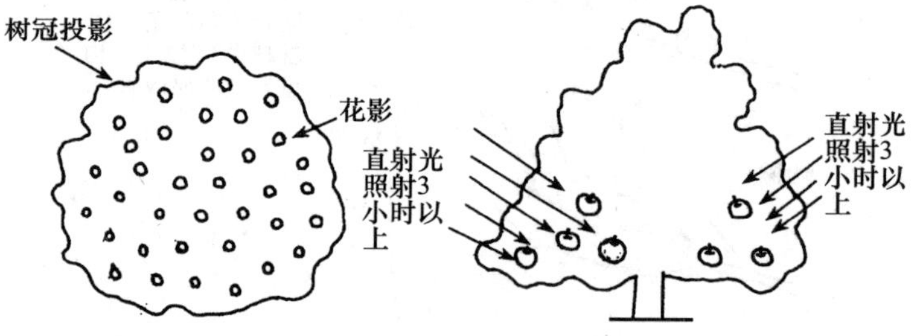

图3-44 树下花影区占1/3,树冠下部果实充分受光

(二)大枝太密

1. 大枝密度状况

(1)留辅养枝太多　全树中、下部辅养枝超过10个，主枝上辅养枝多而大，见图3-45。

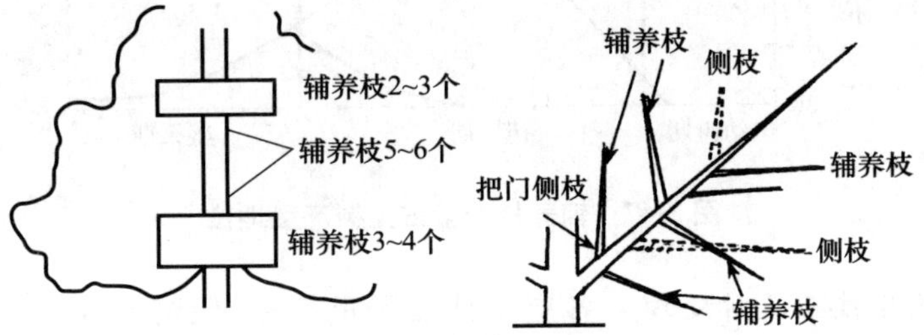

图3-45　留辅养枝太多

(2)留主、侧枝太多　见表3-1。

表3-1　各树形骨干枝数

树形	主枝		侧枝	
	应留数(个)	实留数(个)	应留数(个)	实留数(个)
主干疏层形	5～7	>10	10～13	>15
小冠疏层形	5～7	>10	6	>10
自由纺锤形	10～15	15～20	0	5～6
细长纺锤形	15～20	20～30	0	0

(3)辅养枝太大　与主枝体积相近，见图3-46。

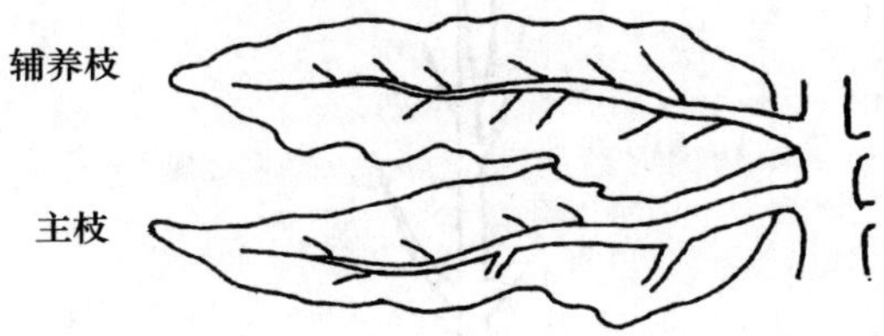

图3-46　辅养枝与主枝体积相近

(4)辅养枝保留时间太久　辅养枝本应在果树进入盛果期后,逐渐被改造为大、中枝组或疏掉,可是却一直保留、利用它。辅养枝产量占全树产量地位情况见图 3-47。

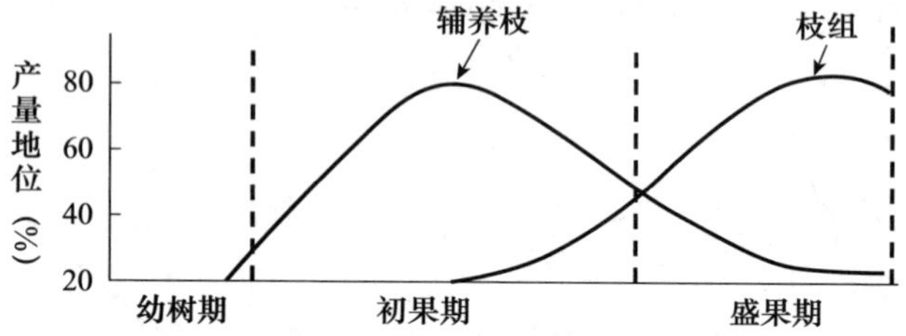

图 3-47　辅养枝产量占全树产量地位

(5)轮生枝未及时处理　各层主枝数严重超标,保留时间长,树冠郁闭(图 3-48)。

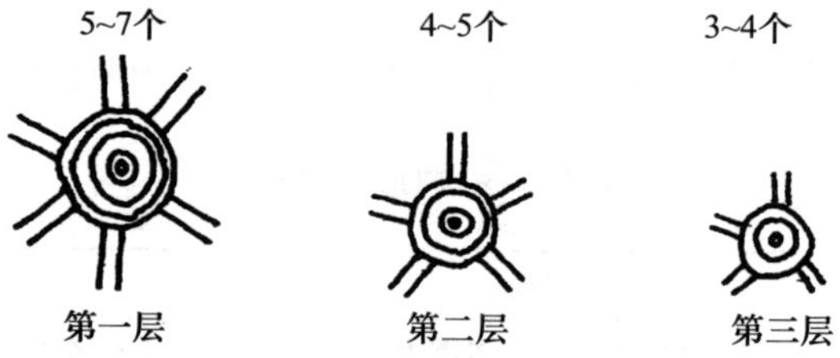

图 3-48　各层主枝数严重超标

2. 解决方法

(1)疏除多余大枝　清理影响骨干枝生长的大枝。

①中央领导头　见图 3-49。

图 3-49　中央领导头

②轮生枝分 1～3 年去除　见图 3-50。

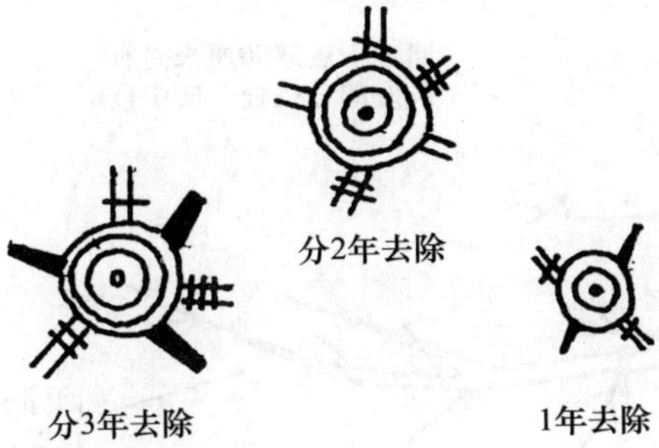

图 3-50　轮生枝分 1～3 年去除

③把门侧枝　见图 3-51。

④三杈枝　见图 3-52。

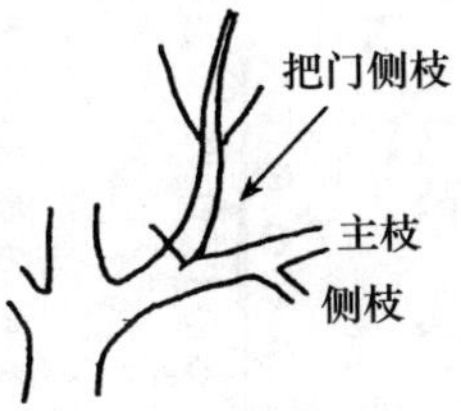

图 3-51　把门侧枝

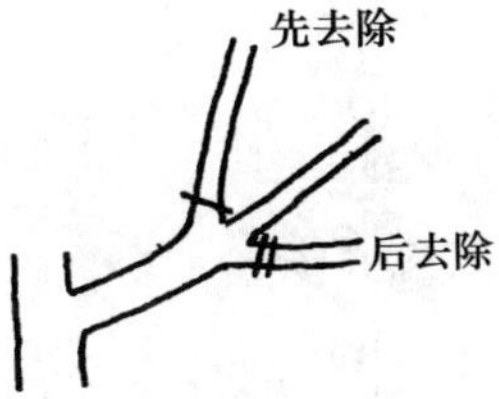

图 3-52　三杈枝

(2)缩小大枝体积　见图 3-53。

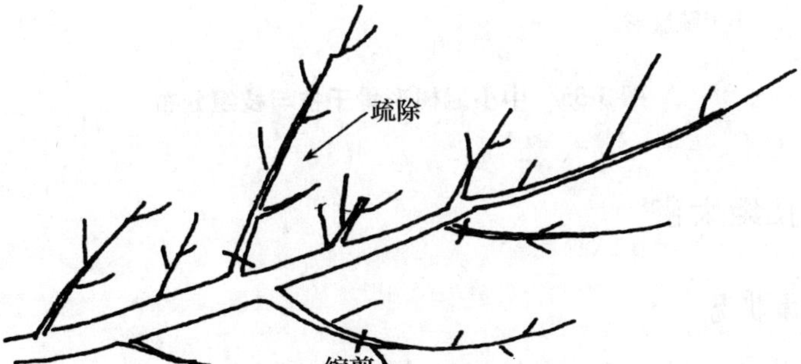

图 3-53　缩小大枝体积

(3)改造大枝为大、中枝组　见图3-54。

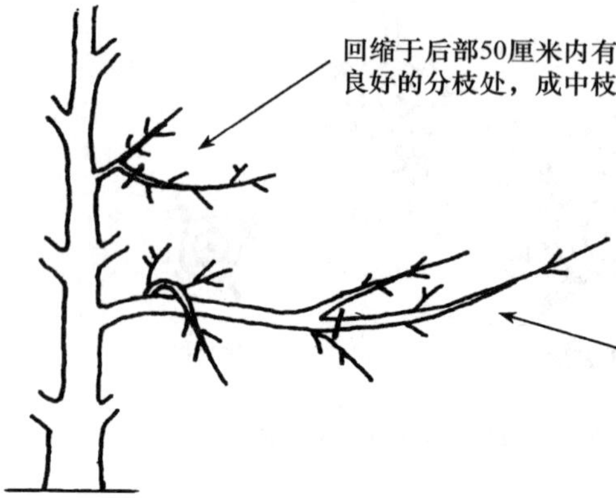

图3-54　改造大枝为大、中枝组

(4)树形逐步规范化　见图3-55。

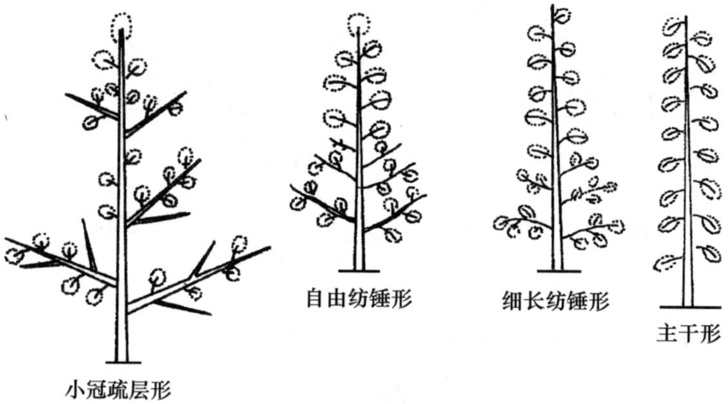

图3-55　中小冠树形骨干枝与枝组分布

(三)枝组太密

1. 郁闭状况

(1)大枝组比例过大　大枝组过多、过密，每米骨干枝上有5个以上，占总枝组数30％以上(图3-56)。

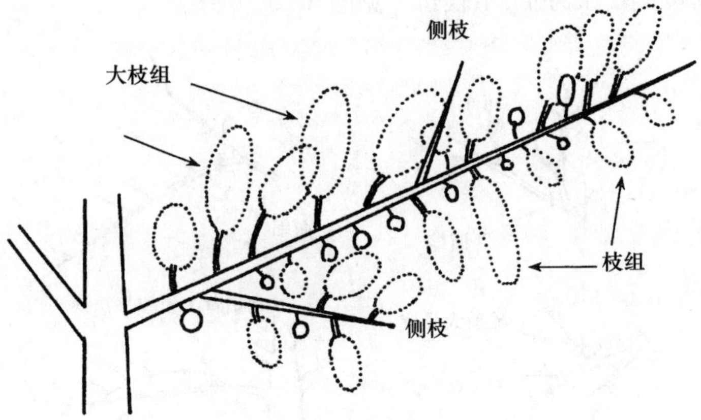

图 3-56　大枝组比例过大

(2)大枝组在主、侧枝的中、前部过多　见图 3-57。

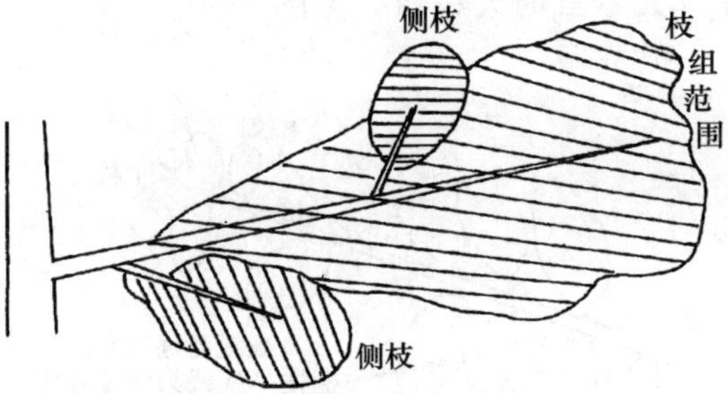

图 3-57　大枝组在主、侧枝的中、前部过多

2. 解决方法

(1)减少大枝组比例　见图 3-58。

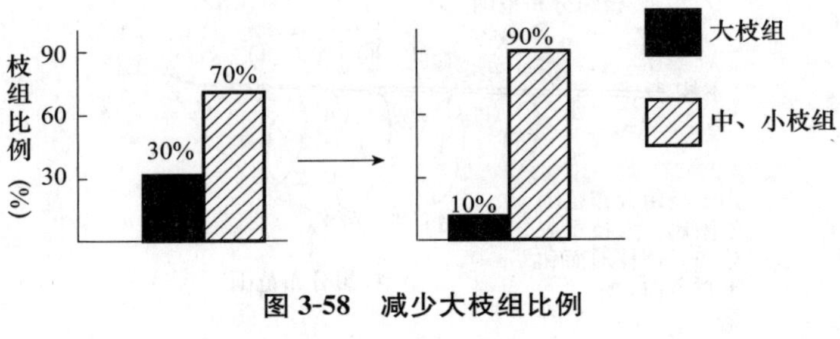

图 3-58　减少大枝组比例

(2)改造大枝组为中、小枝组　见图3-59。

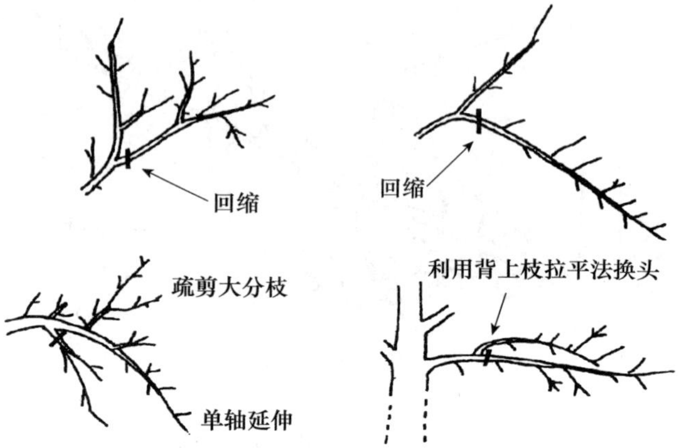

图3-59　改造大枝组为中、小枝组

(3)疏剪部分位置不当的大枝组　见图3-60。

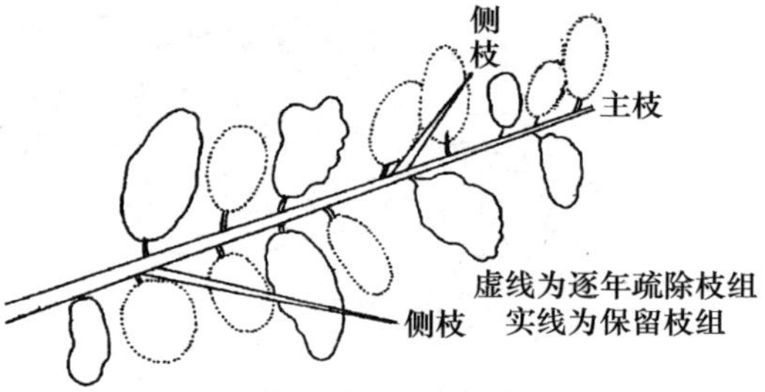

图3-60　疏剪部分位置不当的大枝组

(4)多留侧向下垂枝组　不留、少留背上大枝组,见图3-61。

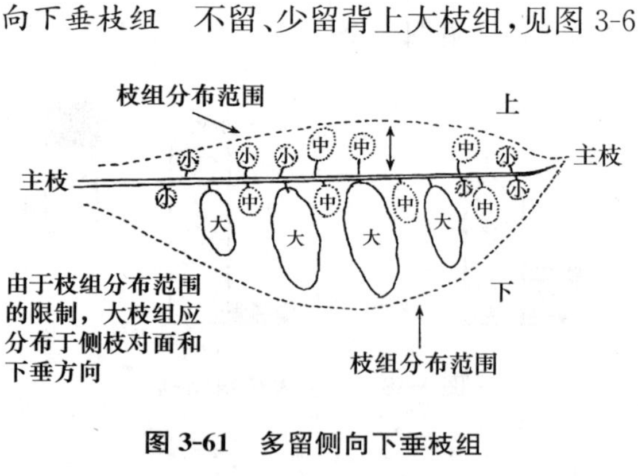

图3-61　多留侧向下垂枝组

三、树体改造方法

(一)大冠改小冠

1. 原树冠的缩小　见图 3-62。

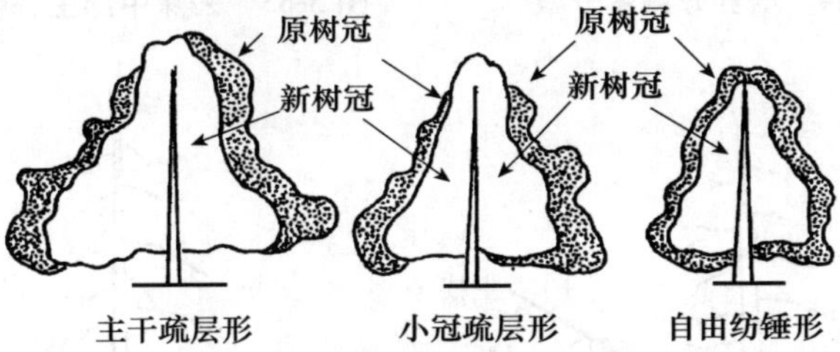

图 3-62　原树冠的缩小

2. 小冠疏层形改为改良纺锤形　见图 3-63。

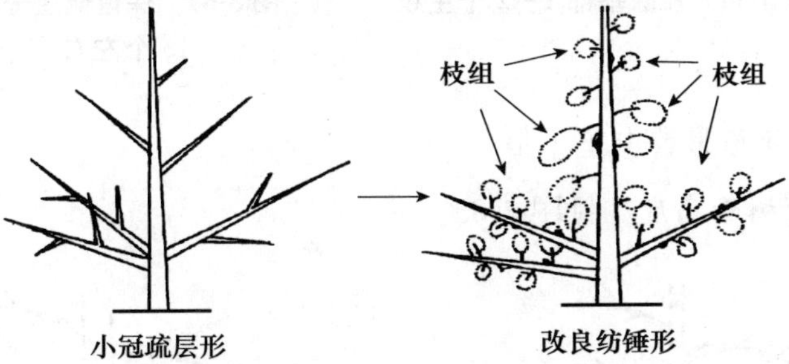

图 3-63　小冠疏层形改为改良纺锤形

3. 小冠疏层形改为细长纺锤形

(1)培养好侧生分枝　见图 3-64。

(2)去除中部主、侧枝　见图 3-65。

(3)疏除基部 1～2 个主枝　见图 3-66。

(4)最后去除全部主枝,保留侧生分枝 15 个左右　见图 3-67。

图 3-64 培养好侧生分枝

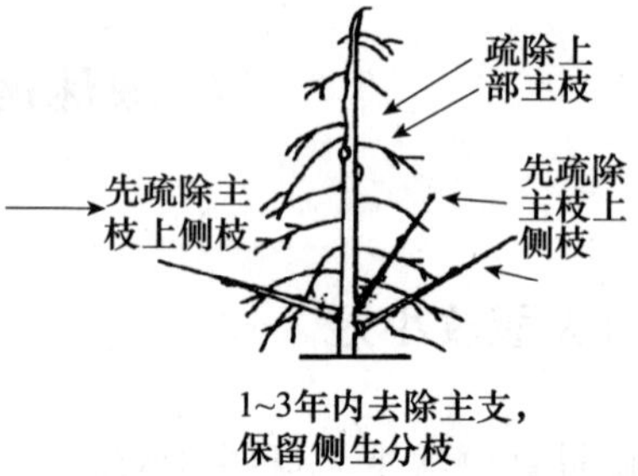

图 3-65 去除中部主、侧枝

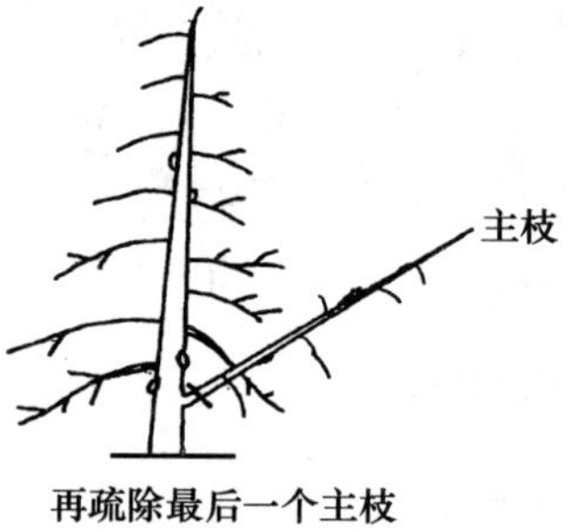

图 3-66 疏除基部1～2个主枝

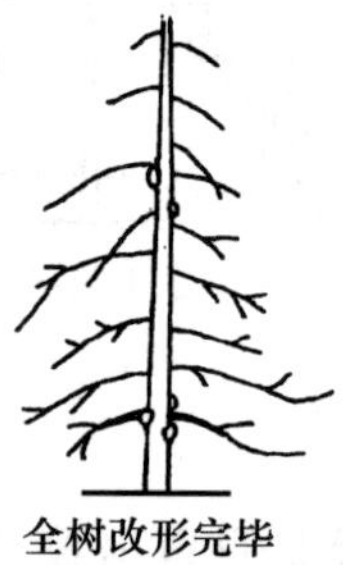

图 3-67 保留侧生分枝15个左右

4. 自由纺锤形改为主干形

(1)提升树干高度 见图 3-68。

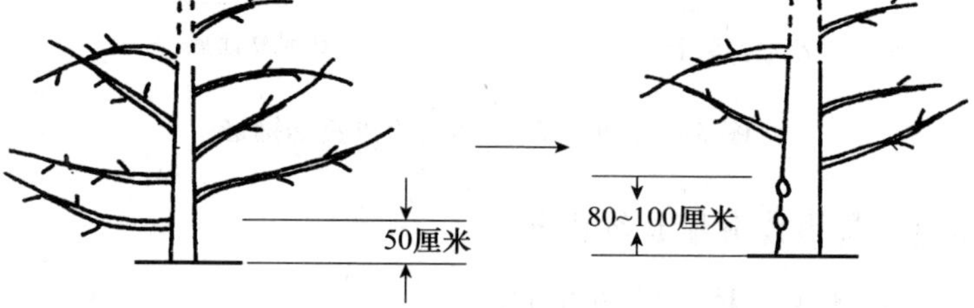

图 3-68 提升树干高度

(2)拉大侧生枝、枝组角度 见图 3-69。

(3)回缩过长分枝 见图 3-70。

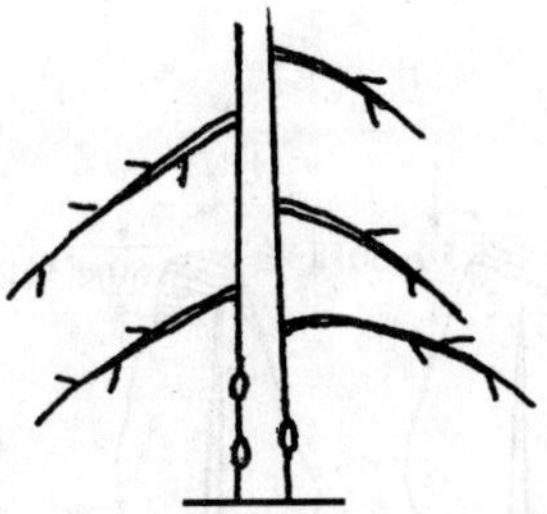

图 3-69　拉大侧生枝、枝组角度

图 3-70　回缩过长分枝

(4)形成主干形　见图 3-71。

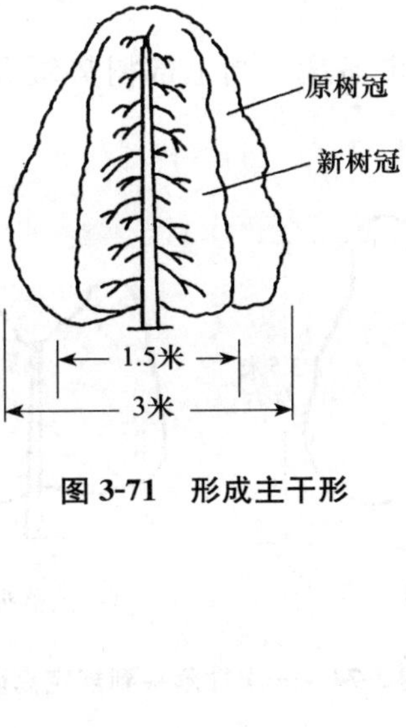

图 3-71　形成主干形

(二)高冠改矮冠

1. 树冠状况

(1)密林结构　树冠细高,下部枝发育差、结果少(图 3-72)。

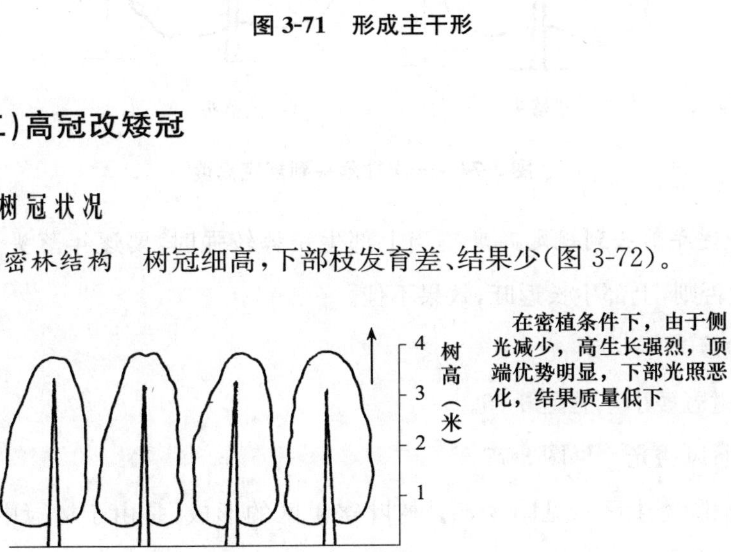

图 3-72　密林结构

(2)超高情况　见图3-73。

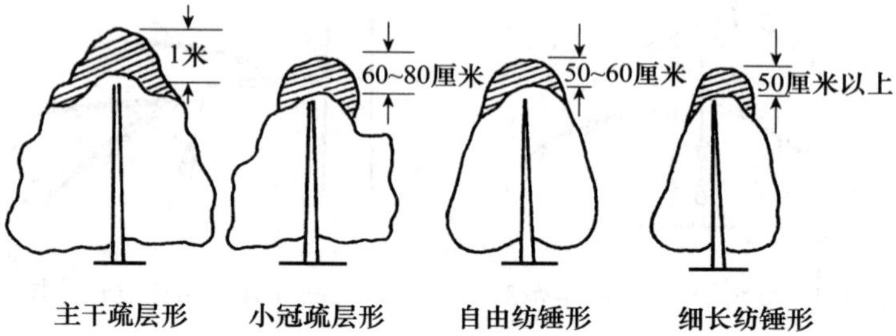

图3-73　超高情况

2. 解决方法

(1)一次性落头到规定高度　当上部树势缓和,结果较多时,可进行一次性落头开心(图3-74)。

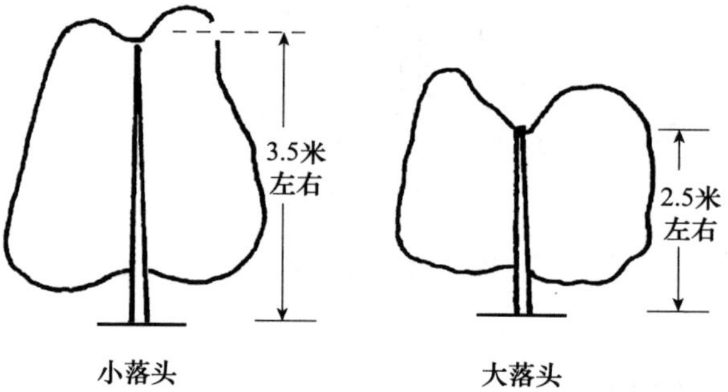

图3-74　一次性落头到规定高度

(2)逐年落头到规定高度　当上部生长势较强时,要逐年落头开心(图3-75)。否则,上部生长返旺,效果不佳。

(3)落头开心后

①树冠矮小　见图3-76。

②通风透光　见图3-77。

③消除寄生区　见图3-78。树叶寄生区的形成,是由于树冠中下部叶片制造的光合产物低于呼吸作用消耗的营养所导致的。

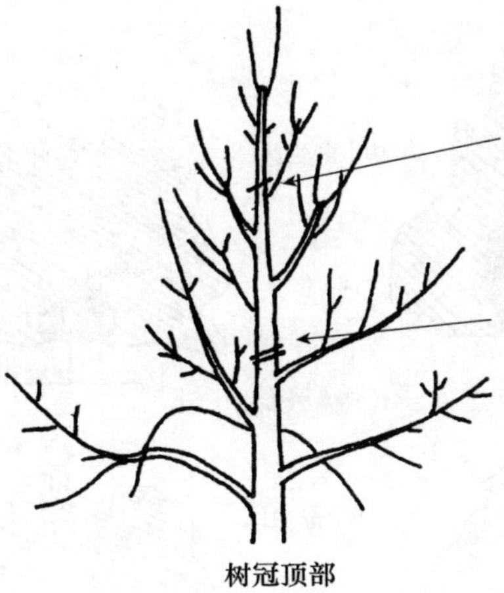

图 3-75　逐年落头到规定高度

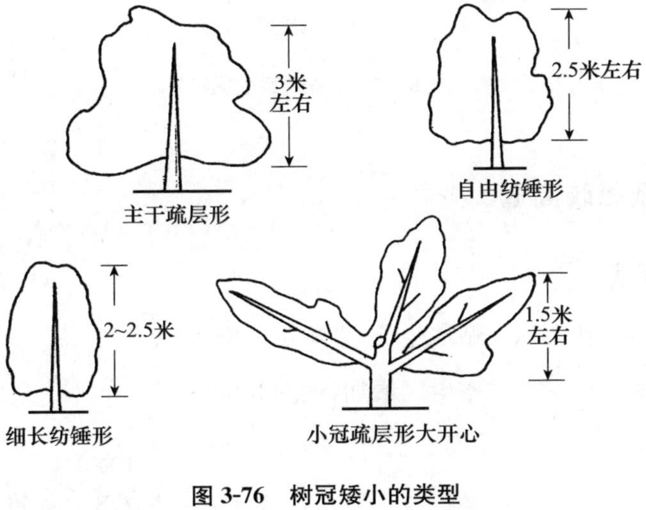

图 3-76　树冠矮小的类型

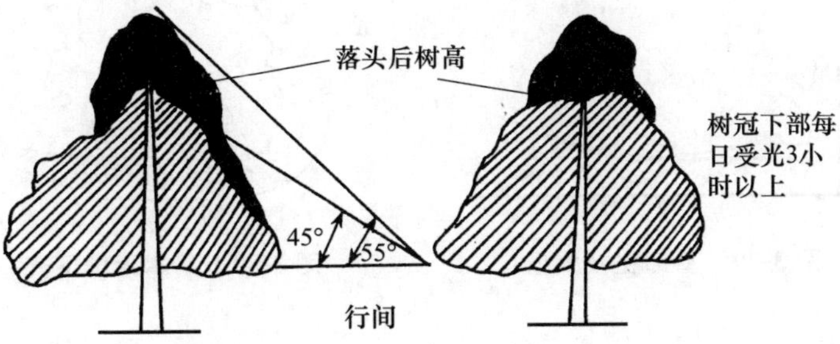

图 3-77　行间射影角缩小，光照改善

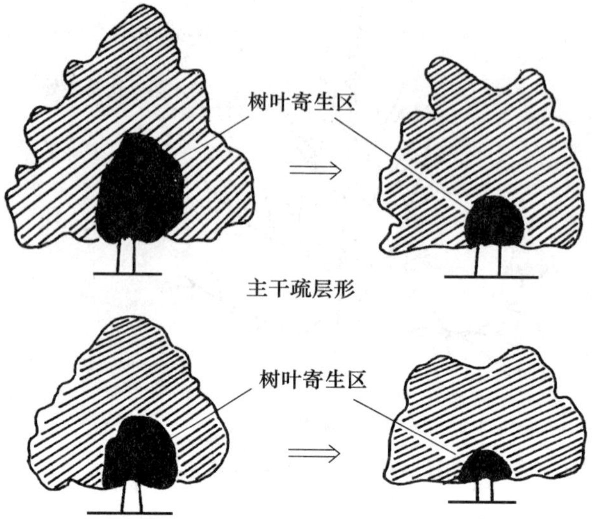

图3-78　消除寄生区

(三)低冠改高冠

1. 树冠状况

(1)基部主枝太低　贴地生长,影响田间操作,见图3-79。

(2)基本无地下光　寄生区增加,见图3-80。

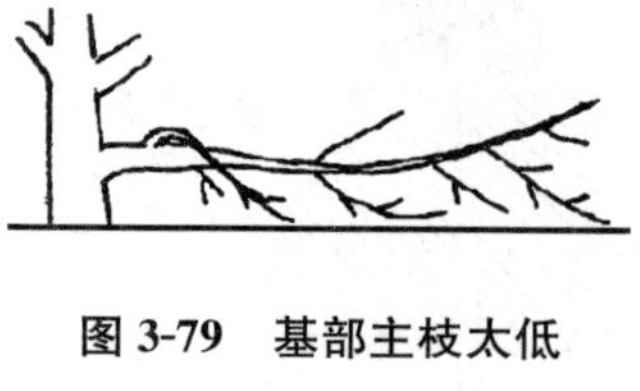

图3-79　基部主枝太低

图3-80　基本无地下光

(3)果实品质差异大　见图3-81。

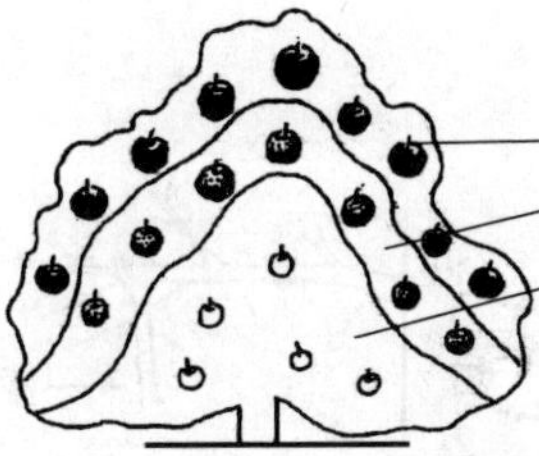

图 3-81 果实品质差异大

(4)提早落叶 药液喷不透,病虫害重,提早落叶,见图 3-82。

图 3-82 提早落叶

2. 解决方法

(1)疏除低位枝 提高冠基高度,见图 3-83。

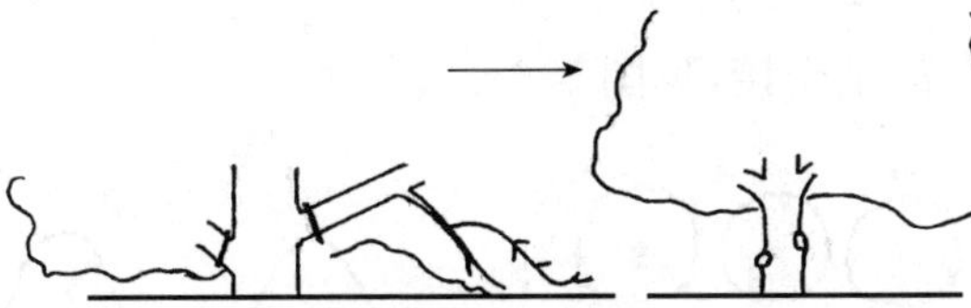

图 3-83 疏除低位枝

(2)疏剪下垂、贴地枝 抬高枝位,见图 3-84。

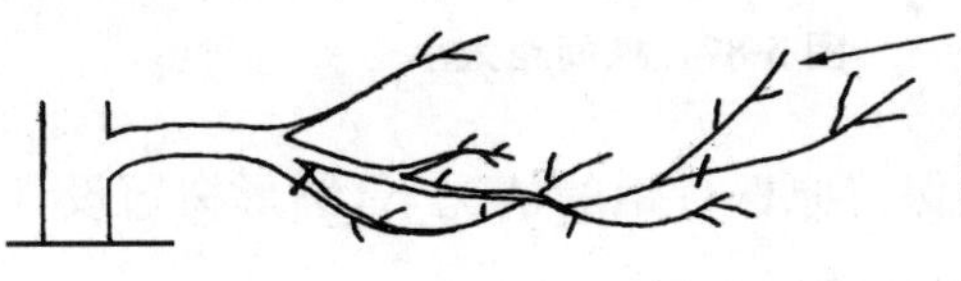

图 3-84 疏剪下垂、贴地枝

(3)撑起低垂枝　见图3-85。

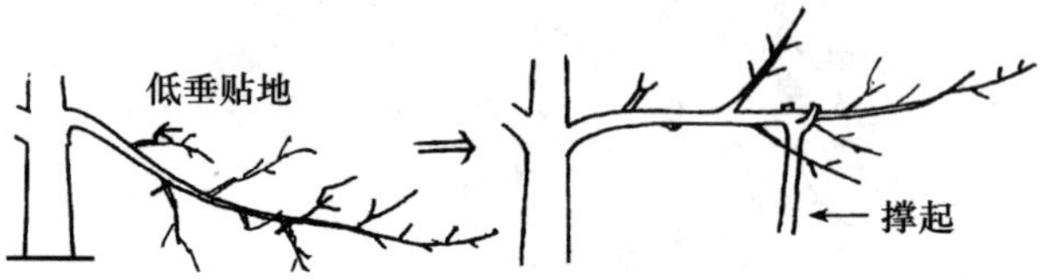

图3-85　撑起低垂枝

(四)圆冠改扁冠

1. 树冠状况

(1)树冠即将交接　行间无发展余地,见图3-86。

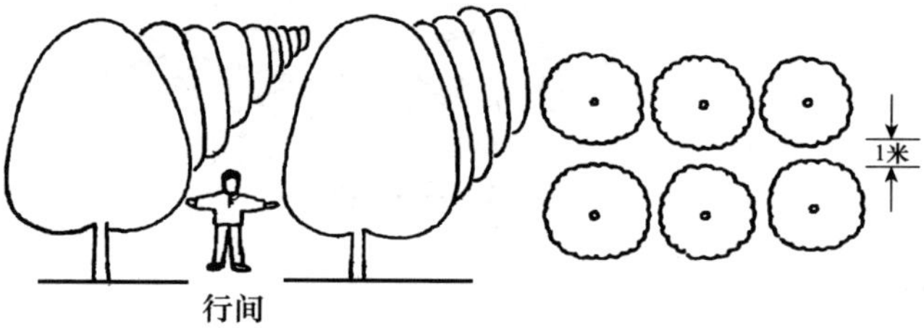

图3-86　树冠即将交接

(2)株间距太小　甚至交接,见图3-87。

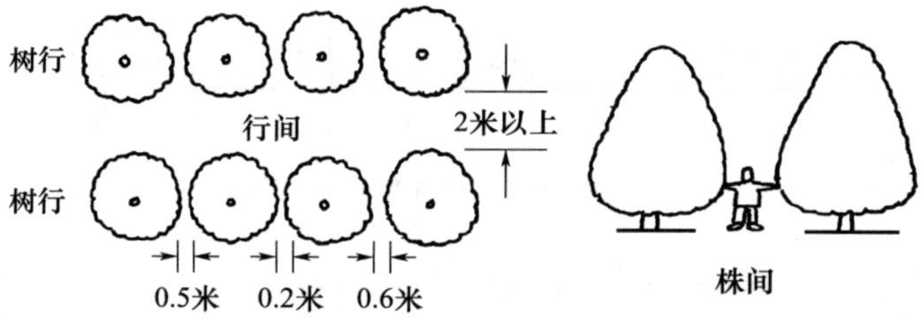

图3-87　株间距太小

在无间伐计划、继续保持原株行距的情况下,圆形树冠设计无法适应现有株行距,不改变树形,果园难以为继。

2. 解决方法

第一，将圆形树冠缩剪成顺行扁冠，整个树行变成树篱状（图 3-88）。

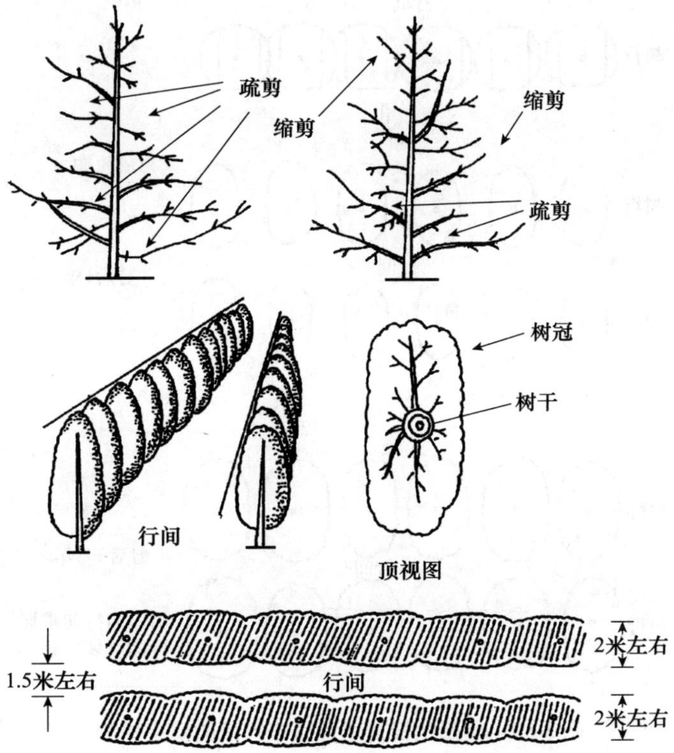

图 3-88　圆形树冠缩剪成顺行扁冠

第二，将圆形树冠剪成垂直于行间的扁平树冠（图 3-89），株间留一定空间，让树冠向行间发展。但需 2～3 年改造完成。否则会因修剪过重使产量下降，树势返旺。

（五）密冠改稀冠

密冠是由于多留辅养枝、枝组和果枝所致。前面已有叙述。密冠改稀冠要求树冠各部光照通透，大枝分布合理，小枝丰满、均匀、健壮，果枝结果力强，果大、色好、质佳。

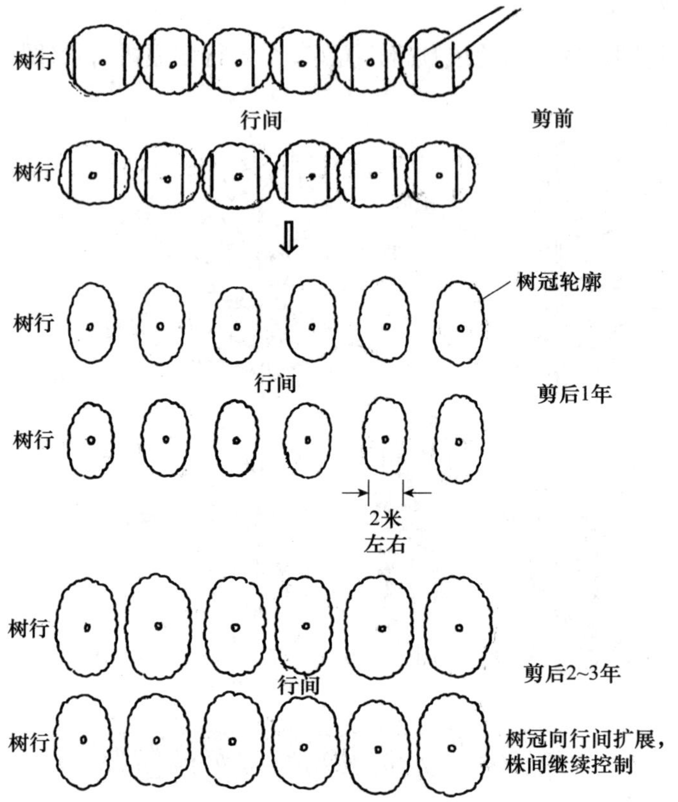

图 3-89　圆形树冠剪成垂直于行间的扁平树冠

1. 枝、叶量控制参数

(1)枝果比　5～6：1。

(2)叶果比　40～60：1。

(3)枝量　每667米^{2}枝量6万～8万条。

(4)叶面积系数　3～5。

(5)花、叶芽比　1：3左右。

(6)长、中、短枝比　2：1：7。

2. 保持足够的枝间距离　为使各部光照分布均匀，各类枝间要保持适宜的距离。

(1)大枝间距　见图 3-90。

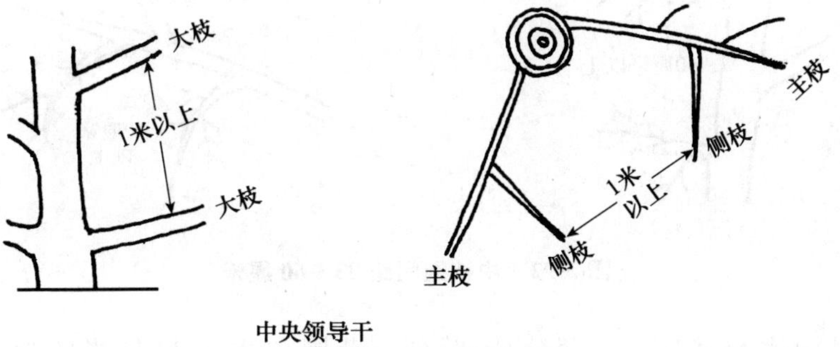

图 3-90　大枝间距 1 米以上

(2)大枝组间距　大部分枝、叶分布范围在 60 厘米以上的为大枝组(图 3-91)。

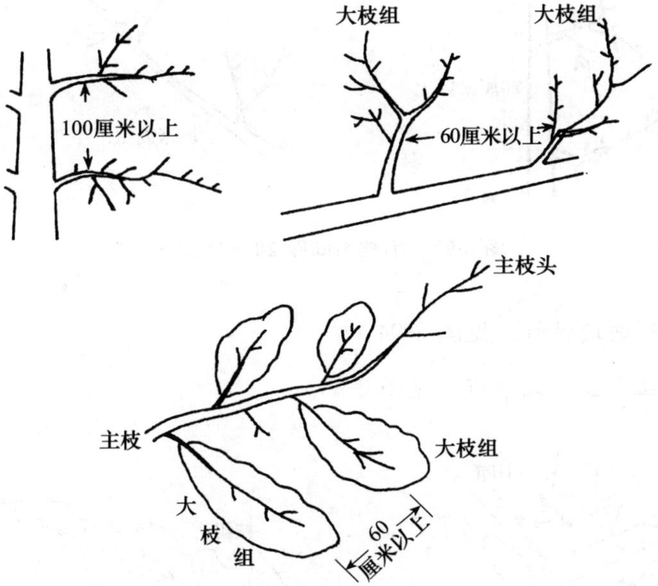

图 3-91　大枝组间距 60 厘米以上

(3)中枝组间距　大部分枝、叶分布范围在 33～60 厘米的为中枝组(图 3-92)。

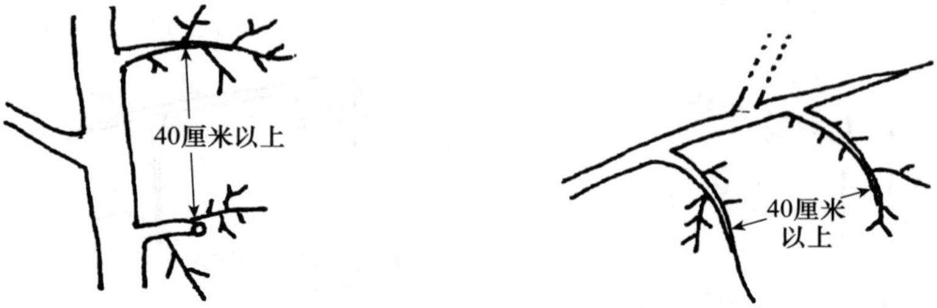

图 3-92 中枝组间距 33～60 厘米

(4)小枝组间距 大部分枝、叶分布范围在 20～33 厘米的为小枝组(图 3-93)。

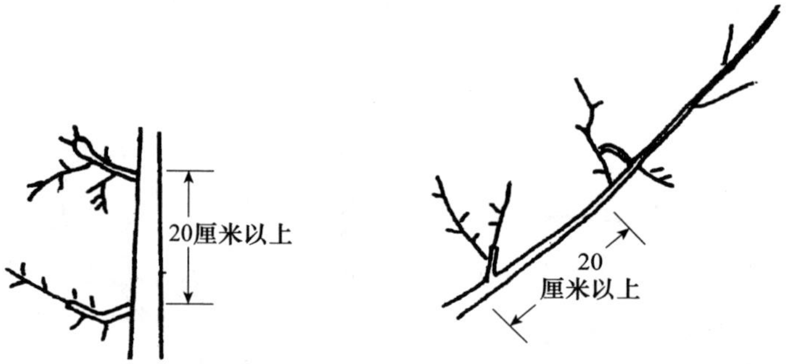

图 3-93 小枝组间距 20～33 厘米

(5)树冠通透性好 见图 3-94。

(6)枝组呈波浪式分布 见图 3-95。

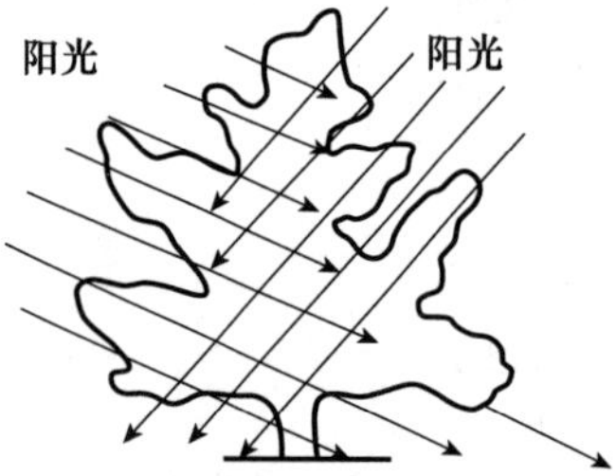

图 3-94 树冠通透性好

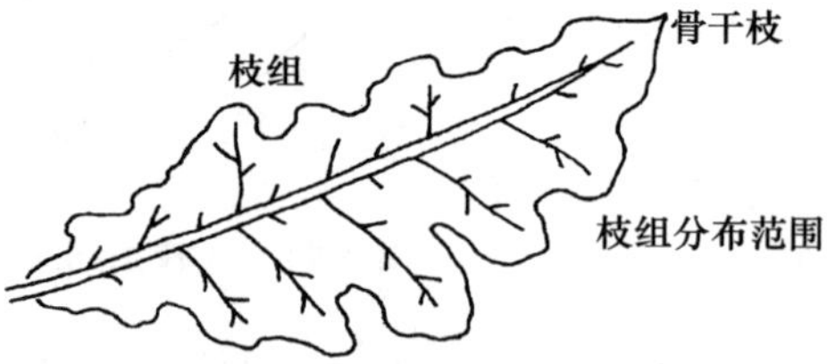

图 3-95 枝组呈波浪式分布

(六)特异树形改造法

由于整形修剪上的疏忽、植株个体差异和环境条件的影响等,树体常出现偏冠、多头、掐脖、放任、无头等情况,使园貌不整,产量和果实质量下降。

1. 偏冠树

(1)树体表现

①主、侧枝因结果过多造成劈折　见图 3-96。

图 3-96　主、侧枝因结果过多造成劈折

②机械作业损伤　见图 3-97。

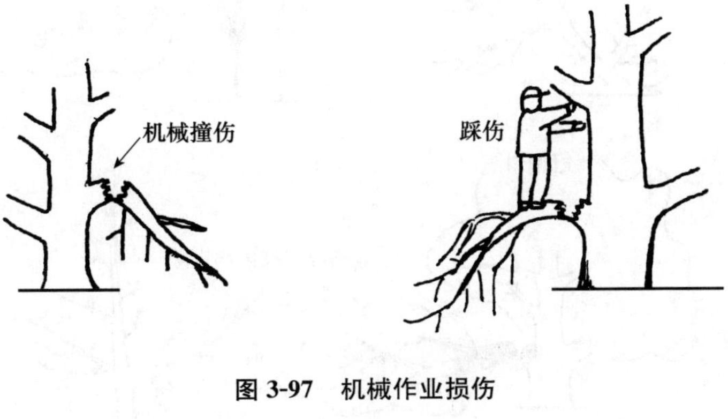

图 3-97　机械作业损伤

③整形不注意剪口芽芽向、不进行拉枝补空　见图 3-98。

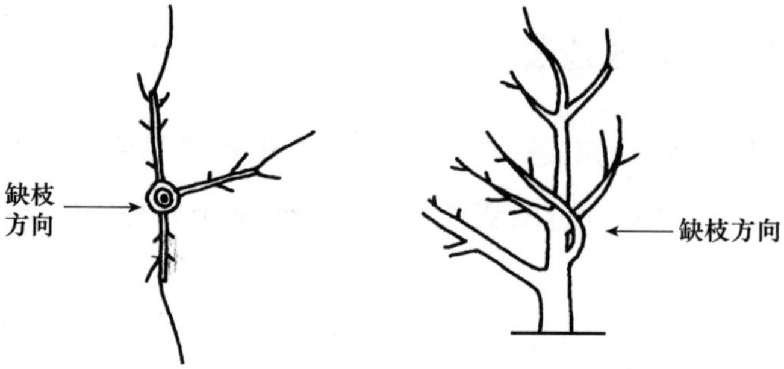

图 3-98 不进行拉枝补空造成缺枝

④寒风与强风袭击造成偏冠 见图 3-99。

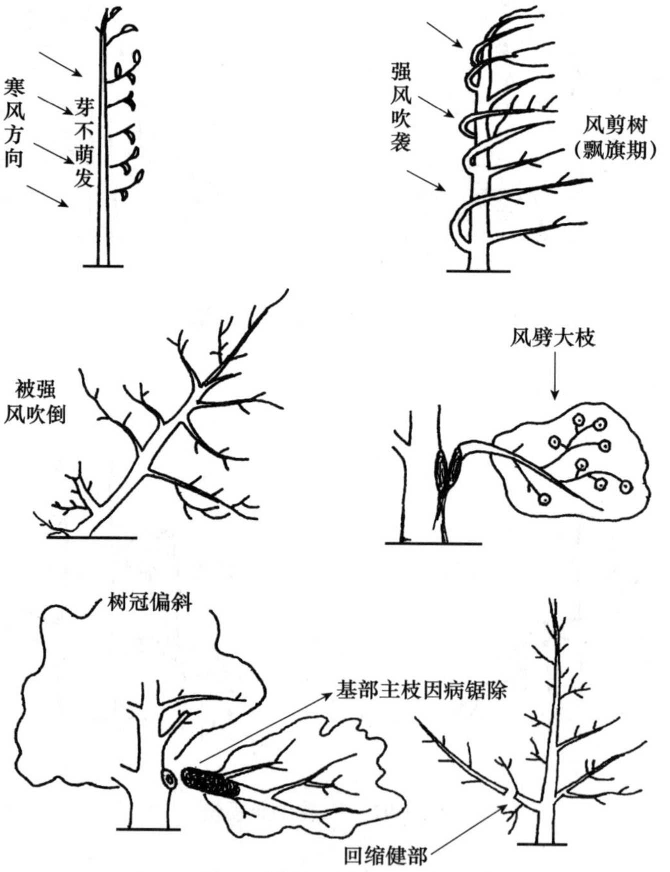

图 3-99 寒风与强风袭击造成偏冠

(2)解决方法

①用剪口芽芽向调整 见图3-100。

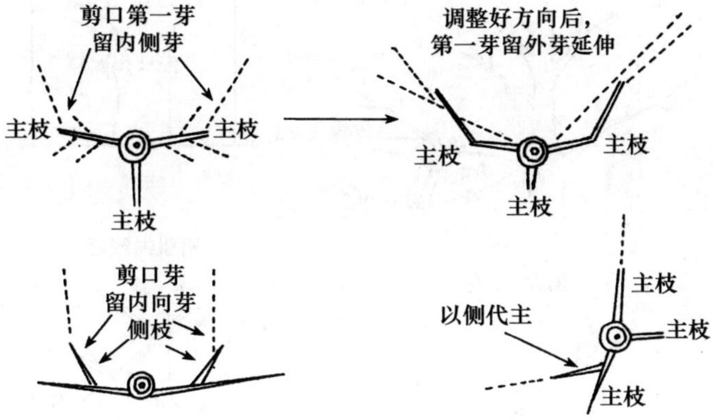

图3-100 用剪口芽芽向调整

②拉、撑枝补空 见图3-101。

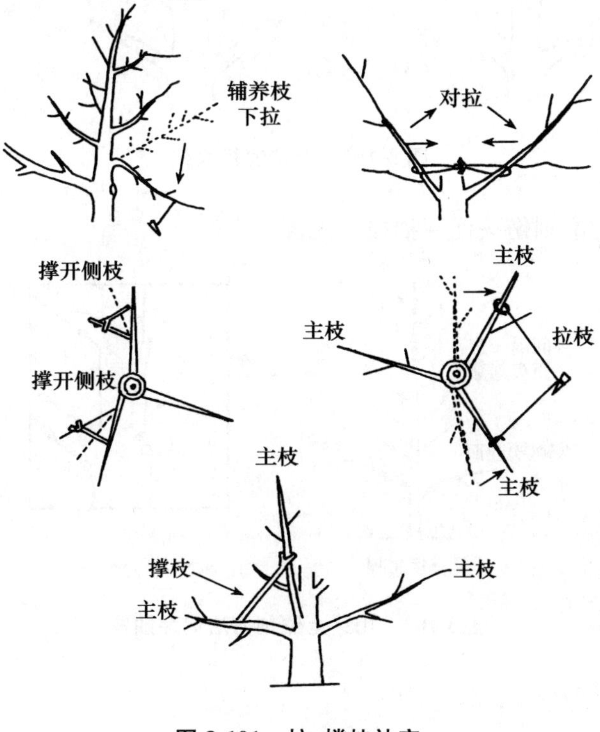

图3-101 拉、撑枝补空

③修整劈折大枝　见图 3-102。

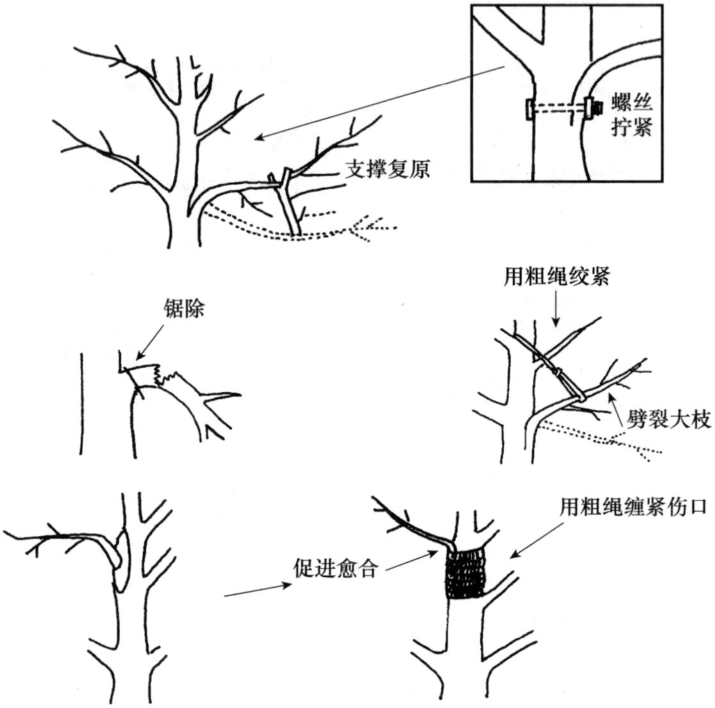

图 3-102　修整劈折大枝

④用芽上位刻伤法促芽抽枝　见图 3-103。

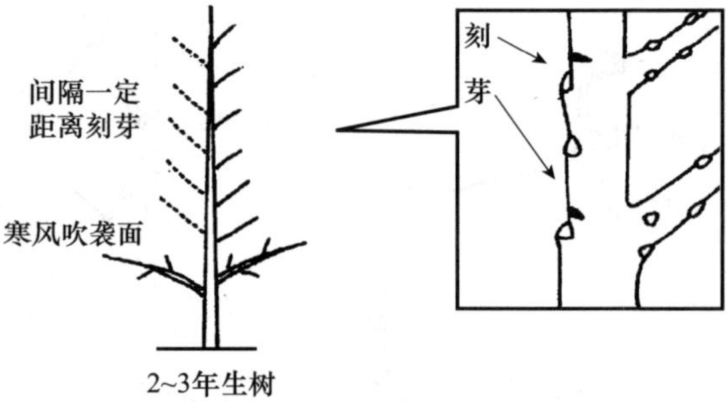

图 3-103　用芽上位刻伤法促芽抽枝

⑤治理风剪树　见图 3-104。

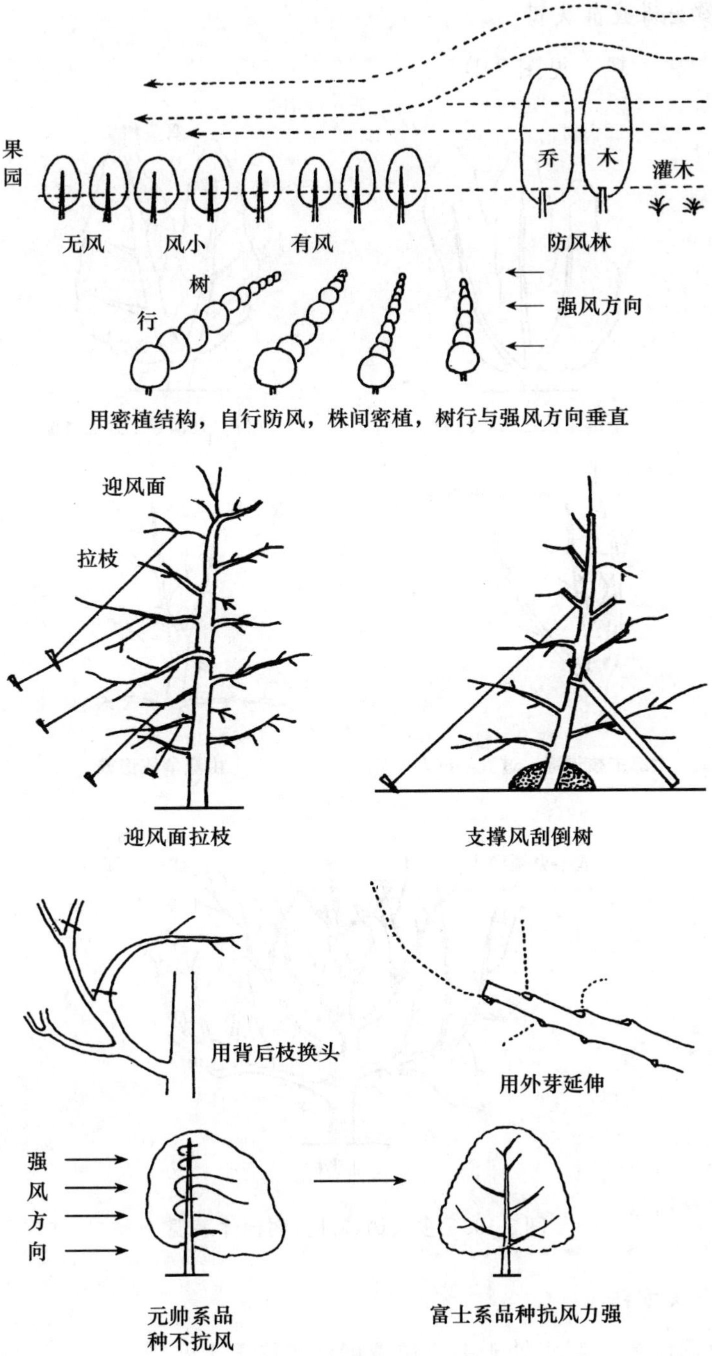
果园
乔
木
灌木
无风
风小
有风
防风林
树
行
强风方向
用密植结构，自行防风，株间密植，树行与强风方向垂直
迎风面
拉枝
迎风面拉枝
支撑风刮倒树
用背后枝换头
用外芽延伸
强风方向
元帅系品种不抗风
富士系品种抗风力强

图 3-104 治理风剪树

2. 多头树或乱头树

(1)树体表现　见图3-105。

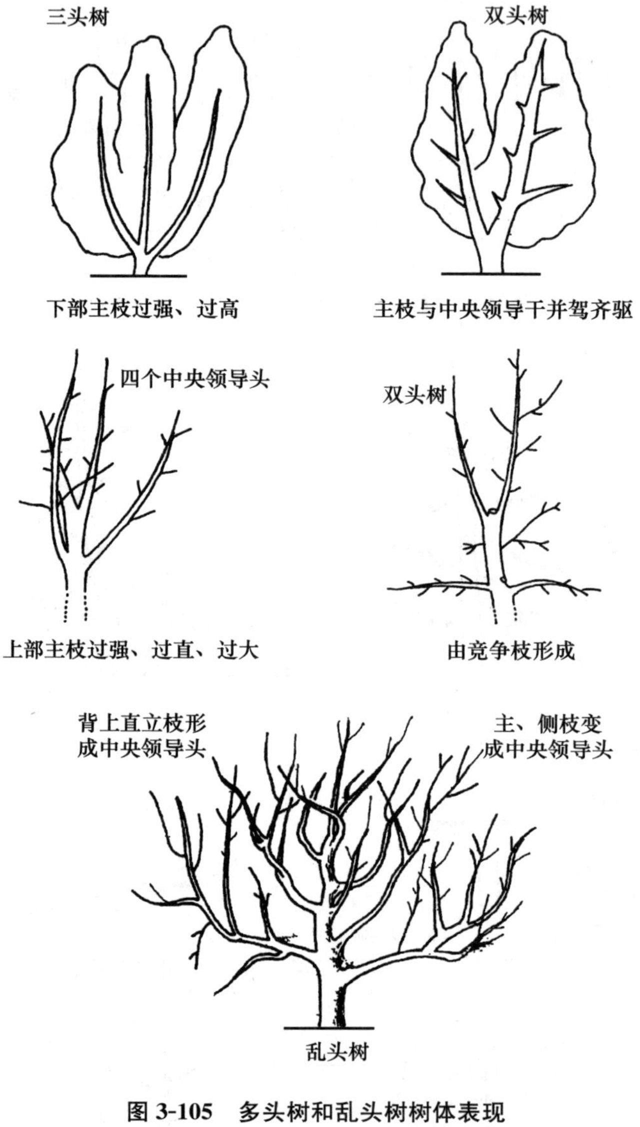

图3-105　多头树和乱头树树体表现

(2)解决方法

①根据位置　新头处于中心位置剪法见图3-106。

②根据枝量　剪法见图3-107。

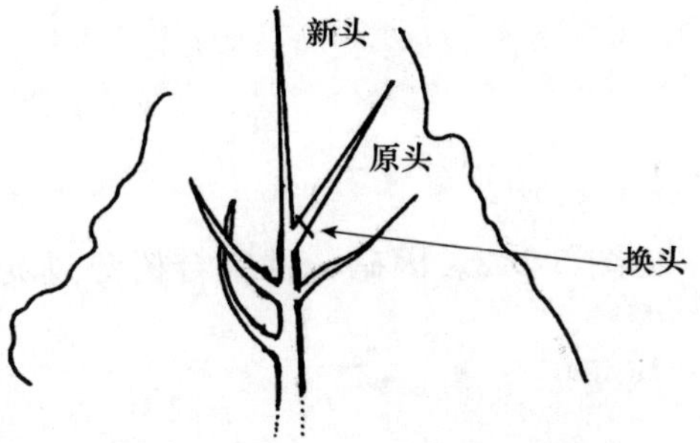

图 3-106 新头处于中心位置剪法

图 3-107 根据枝量剪法

③根据枝的级别 修剪见图 3-108。

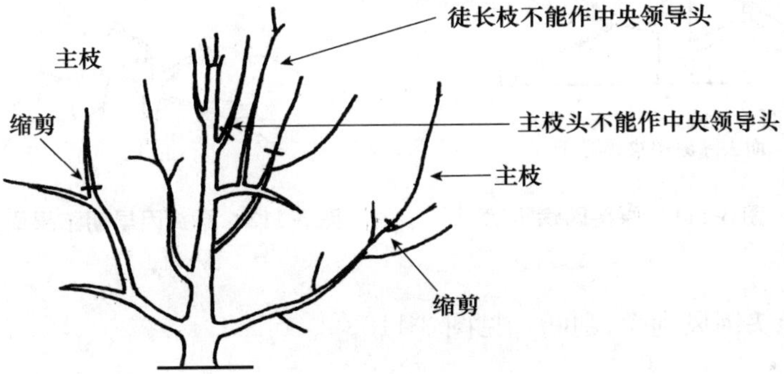

图 3-108 根据枝的级别修剪

④由主枝形成的双头树 一般不宜一次性疏除，而应先疏除其上强大分枝，缩小体积，待中央领导干上的枝条丰满后，才能最后疏除该主枝（图 3-109）。

⑤确定新头优势 见图 3-110。

图 3-109 双头树剪法

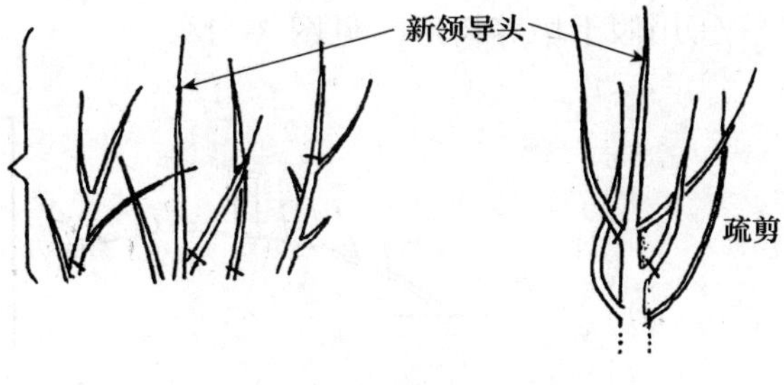

图 3-110 确定新头优势

3. 无头树

(1)树体表现

①原头因病锯除　见图 3-111。

②原头因早期结果而压倒　见图 3-112。因砧一穗组合树势过弱,如以 M_9 和 M_{26} 作根砧和中间砧木。

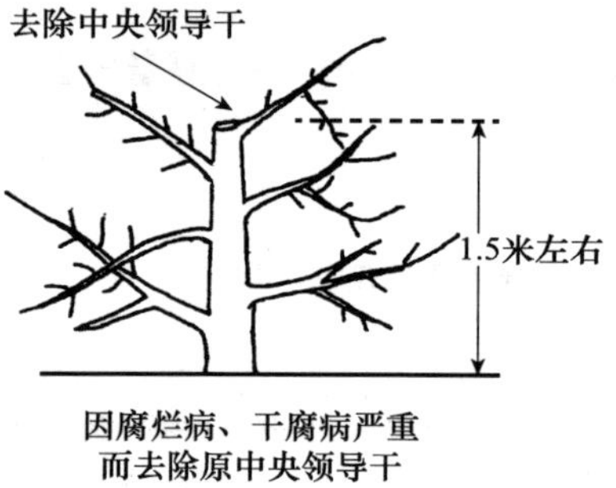

图 3-111　原头因病锯除

图 3-112　原头因早期结果而压倒

③原头因风刮歪、刮断　见图 3-113。

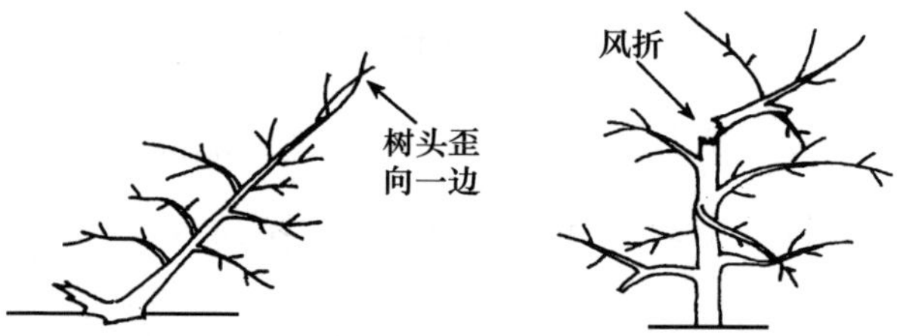

图 3-113　原头因风刮歪、刮断

④用假干培养树形　见图 3-114。

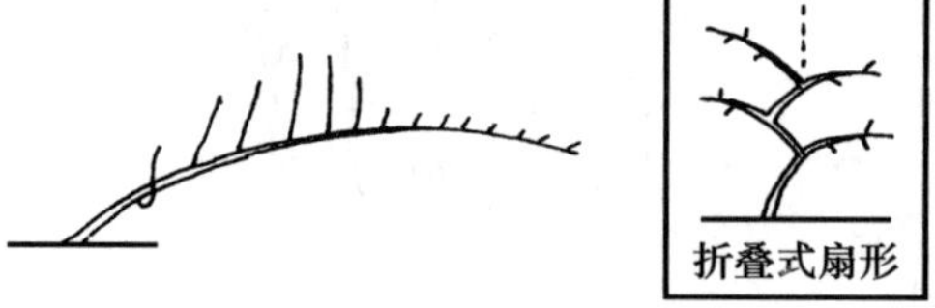

图 3-114　用假干培养树形

⑤主枝丛生 原中央领导干被挤向一边，见图 3-115。

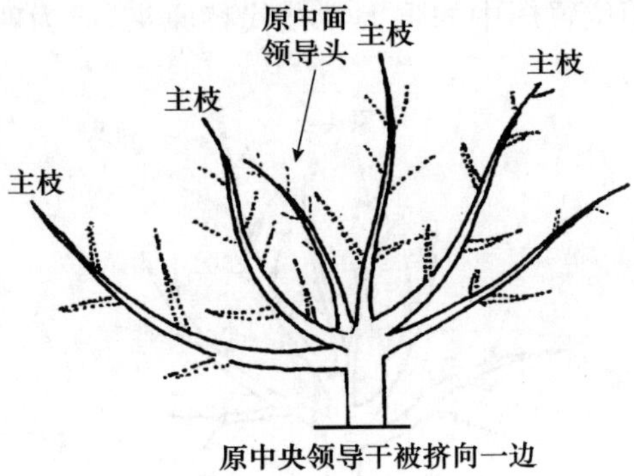

图 3-115 主枝丛生

(2)解决方法

①新头从徒长枝中选出 见图 3-116。

②扶起新头 扶直顶端强大分枝，见图 3-117。

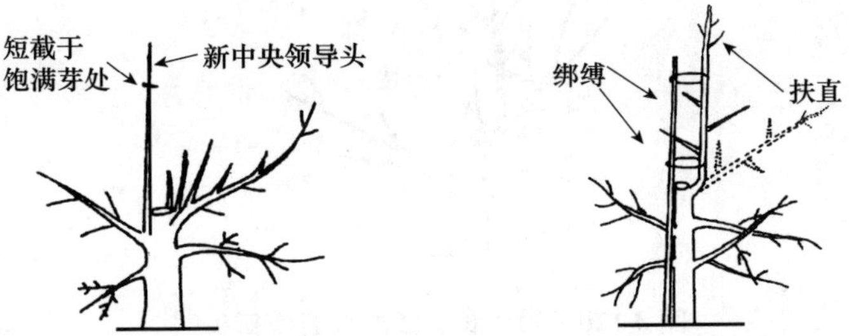

图 3-116 新头从徒长枝中选出 图 3-117 扶直顶端强大分枝

③扶正原头 打掉花芽，恢复长势，见图 3-118。

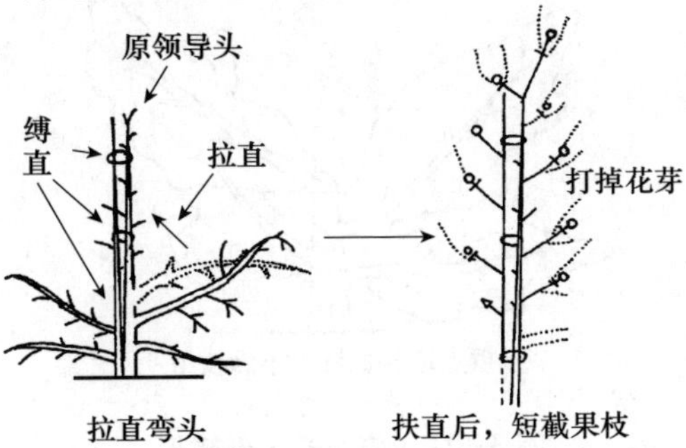

图 3-118 扶正原头

④用位置居中的强大主枝作新头 见图 3-119。去除过弱、被挤到一边的原中央领导干，用位置居中的强大主枝代替原头，成为新领导干。

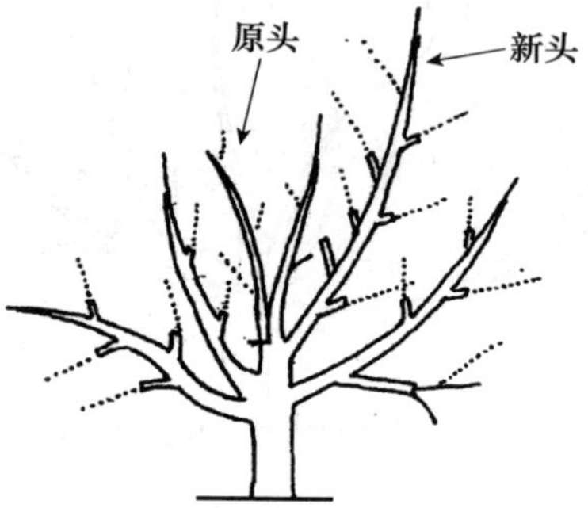

图 3-119 用位置居中的强大主枝作新头

⑤用生长势强的枝组作新头 见图 3-120。

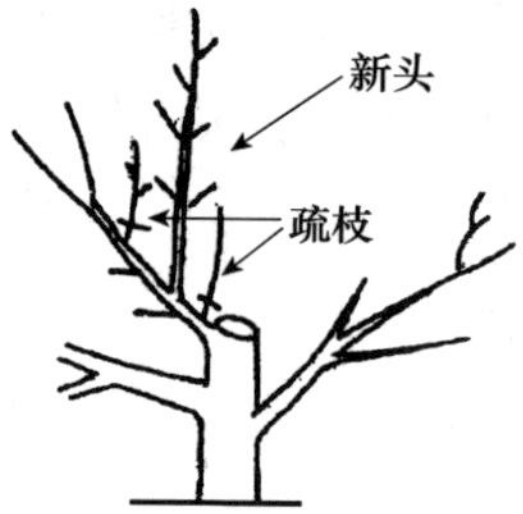

图 3-120 用生长势强的枝组作新头

⑥培养开心形树形 见图 3-121。

图 3-121 培养开心形树形

⑦选培好假干　见图 3-122。

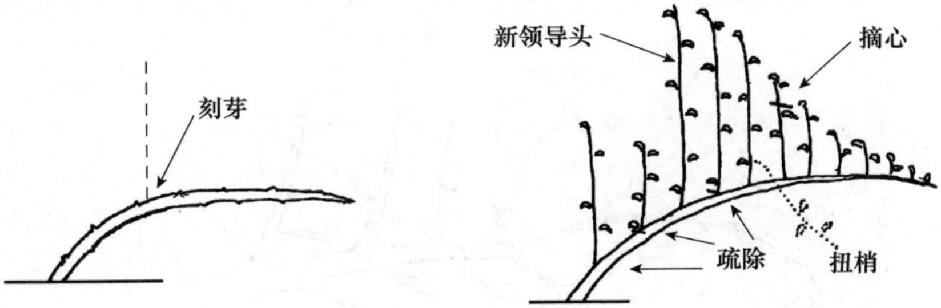

图 3-122　选培好假干

4. 掐脖树

(1)树体表现

①主枝太多　轮生、邻接着生，见图 3-123。

②主枝角度小　见图 3-123。

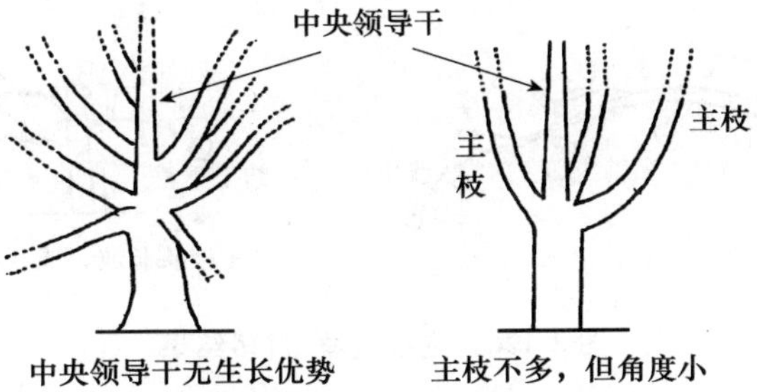

图 3-123　主枝太多与主枝角度小的树体表现

③把门枝多　主枝上把门枝多，又过于粗大，见图 3-124。

④前部轮生枝多　见图 3-124。

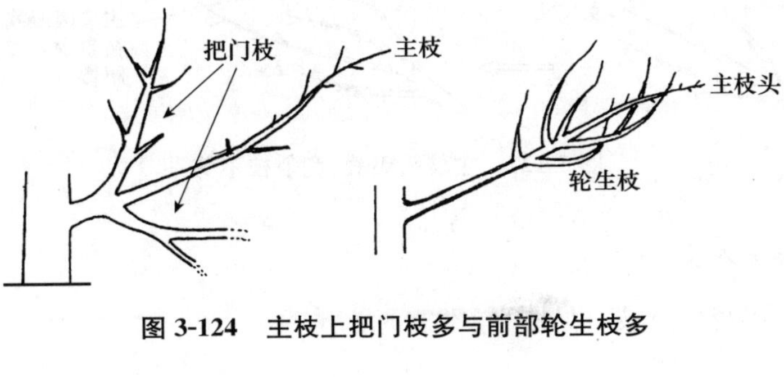

图 3-124　主枝上把门枝多与前部轮生枝多

⑤背上直立枝多　有的长成“树上树”，见图 3-125。

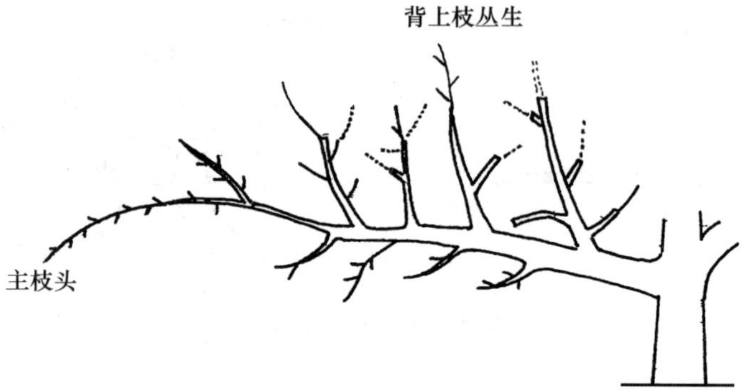

图 3-125　背上直立枝多

⑥主枝过早、过多结果　见图 3-126。

图 3-126　主枝过早、过多结果

⑦主枝头重截，竞争枝不剪　见图 3-127。

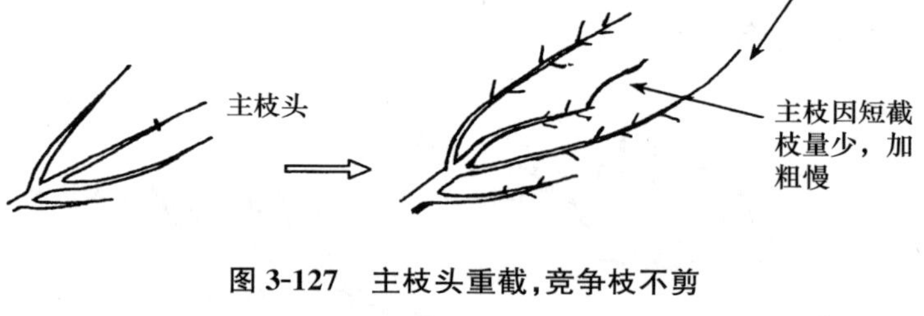

图 3-127　主枝头重截，竞争枝不剪

(2)解决方法

①疏、缩密生大枝　见图 3-128。

②拉开主枝角度　见图 3-129。

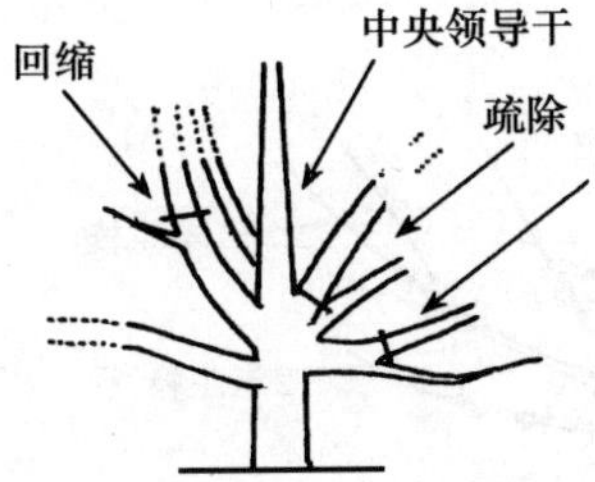

图 3-128　疏、缩密生大枝

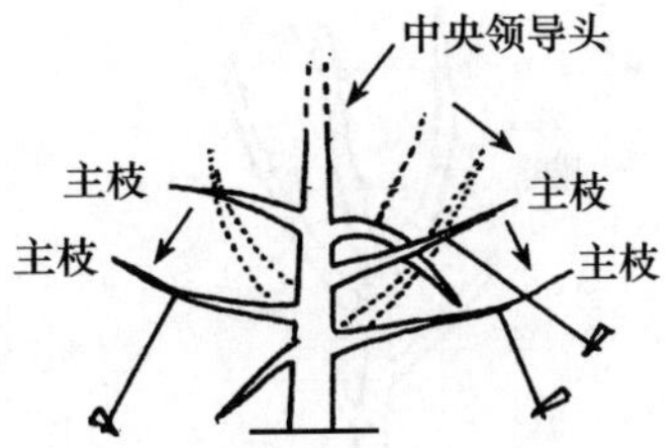

图 3-129　拉开主枝角度

③清理把门侧枝　见图 3-130。

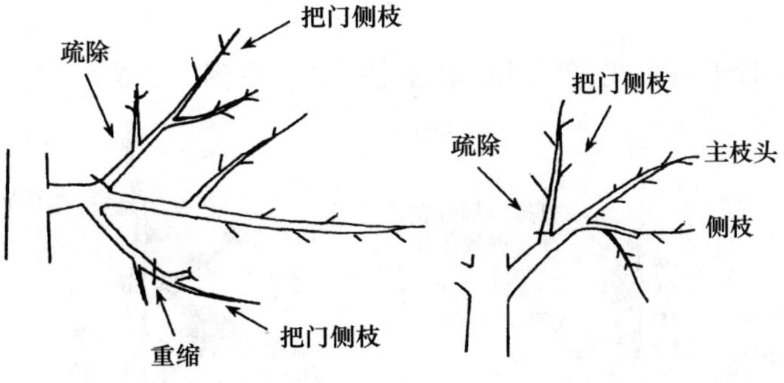

有两个把门侧枝时，先疏除一枝，重缩另一枝

有一个把门侧枝，可一次性疏除

图 3-130　清理把门侧枝

④清理主枝上的轮生枝　见图 3-131。

⑤控制主枝上的背上枝　见图 3-131。

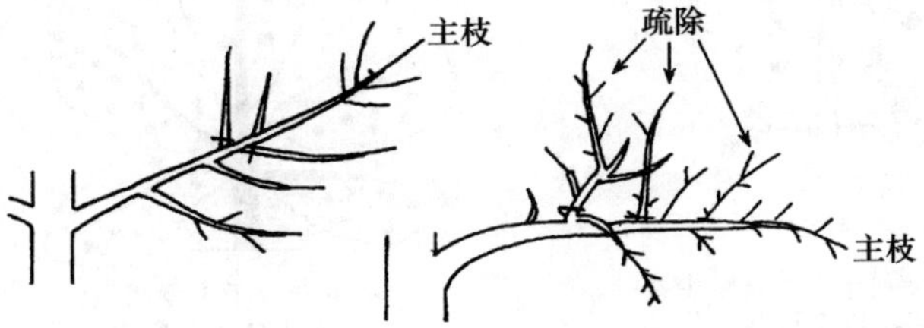

图 3-131　疏除主枝上的轮生枝和背上枝

⑥疏除竞争枝 见图 3-132。

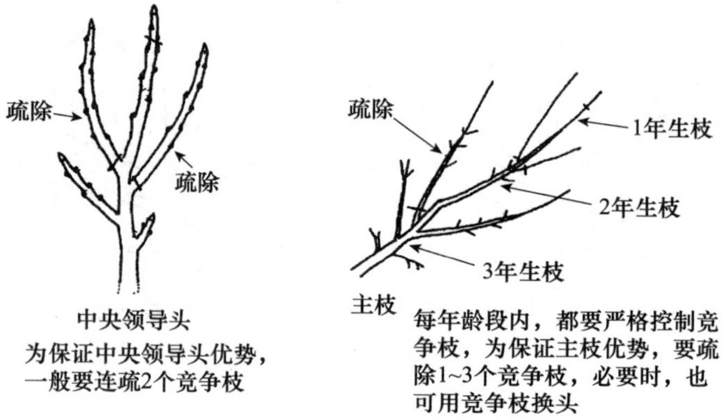

图 3-132 疏除竞争枝

⑦减轻骨干枝头花、果负担,增强生长势 见图 3-133。

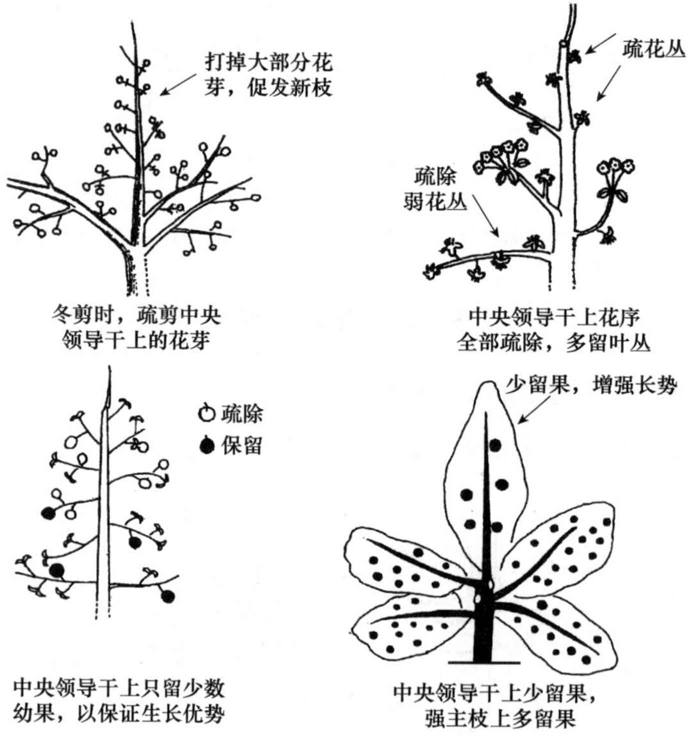

图 3-133 减轻骨干枝头花、果负担

5. 放任树

(1)树体表现　见图 3-134。

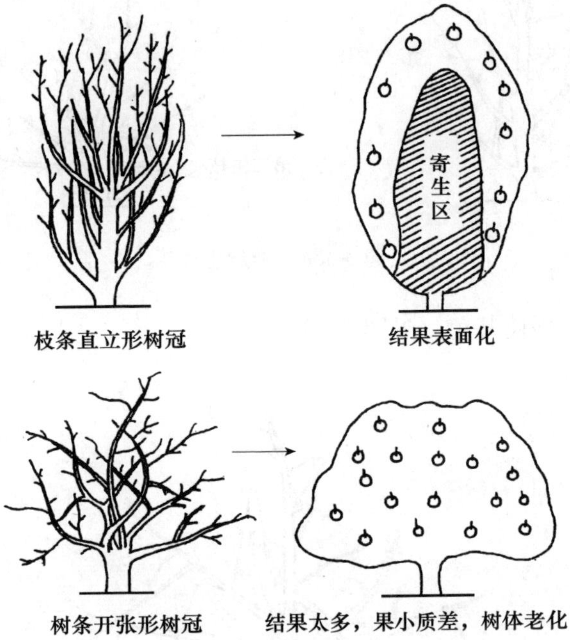

图 3-134　放任树树体表现

(2)解决方法

①确定中央领导干　见图 3-135。

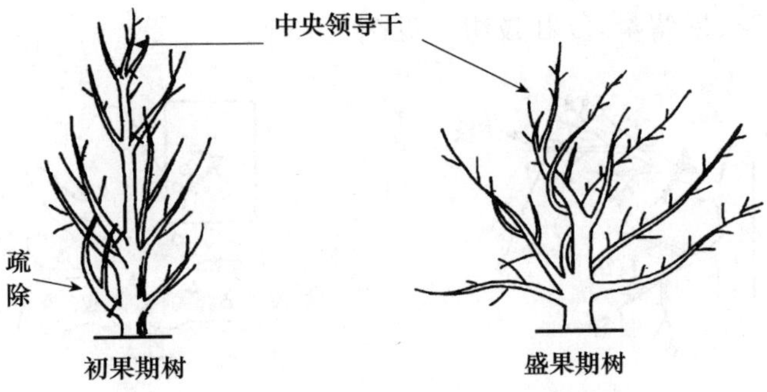

图 3-135　确定中央领导干

②确定主枝　见图 3-136。

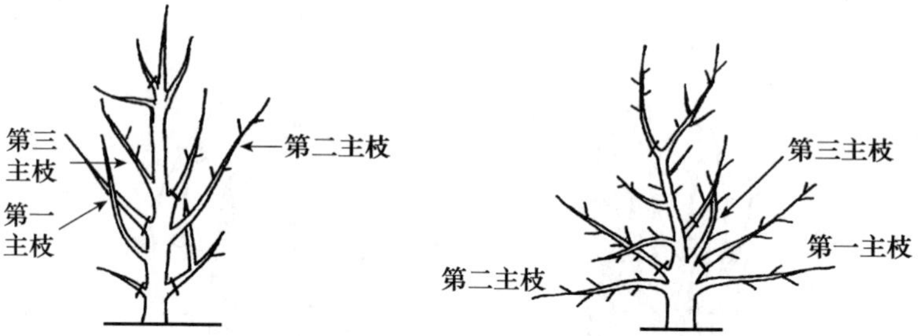

图 3-136　确定主枝

③拉开主、侧枝基角　见图 3-137。

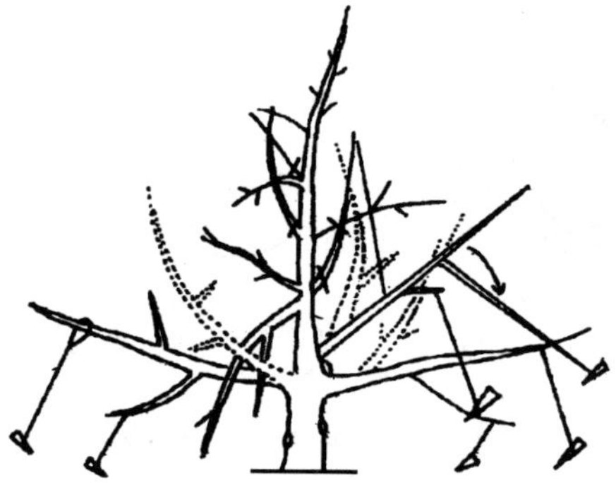

图 3-137　拉开主、侧枝基角

④枝组轻剪　见图 3-138。

⑤减少花、果留量,复壮枝组　见图 3-139。

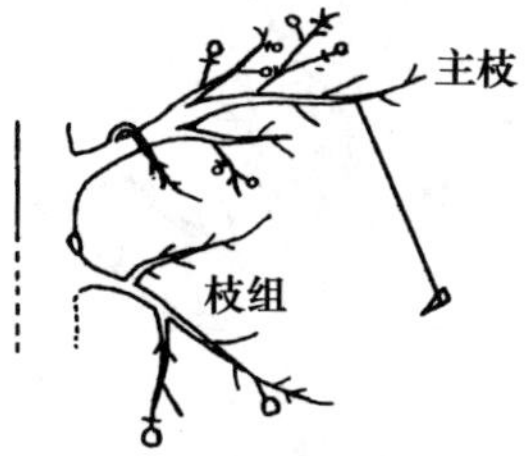

图 3-138　打掉过多花芽

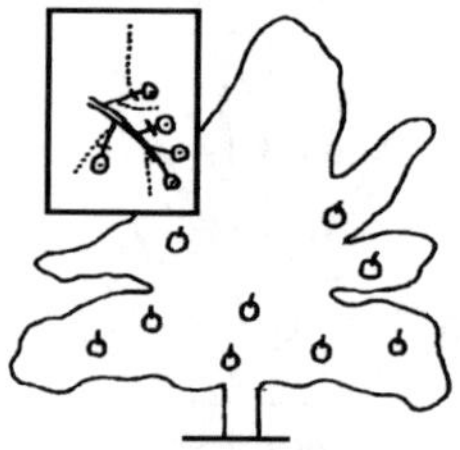

图 3-139　果实分布状况

(七)高接换种改造法

结合改优高接改形，一举两得。高接改形时，宜选树龄适宜(5～10年生)、树体健壮(枝干病害轻或无)、管理正常的树。

1. 确定树形　按树的株行距情况重新定形。

(1)根据株距选形　原来行、株间交接严重者，要选用更小体积的树形，见图3-140。

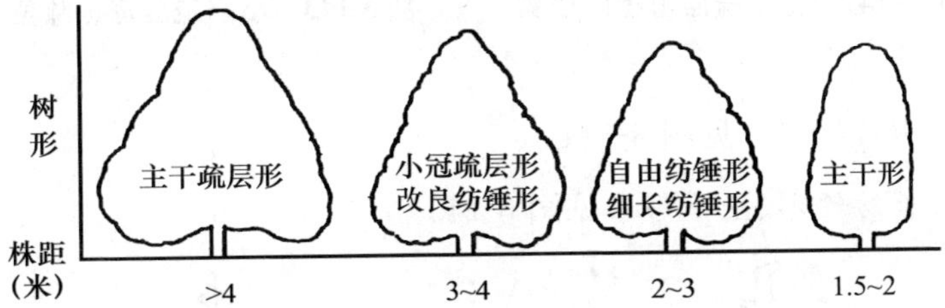

图3-140　根据株距选形

(2)根据品种和砧一穗组合选形　见图3-141。

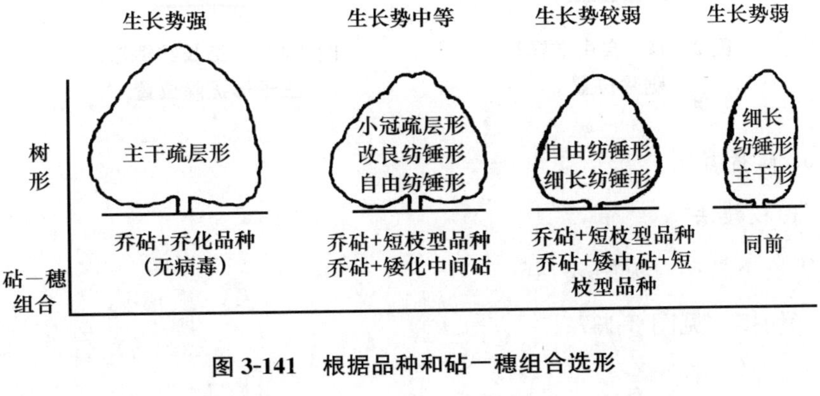

图3-141　根据品种和砧一穗组合选形

(3)根据自然条件和管理水平选形　如果自然条件好，树势易强旺，难于控制，宜选偏大树形；反之，宜选较小树形。管理水平高，控制树体能力强，可采用较小树形。

总之，应根据具体情况，确定适宜树形，不再重蹈覆辙。

2. 原树冠骨架砧桩选留(锯除位置)

(1)主干疏层形　见图3-142。

(2)小冠疏层形　见图3-143。

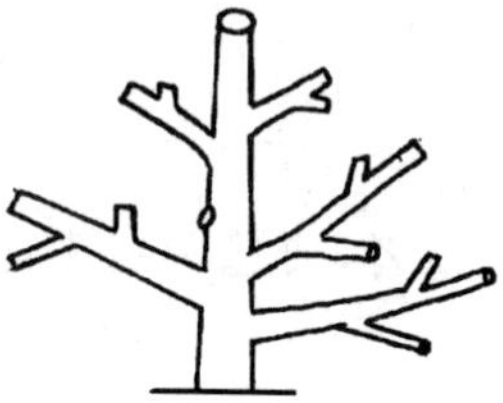

图3-142　主干疏层形锯除位置

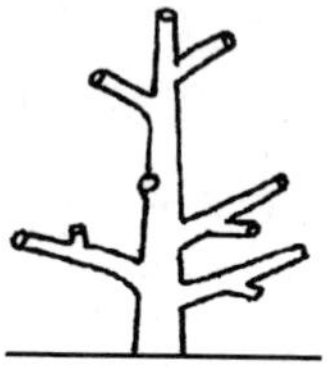

图3-143　小冠疏层形锯除位置

(3)自由纺锤形　见图3-144。

(4)细长纺锤形、主干形　见图3-145。

图3-144　自由纺锤形锯除位置

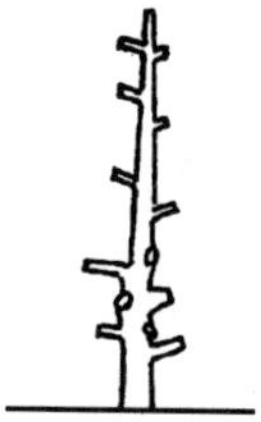

图3-145　细长纺锤形、主干形锯除位置

3. 嫁接方法

(1)枝接法

①皮下枝接　见图3-146。

②切接　见图3-137。

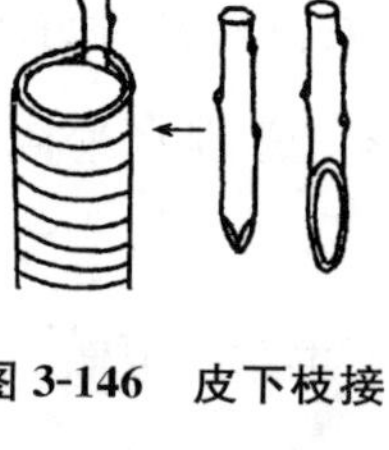

图3-146　皮下枝接

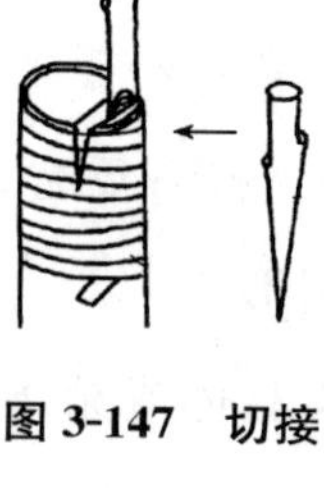

图3-147　切接

③劈接　见图 3-148。

④切腹接　见图 3-149。

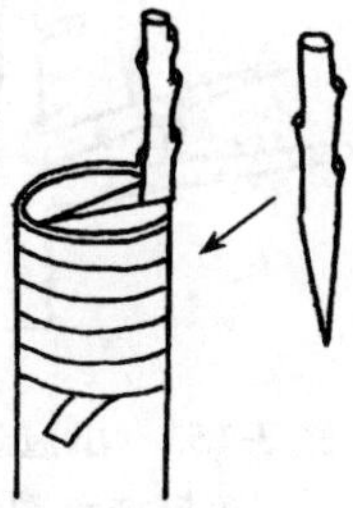

图 3-148　劈接

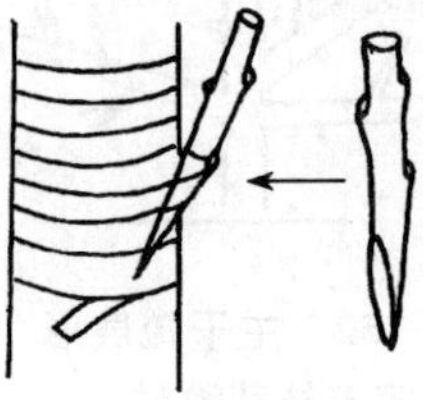

图 3-149　切腹接

(2)芽接法

①带木质芽接　见图 3-150。

②嵌芽接　见图 3-151。

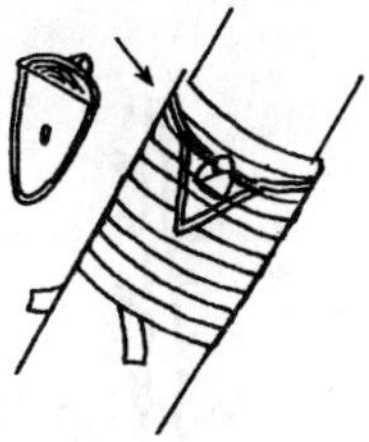

图 3-150　带木质芽接

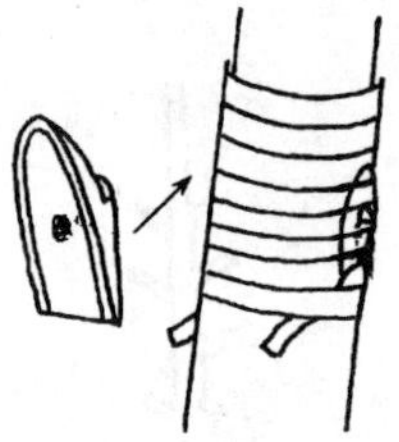

图 3-151　嵌芽接

4. 嫁接枝芽数量(头数)

(1)主干疏层形　见图 3-152。一是骨干枝头 14 个左右,每头接 2～3 枝,全树共接 28～42 枝。二是插枝补空和枝组改接 20～25 枝。三是全枝共接 48～67 枝。

(2)小冠疏层形　见图 3-153。一是骨干枝头 9 个,每头接 2～3 枝,全树共接 18～27 枝。二是插枝补空和枝组改接 14～16 枝。三是全树共接 32～43 枝。

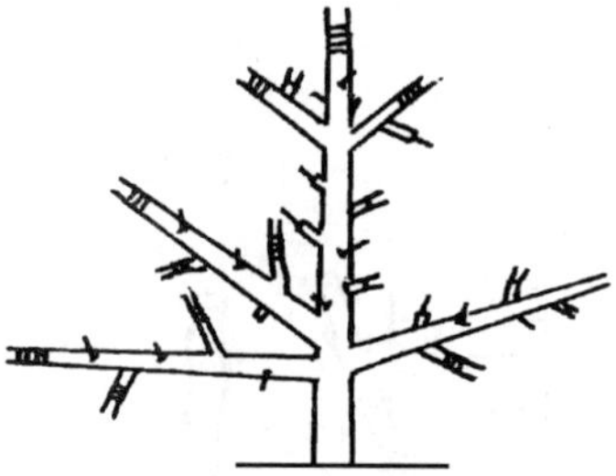

图 3-152 主干疏层形
嫁接枝芽数量

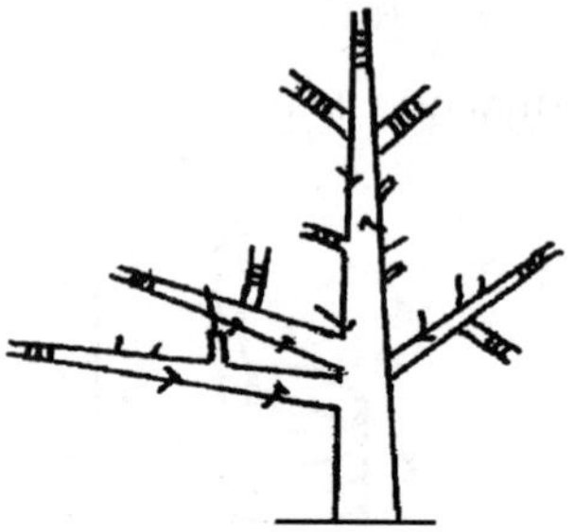

图 3-153 小冠疏层形
嫁接枝芽数量

(3)自由纺锤形　见图 3-154。一是骨干枝头 10～12 个，每头接 1～2 枝，共接 10～22 枝。二是插枝补空和枝组改接 4～5 枝。三是全树共接 20～34 枝。

(4)细长纺锤形　见图 3-155。一是中央干上接 2 个枝。二是全树接 15 个左右枝组，每枝组接 1 枝。三是全树共接 17 枝左右。

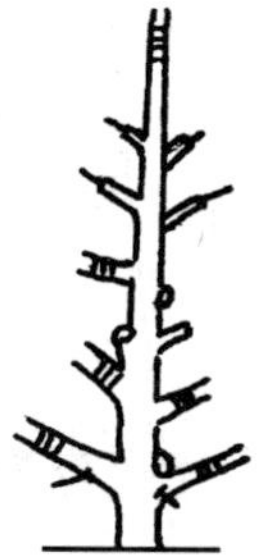

图 3-154 自由纺锤形
嫁接枝芽数量

图 3-155 细长纺锤形
嫁接枝芽数量

5. 接枝方向

(1)骨干枝头　见图 3-156。一是中央领导头，直立向上，无方向要求。二是主枝头，接枝在两侧。

(2)枝组

①有砧桩　见图 3-157。

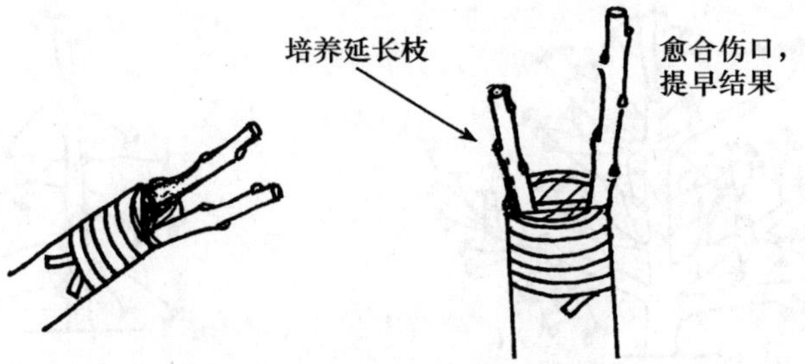

图 3-156　骨干枝头接枝方向

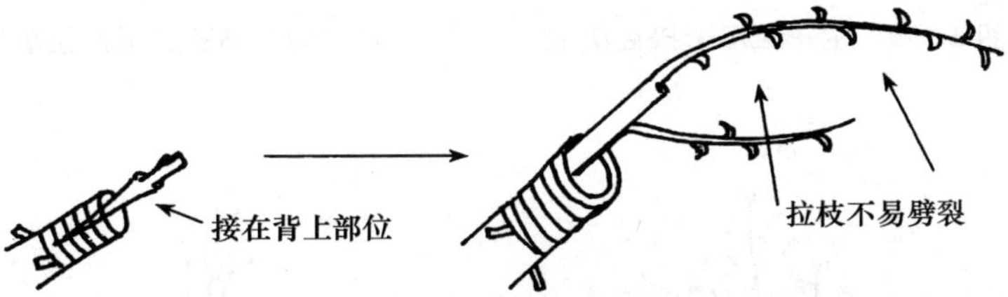

图 3-157　有砧桩接枝方向

②插枝(切腹接、皮下腹接)　要有一定角度，见图 3-158。

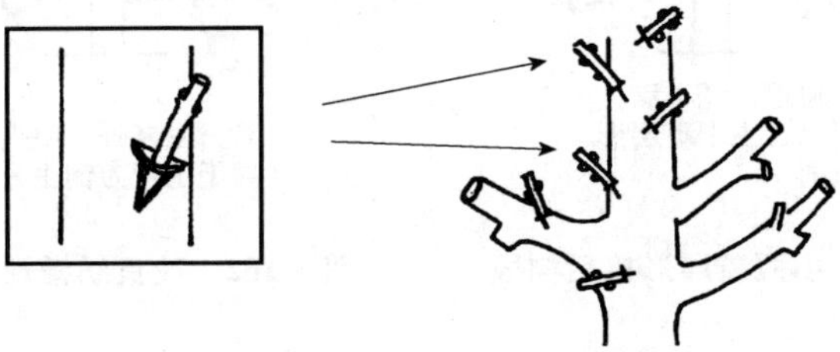

图 3-158　插枝要有一定角度

6. 接后树冠

(1)主干疏层形　见图 3-159。

(2)细长纺锤形　见图 3-160。

(3)小冠疏层形　见图 3-161。

(4)改良纺锤形　见图 3-162。

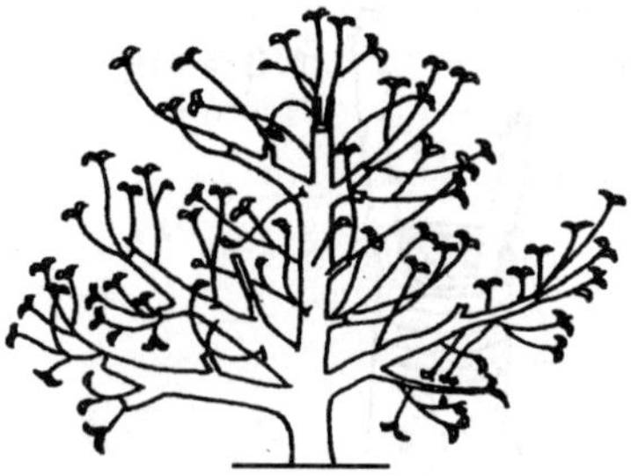

图 3-159　主干疏层形接后树冠

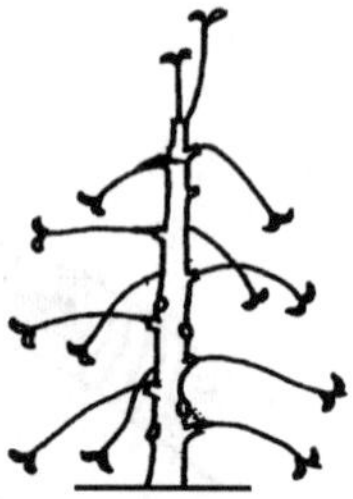

图 3-160　细长纺锤形接后树冠

图 3-161　小冠疏层形接后树冠

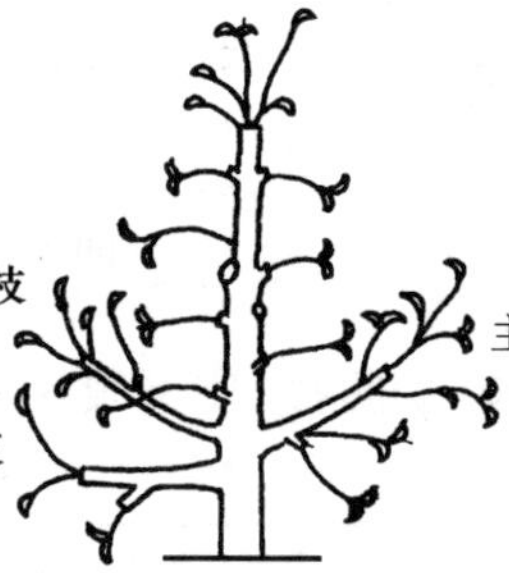

图 3-162　改良纺锤形接后树冠

四、整形技术纠错

(一)留主干过低

为便于树下管理，生产优质果，必须改变过去“低冠矮干”的传统观念，提高基部主枝的着生高度，可以充分利用下垂结果。

1. 三档苗建园

(1)树体表现　见图 3-163。

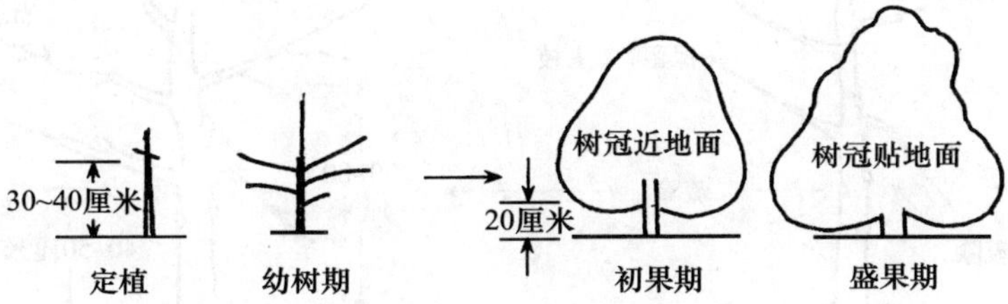

图 3-163　三档苗建园树体表现

(2)纠正方法　见图 3-164。一是不用三档苗建园,改用 3 年生大苗一级壮苗建园;二是严格按各树形定干高度要求定干;三是改造低干的办法是逐年提高树干高度,每年去除 1～2 个最下部主枝。

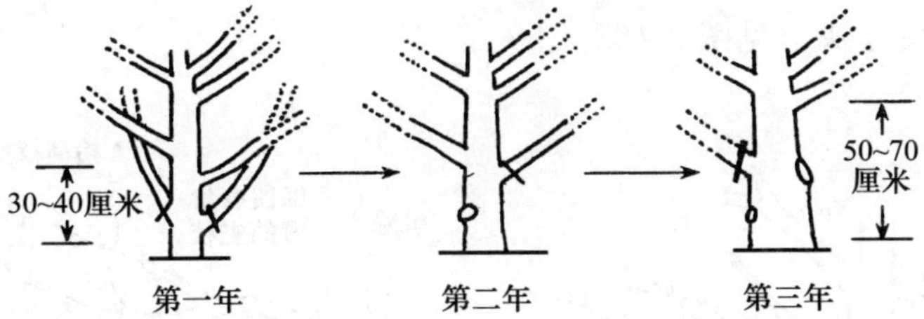

图 3-164　三档苗建园纠正方法

2. 正常苗建园　定干太低,应在基部主体上面适当部位选留新主枝,替代低位主枝。

(1)树体表现　见图 3-165。

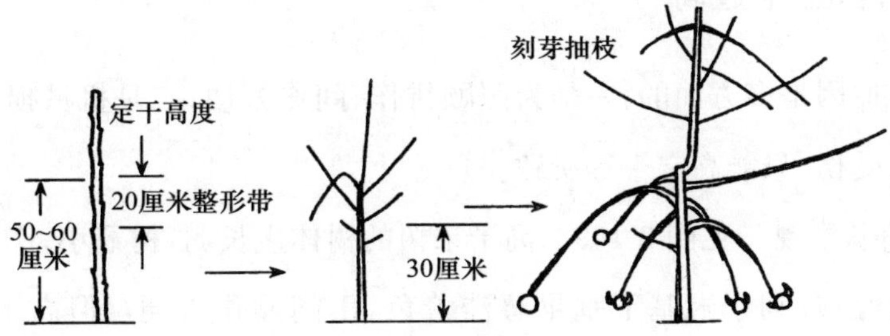

图 3-165　正常苗建园树体表现

(2)解决方法　见图 3-166。

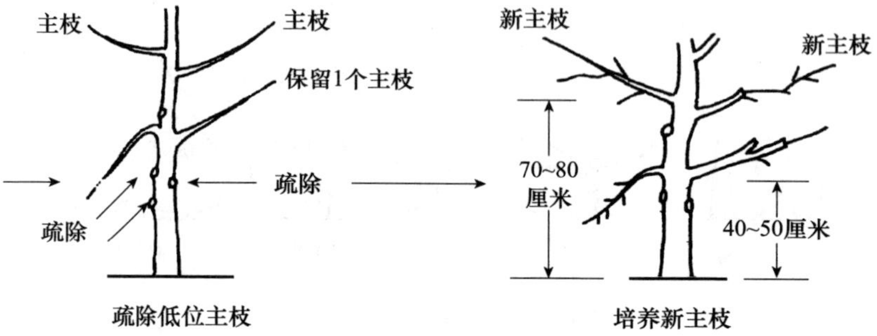

图 3-166　疏除低位主枝,培养新主枝

3. 初果期至盛果期树树干太低

(1)树体表现　见图 3-167。

(2)解决方法　见图 3-168。

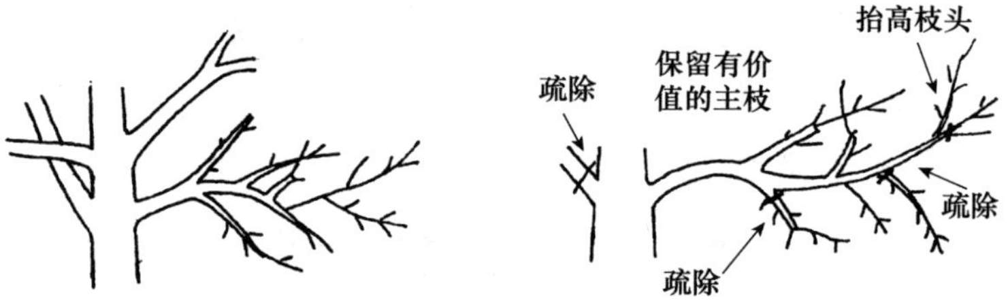

图 3-167　树干太低　　图 3-168　树干太低解决方法

(二)留主干过高

形成原因是多方面的:一是为照顾耕作、间作方便;二是机械损伤;三是苗木芽眼受伤,只能高定干等所致。

1. 树体表现　见图 3-169。高干果树的树体生长弱,树冠小,产量低,但地下光较好,有利于冠基下垂果萼注着色,田间操作方便。但高干利少弊多,仍应设法解决。

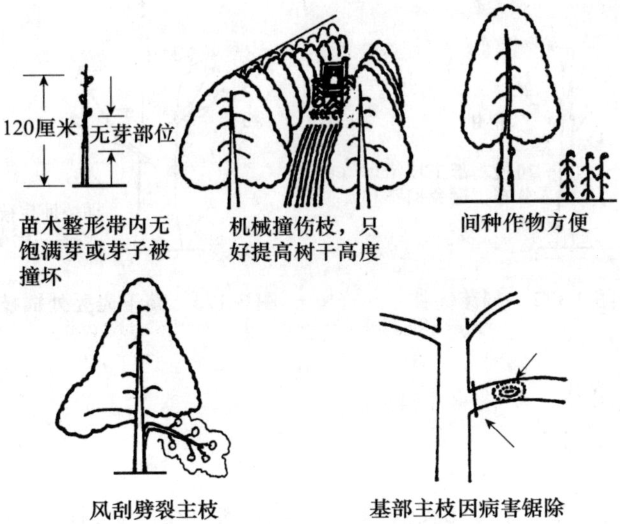

图 3-169　留主干过高树体表现

2. 解决方法

(1)选择苗干芽眼未受损伤的苗木　见图 3-170。

(2)留足树带宽度　防止机械损伤,见图 3-171。

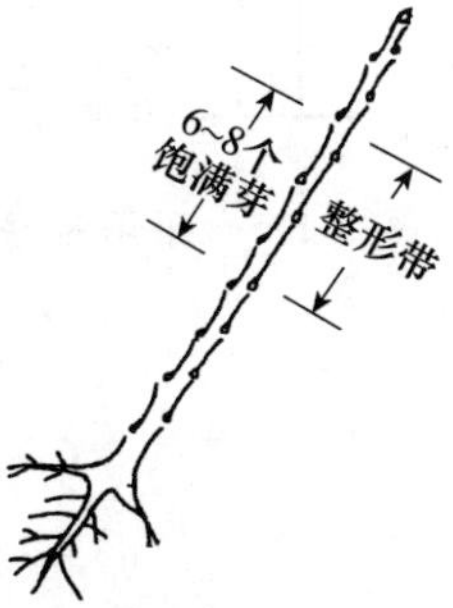

图 3-170　选择苗干芽眼未受损伤的苗木

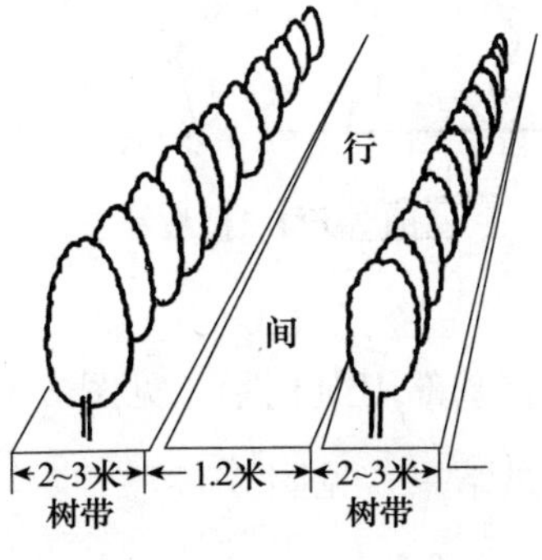

图 3-171　留足树带宽度

(3)刻芽促枝　见图 3-172。

(4)高干光秃处插枝嫁接　见图 3-173。

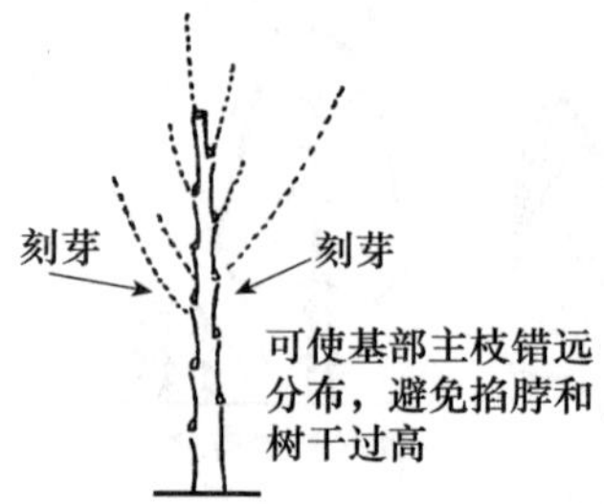

图 3-172 刻芽促枝

图 3-173 高干光秃处插枝嫁接

(5)拉枝补空 见图 3-174。

(6)防止劈裂

①主枝夹角小,有夹死皮现象 采用多锯下压法,见图 3-175。

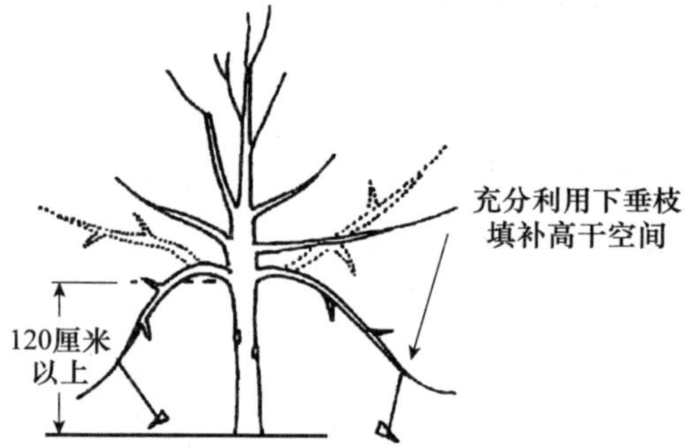

图 3-174 拉枝补空

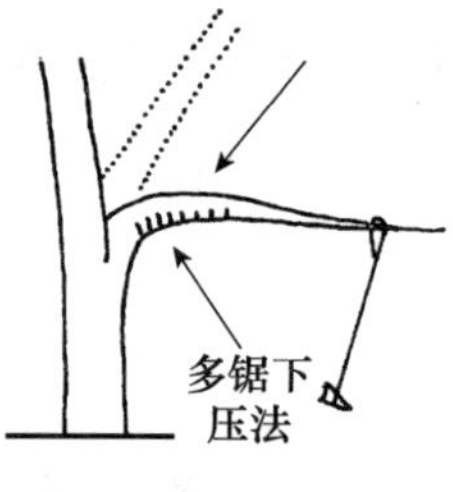

图 3-175 采用多锯下压法

②主枝基部用绳扎紧 见图 3-176。

③适量结果 见图 3-177。

图 3-176 主枝基部用绳扎紧

图 3-177 适量结果

(7)病枝早检查、早刮治，在健部接枝

①刮后涂药保护 见图 3-178。

②病枝在健部接枝 见图 3-179。

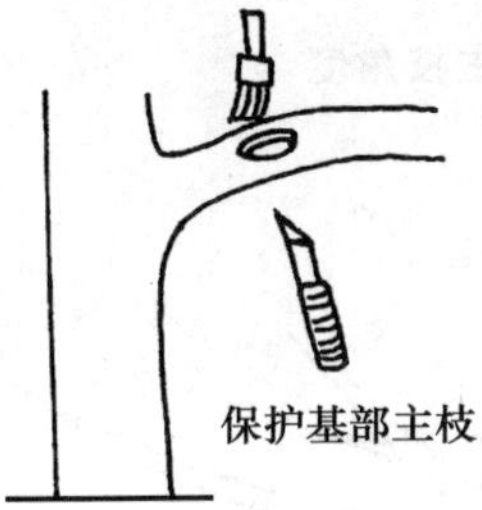

图 3-178 刮后涂药保护

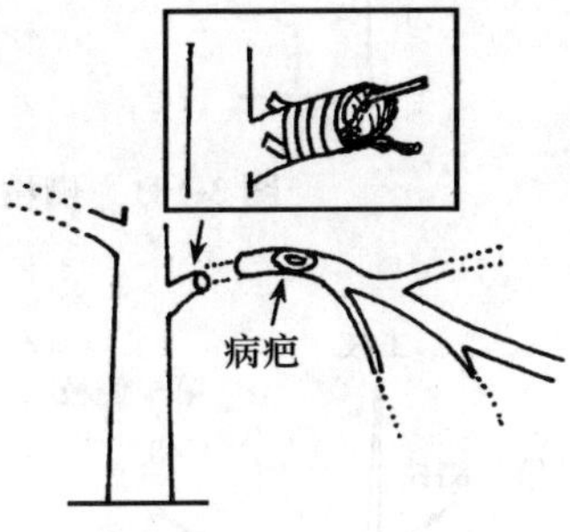

图 3-179 病枝在健部接枝

(三)侧枝选留不合理

侧枝选留不当，常对主枝生长不利，影响整形，郁闭树冠。

1. 树体表现

(1)形成双头 见图 3-180。

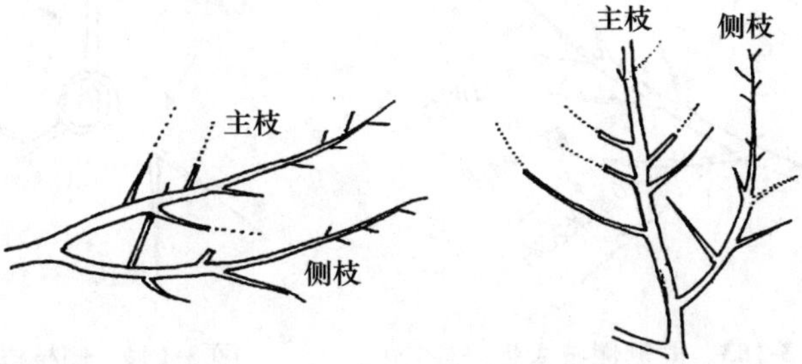

图 3-180 侧枝选留不当，形成双头

(2)角度上翘 梢角小于主枝角度，见图 3-181。

(3)第一侧枝离主枝太近，形成把门侧枝 见图 3-182。

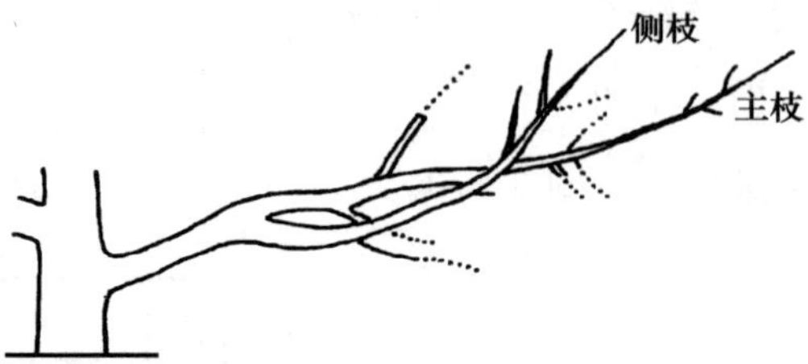

图 3-181 侧枝梢角小于主枝角度

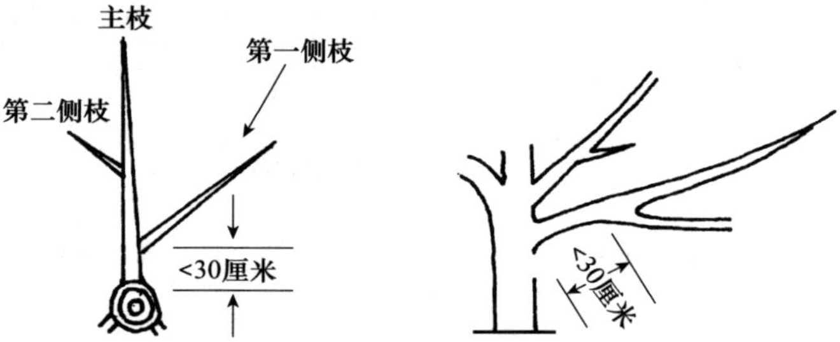

图 3-182 形成把门侧枝

(4)同侧侧枝太近 见图 3-183。

(5)侧枝排列无序 见图 3-184。

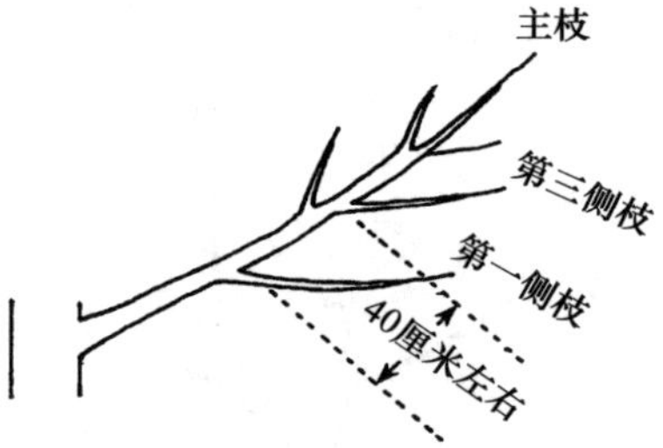

图 3-183 同侧侧枝太近

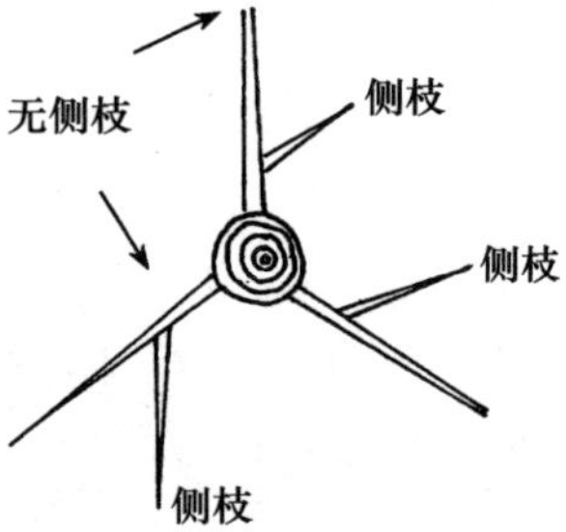

图 3-184 侧枝排列无序

(6)侧枝过多

①主干疏层形侧枝过多 见图 3-185。

②小冠疏层形侧枝过多 见图 3-186。

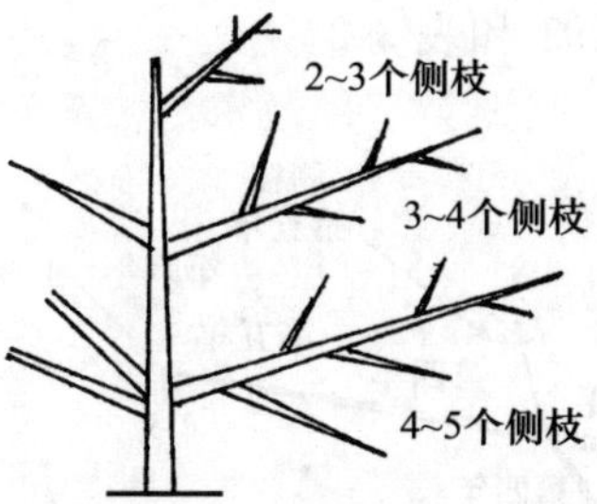

图 3-185　主干疏层形侧枝过多

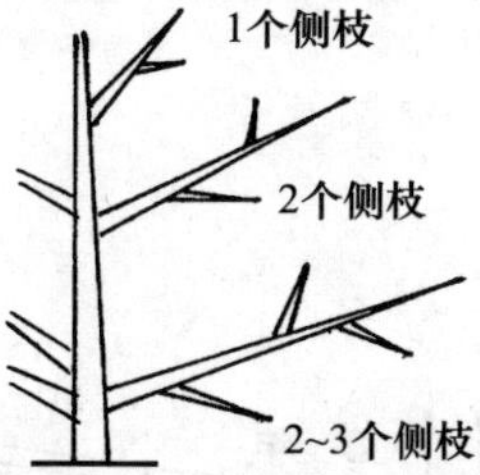

图 3-186　小冠疏层形侧枝过多

③改良纺锤形侧枝过多　见图 3-187。

④自由纺锤形侧枝过多　见图 3-188。

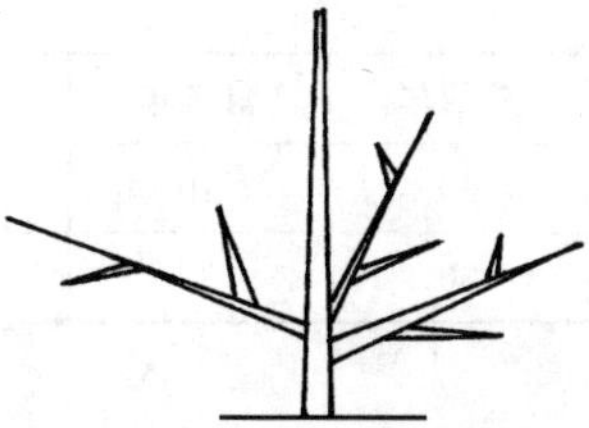

图 3-187　改良纺锤形侧枝过多

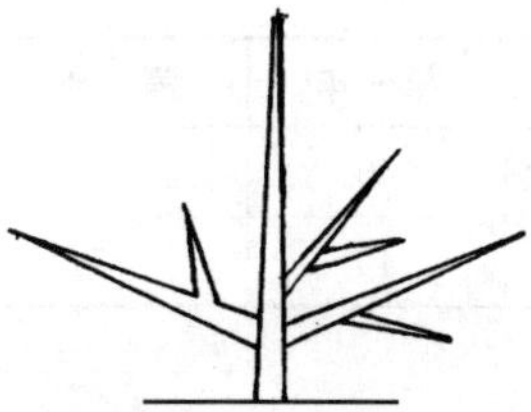

图 3-188　自由纺锤形侧枝过多

前两种树形，每个主枝上多留了 1～2 个侧枝。后两种树形，每个主枝上均不应多留侧枝，只宜留 1～2 个侧枝。

(7)侧枝修剪重，其生长势和角度强于和小于主枝

①生长势太强　见图 3-189。

②角度太小　见图 3-190。

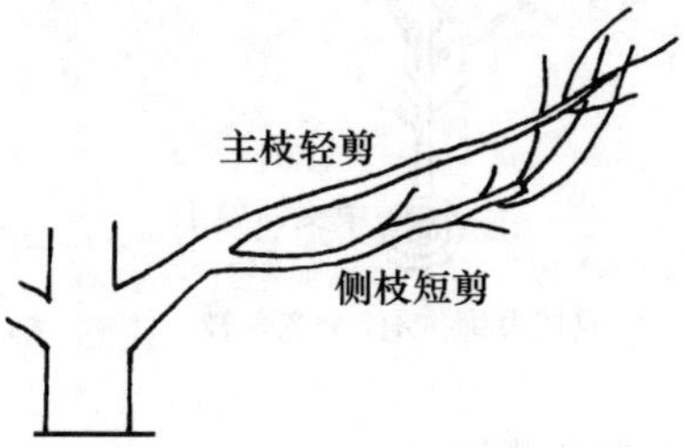

图 3-189　生长势太强

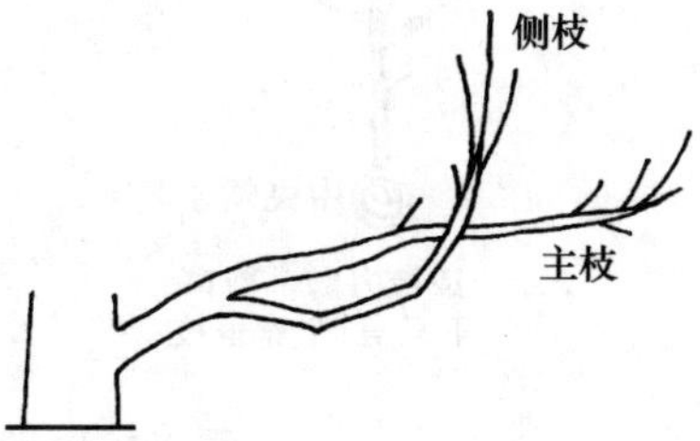

图 3-190　角度太小

③侧枝剪留长度短于主枝　见图3-191和表3-2。

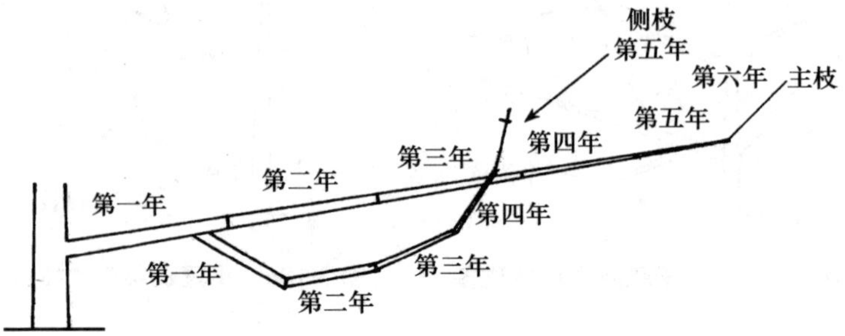

图3-191　侧枝剪留长度短于主枝

表3-2　主、侧枝剪留长度差异　(单位:厘米)

枝别	第一年	第二年	第三年	第四年	第五年	总长度
主枝	50	50	45	40	40	225
侧枝	40	40	30	30	30	170

由于长度差异,虽然主枝年生长量大,粗度增长快,但延长枝剪口下1～2个枝生长势却不如侧枝旺。因侧枝头剪留短,发枝较旺,故角度偏小。

2. 解决方法

(1)不选竞争枝作侧枝,可选第三芽枝作侧枝　见图3-192。

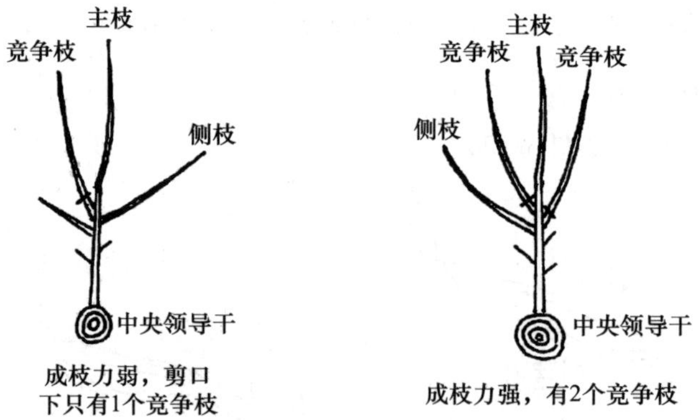

图3-192　选第三芽枝作侧枝

(2)长、短剪相结合或连年长留　见图3-193。

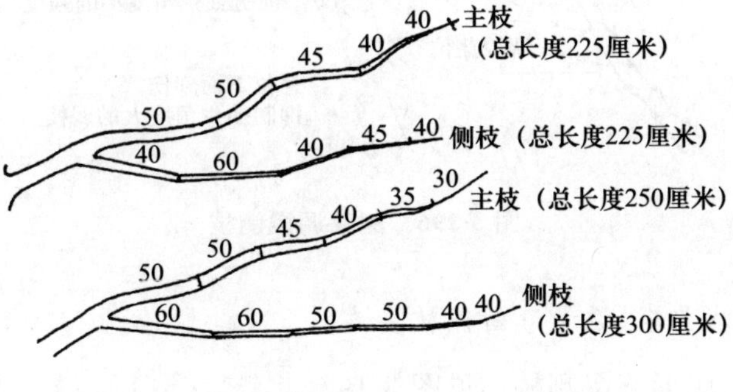

图3-193　长、短剪相结合或连年长留

(3)及时拉枝开角　见图3-194。

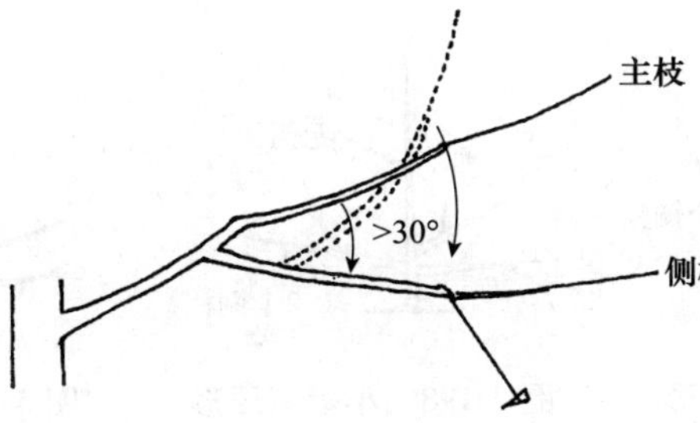

图3-194　及时拉枝开角

(4)留好外斜侧芽、枝　见图3-195。

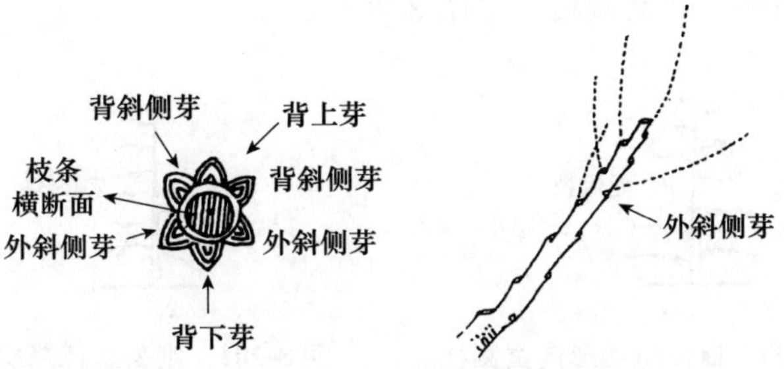

图3-195　留好外斜侧芽枝

(5)刻芽调控侧枝　见图3-196。

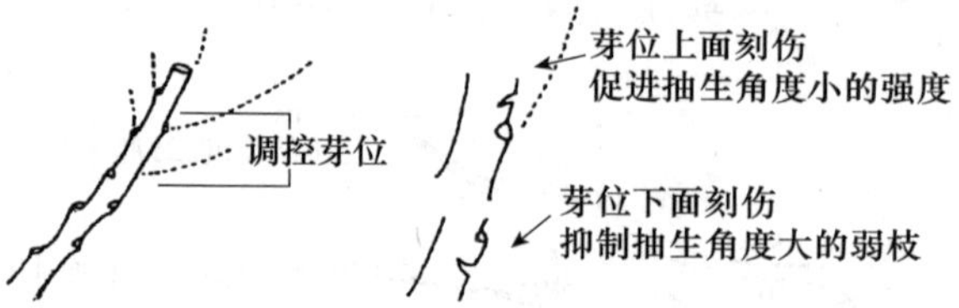

图 3-196 刻芽调控侧枝

(6)按树形要求,适量选留侧枝

①主干疏层形选留侧枝 见图 3-197。

②小冠疏层形选留侧枝 见图 3-198。

③改良纺锤形选留侧枝 见图 3-199。

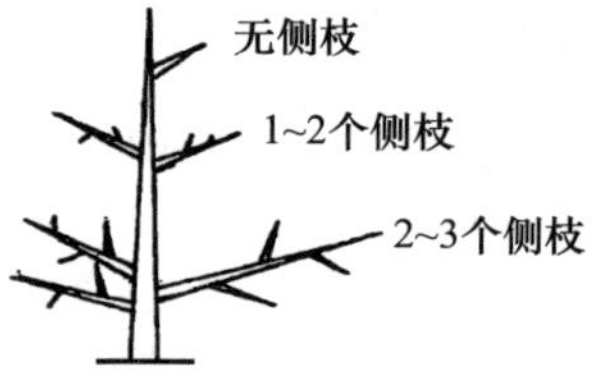

图 3-197 主干疏层形选留侧枝

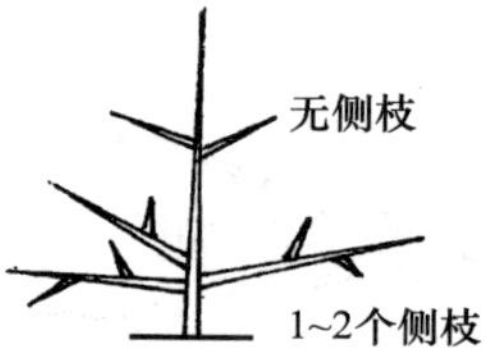

图 3-198 小冠疏层形选留侧枝

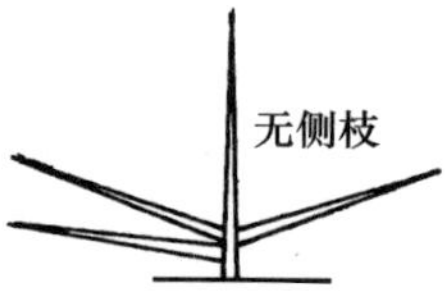

图 3-199 改良纺锤形选留侧枝

④自由纺锤形选留侧枝 见图 3-200。

⑤细长纺锤形选留侧枝 见图 3-201。

图 3-200 自由纺锤形选留侧枝

图 3-201 细长纺锤形选留侧枝

(7)从枝量上控制侧枝 见图 3-202。

(8)从剪法上控制侧枝 见图 3-203。

图 3-202　从枝量上控制侧枝

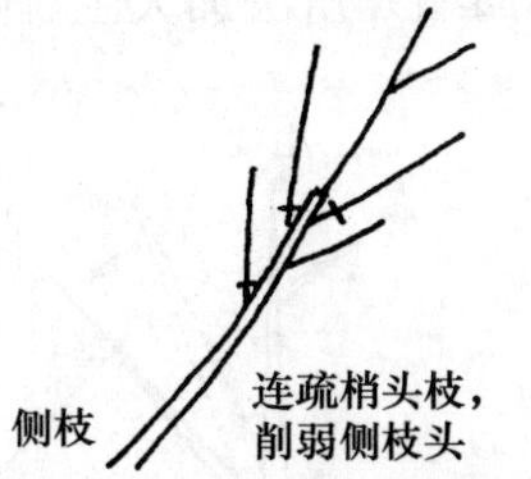

图 3-203　从剪法上控制侧枝

(9)侧枝上结果量加大　见图 3-204。

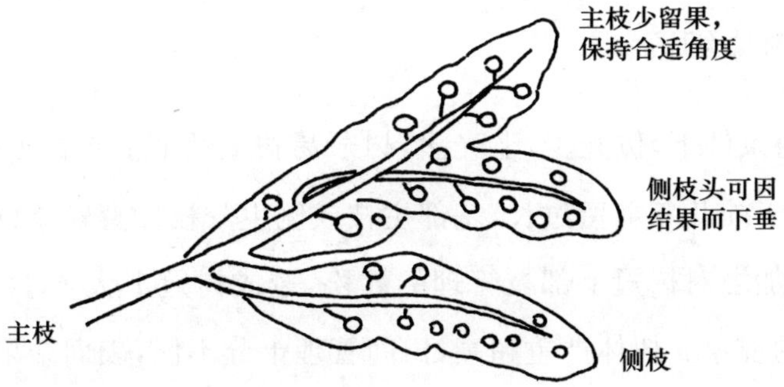

图 3-204　侧枝上结果量加大

(10)各主枝上侧枝顺序排列　见图 3-205。

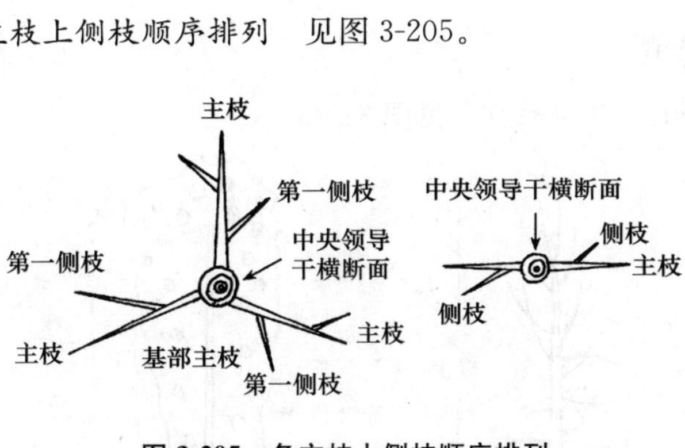

图 3-205　各主枝上侧枝顺序排列

(11)加大主、侧枝间夹角，以利于枝组培养

①拉枝法加大主、侧枝间夹角　见图 3-206。

②回缩开角法加大主、侧枝间夹角　见图 3-207。

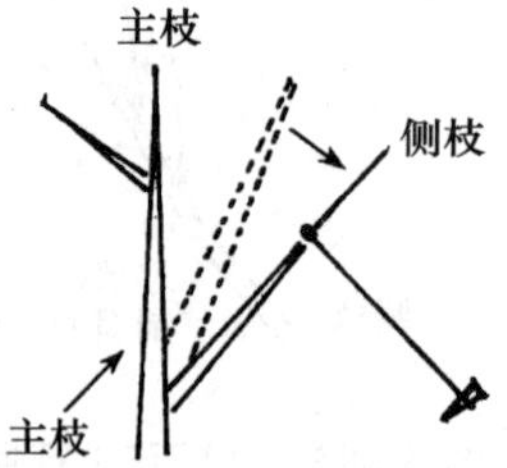

图 3-206　拉枝法加大主、侧枝间夹角

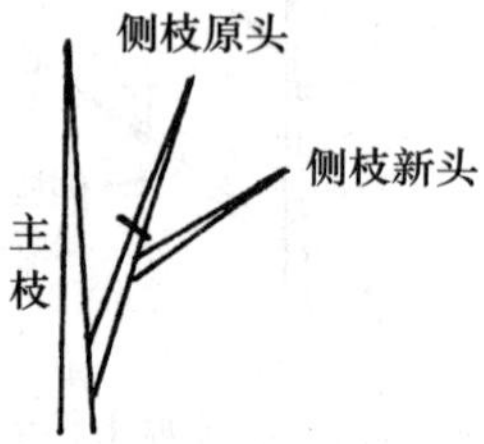

图 3-207　回缩开角法加大主、侧枝间夹角

(四)树体细高

在密植条件下,侧光少,上光多,树冠易拔高生长;在中央领导干延伸过程中,由于前几年剪留过长,基部主枝或侧生分枝发育较差,树冠上部枝越来越强,加之对树冠上部枝管理的放松,造成树冠上大下小、上密下稀、上强下弱的现象。树体严重超高,田间管理十分不便,表面结果,树形不规范,该长的枝未发展起来,不该长的枝却十分强大,对这种树,要下功夫改造。

1. 树体表现

(1)树体细高,下部枝少　见图 3-208。

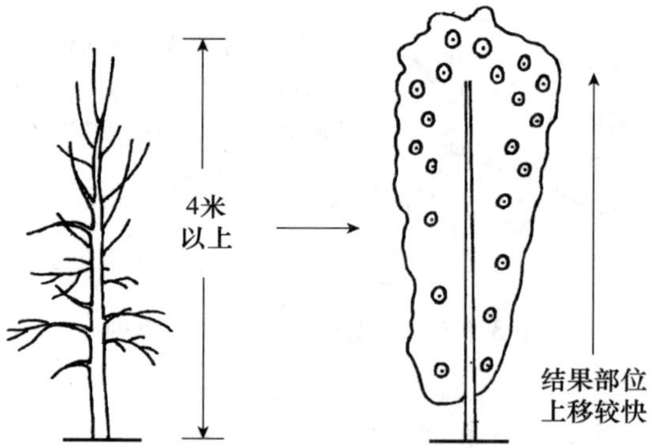

图 3-208　树体细高,下部枝少

(2)树冠高,行间射影角增大　冠基遮光严重,见图 3-209。

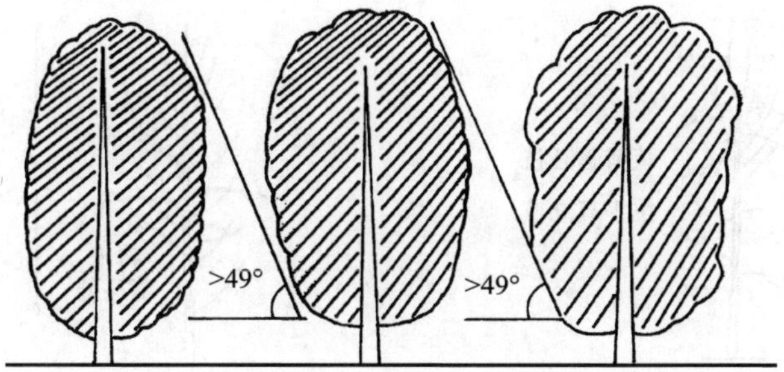

图 3-209　冠基遮光严重

(3)各树形树冠严重超高　多为 1～1.5 米,见图 3-210。

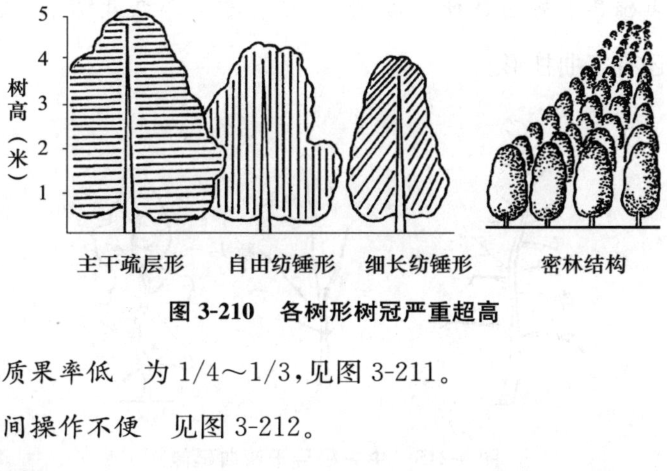

图 3-210　各树形树冠严重超高

(4)优质果率低　为 1/4～1/3,见图 3-211。

(5)田间操作不便　见图 3-212。

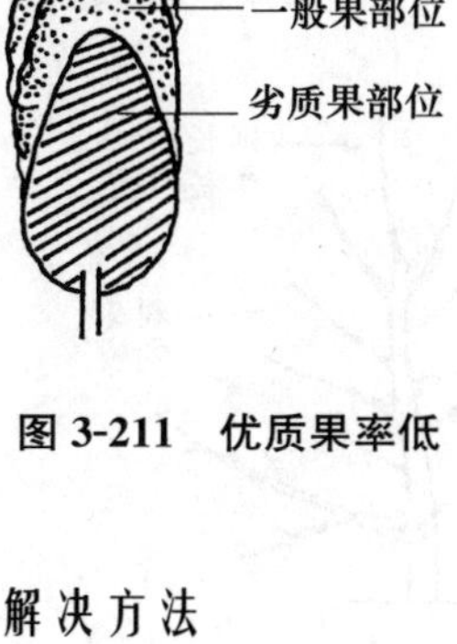

图 3-211　优质果率低

图 3-212　田间操作不便

2. 解决方法

(1)疏、拉上部强枝　见图 3-213。

(2)在落头处环剥促花　见图3-214。

图3-213　疏、拉上部强枝

图3-214　在落头处环剥促花

(3)中央领导干弯曲延伸　见图3-215。有一小弯曲树形,应落在弱头上。此外,还有多曲柱形。

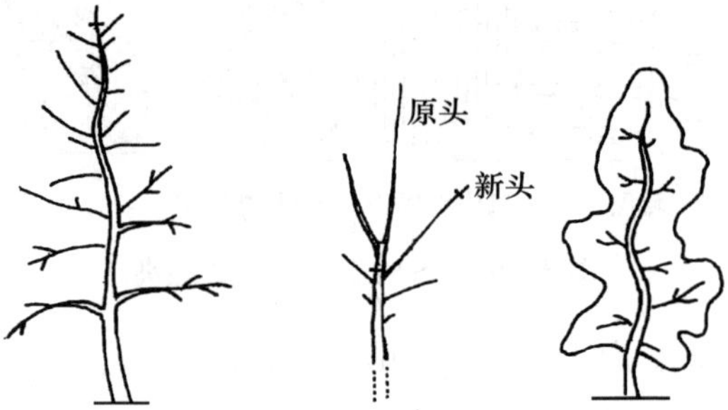

图3-215　中央领导干弯曲延伸

(4)中央领导干适度短截,结合刻芽,抑上促下　见图3-216。

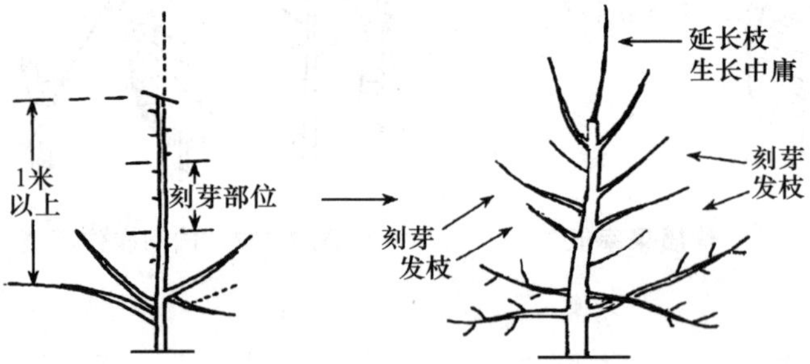

图3-216　中央领导干适度短截,结合刻芽,抑上促下

(5)促进树冠中、下部横向发展

①间伐过密园片　见图 3-217。

②下部枝开张角度不宜太大　见图 3-218。

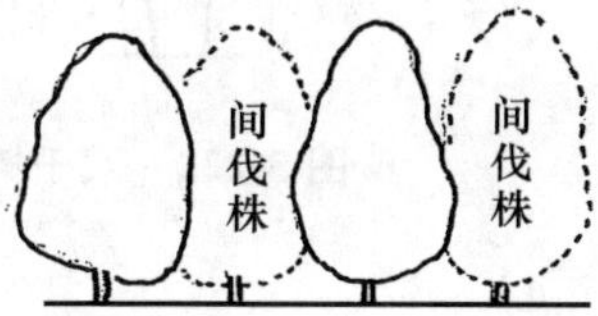

图 3-217　间伐过密园片

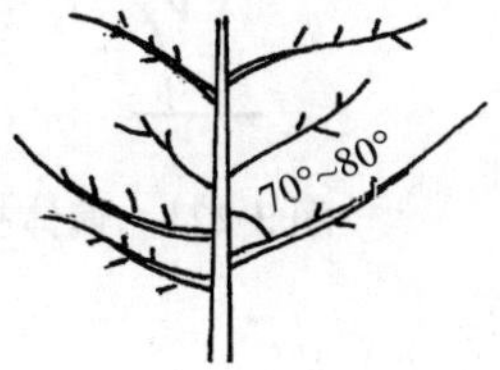

图 3-218　下部枝开张角度不宜太大

③下部枝少留果　见图 3-219。

④下部枝多中截　见图 3-220。

图 3-219　下部枝少留果

图 3-220　下部枝多中截

(五)用竞争枝作骨干枝

在不加刻芽的情况下,有些品种成枝力弱,延长枝剪口下只发 2～3 个长枝,除留下延长枝外,只有 1～2 个枝提供选择,尤其在修剪时,不注意剪口芽的情况下,可作主、侧枝的只有 1 个枝了,不得不用它作为骨干枝。

1. 树体表现

(1)偏体树　见图 3-221。

(2)双干树　见图 3-222。

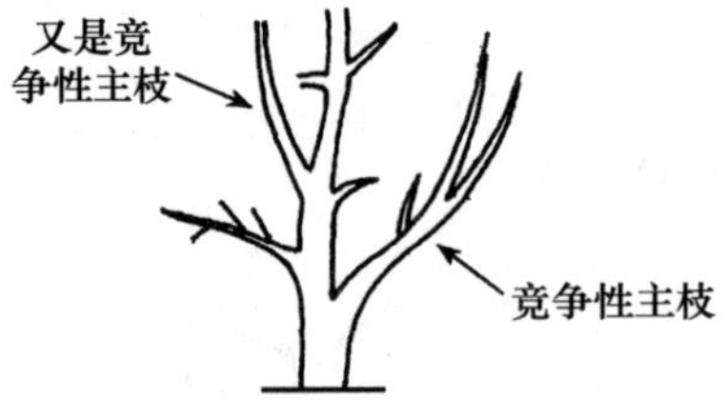

图 3-221 偏体树

图 3-222 双干树

(3)双头主枝 见图 3-223。

(4)树冠易直立 见图 3-224。

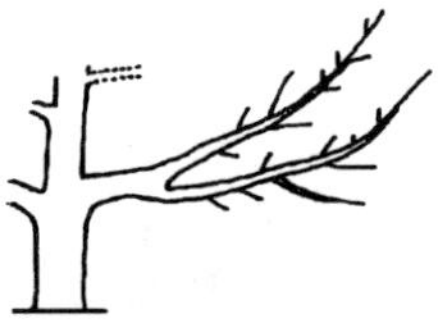

图 3-223 双头主枝

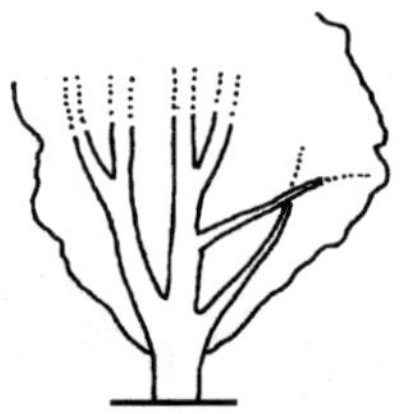

图 3-224 树冠易直立

(5)易劈裂

①主枝 见图 3-225。

②侧枝 见图 3-226。

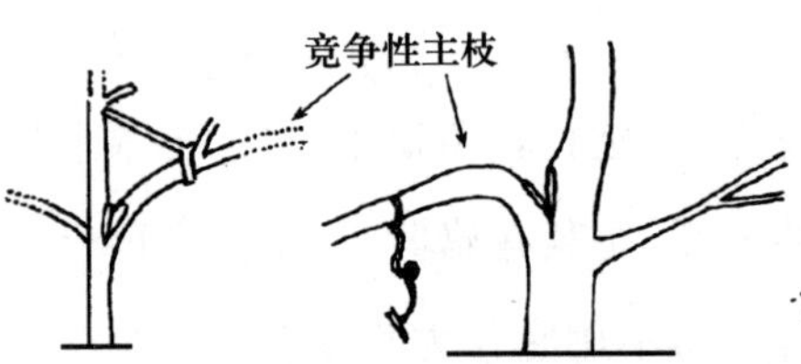

图 3-225 主枝易劈裂

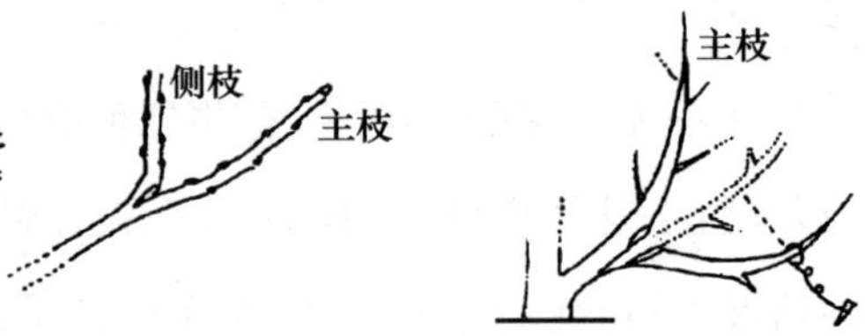

图 3-226 侧枝易劈裂

(6)形成主从不分,甚至超过原头

①主枝 见图 3-227。

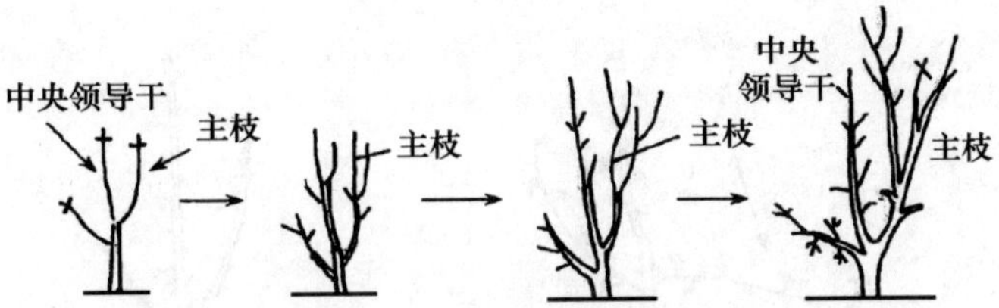

图 3-227　形成主从不分的主枝

②侧枝　见图 3-228。

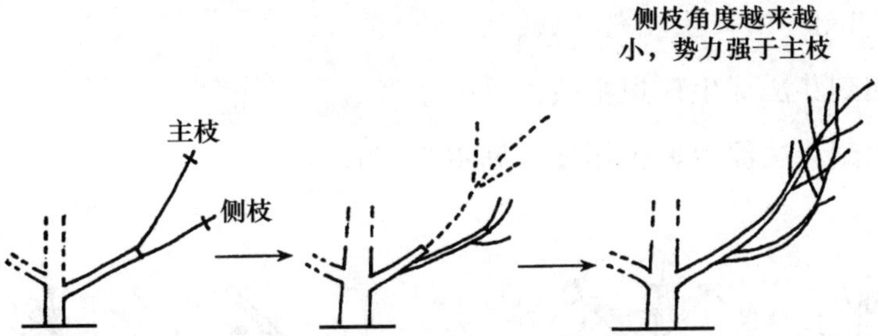

图 3-228　侧枝势力强于主枝

2. 解决方法

(1)不用竞争枝作主、侧枝，对竞争梢、竞争枝早做处理

①扭梢　见图 3-229。

②摘心　见图 3-230。

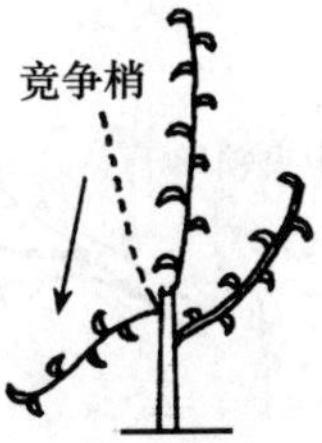

图 3-229　扭梢

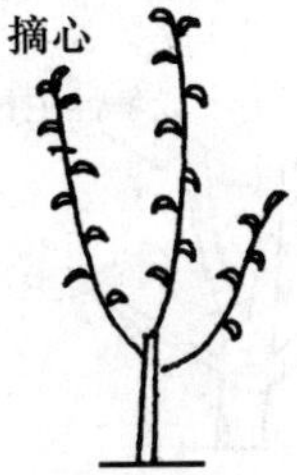

图 3-230　摘心

③拉平　见图 3-231。

④疏除　见图 3-232。

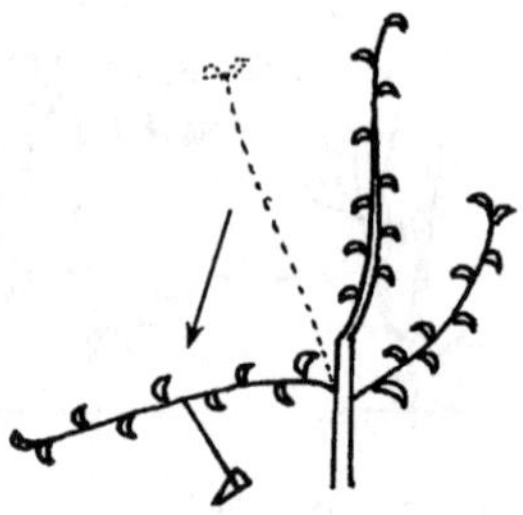

图 3-231　拉平

图 3-232　疏除

(2)用刻芽法促生理想主、侧枝

①用刻芽法促生理想主枝　见图 3-233。

②用刻芽法促生理想侧枝　见图 3-234。

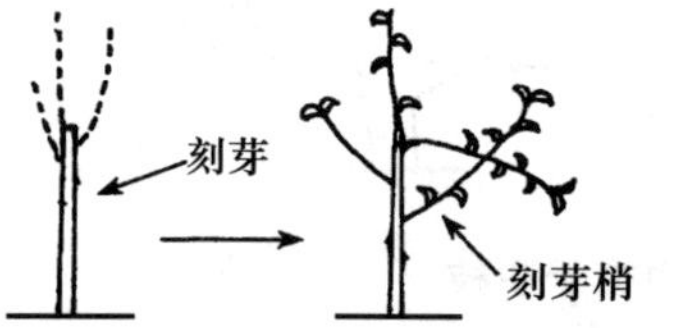

图 3-233　用刻芽法促生理想主枝

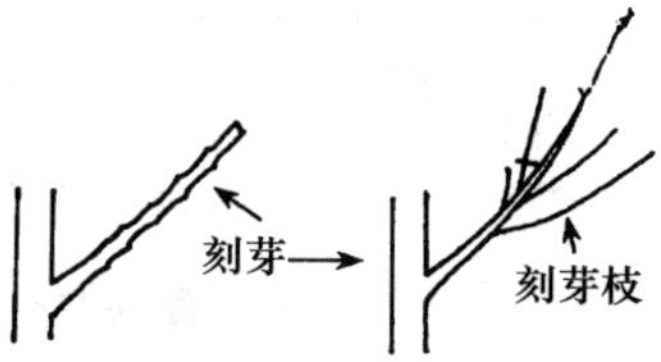

图 3-234　用刻芽法促生理想侧枝

(3)已用竞争枝作主、侧枝者

①疏除主枝(周围有可用枝代替)　见图 3-235。

②疏除侧枝　见图 3-236。

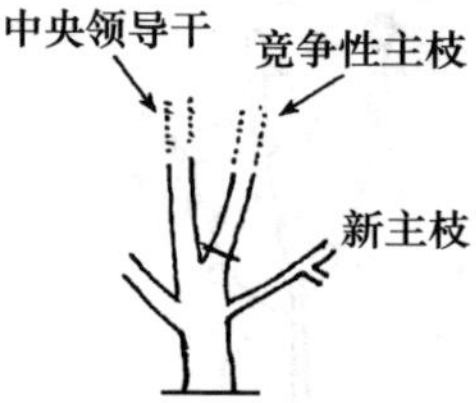

图 3-235　疏除主枝

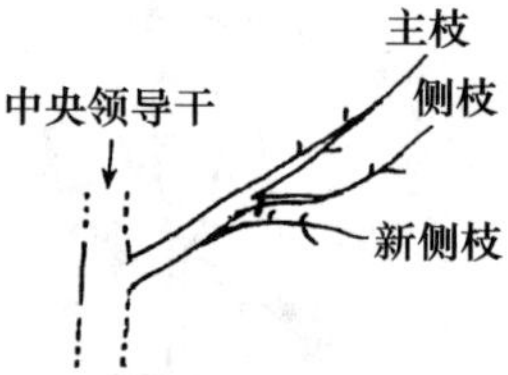

图 3-236　疏除侧枝

③拉平　见图 3-237。

④撑开　见图 3-238。

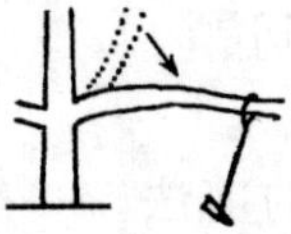

图 3-237　拉平

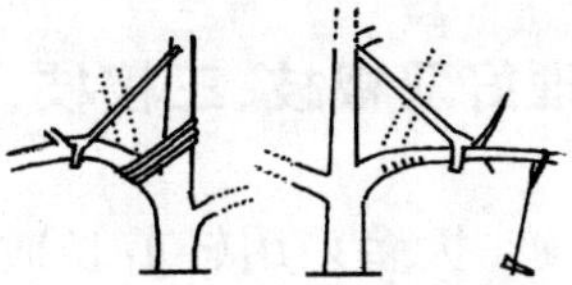

图 3-238　撑开

⑤用外侧枝换头　见图 3-239。

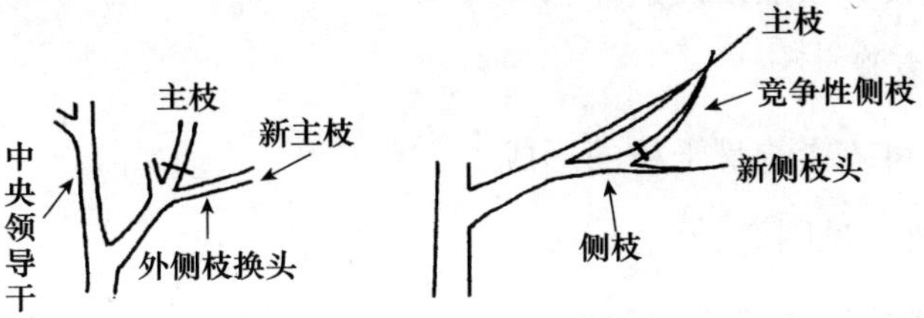

图 3-239　用外侧枝换头

⑥培养替代枝　以便将来代替竞争性主、侧枝，见图 3-240。

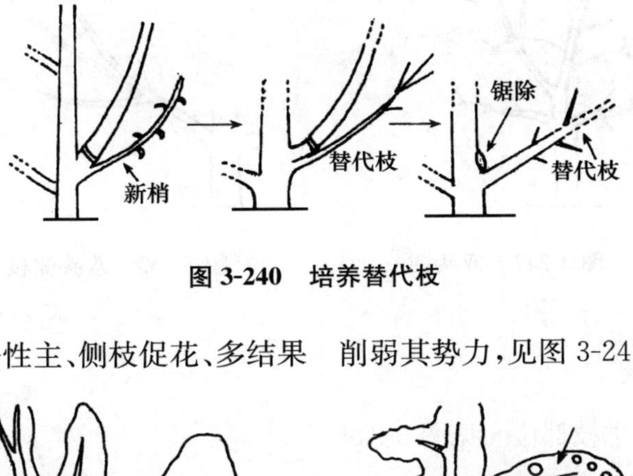

图 3-240　培养替代枝

⑦对竞争性主、侧枝促花、多结果　削弱其势力，见图 3-241。

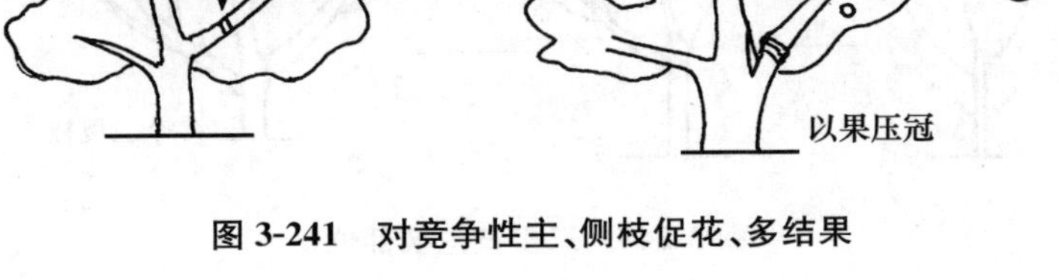

图 3-241　对竞争性主、侧枝促花、多结果

(六)未处理好双杈枝、三杈枝、轮生枝问题

为了早实丰产，大多采用轻剪长放多留枝的剪法。一般剪口下，常发2～4个长枝，选其中长势、位置、角度好的作延长枝，其余枝轻剪或不剪，这就自然形成双杈枝、三杈枝或轮生枝，这对成形不利，也会恶化冠内光照。因此，对此类枝必须加以改造。

1. 树体表现

(1)双杈树　影响骨干枝的形成。

①双头树　见图3-242。

②双头侧枝　见图3-243。

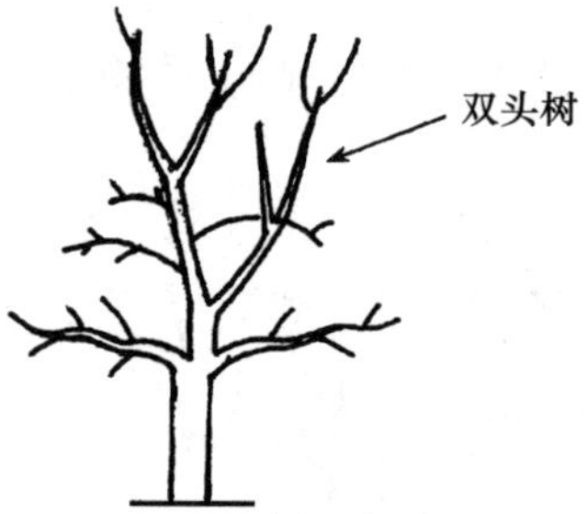

图3-242　双头树

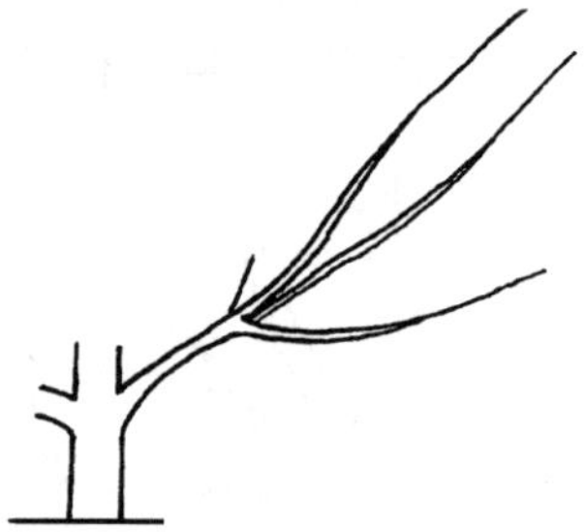

图3-243　双头侧枝

(2)三杈枝

①三杈枝主枝部位　见图3-244。

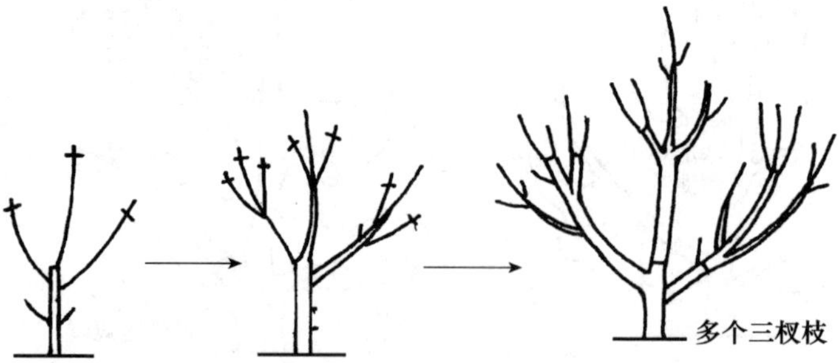

图3-244　三杈枝主枝部位

②主枝中截，下部枝长放 见图 3-245。

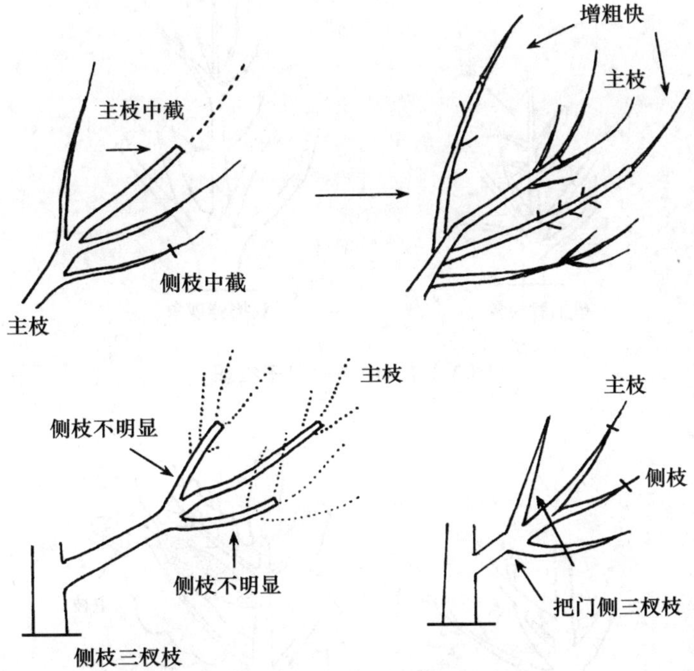

图 3-245 主枝中截，下部枝长放

(3)轮生枝 见图 3-246。

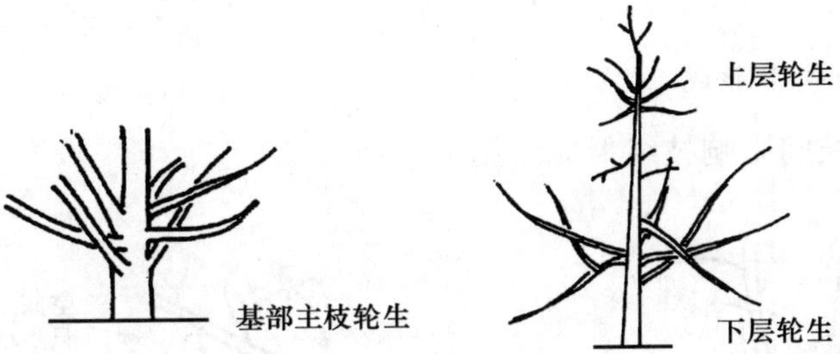

图 3-246 轮生枝

(4)影响骨干枝形成

①中央领导干细弱 见图 3-247。

②主枝细弱 见图 3-248。

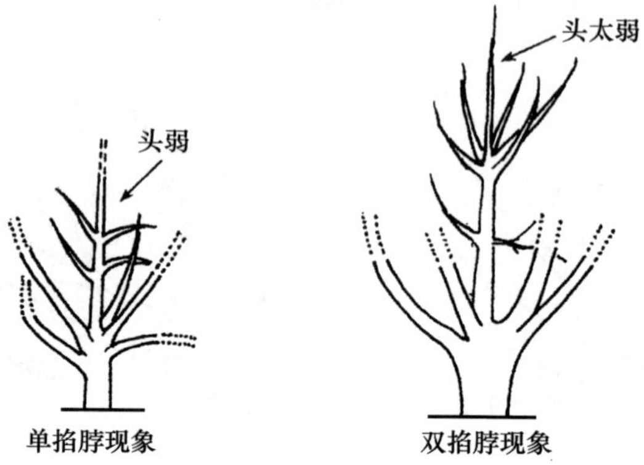

图 3-247 中央领导干细弱

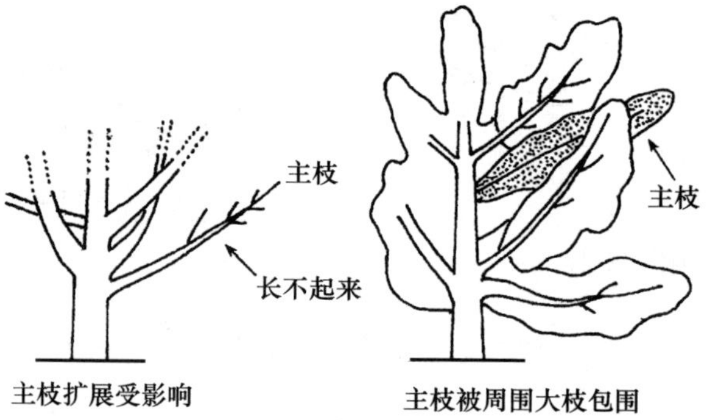

图 3-248 主枝细弱

(5)影响枝组形成

①双杈枝间影响枝组形成 见图 3-249。

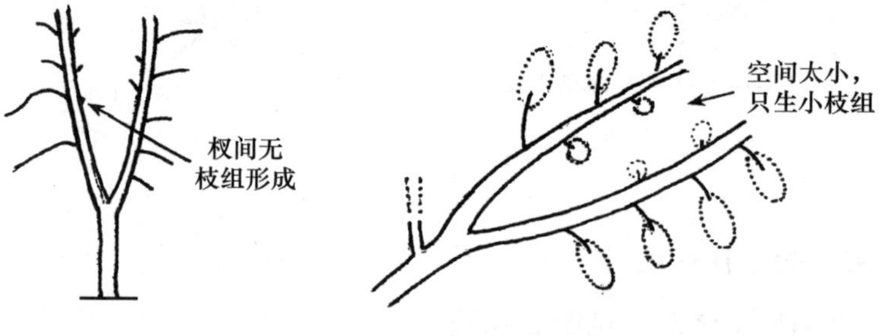

图 3-249 双杈枝间影响枝组形成

②三杈枝间无枝组形成　见图 3-250。

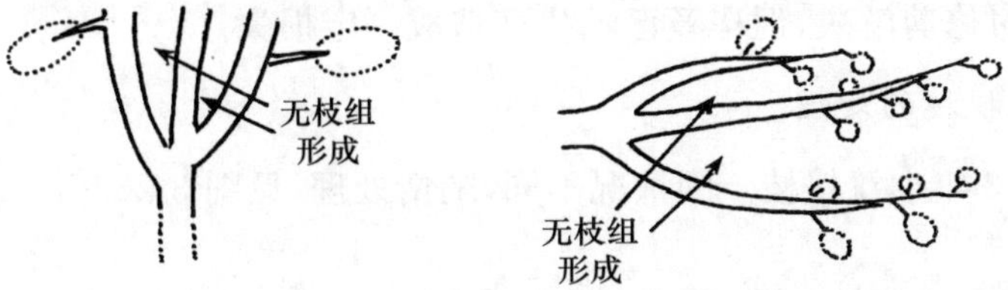

图 3-250　三杈枝间无枝组形成

(6)郁闭树冠　见图 3-251 和图 3-252。

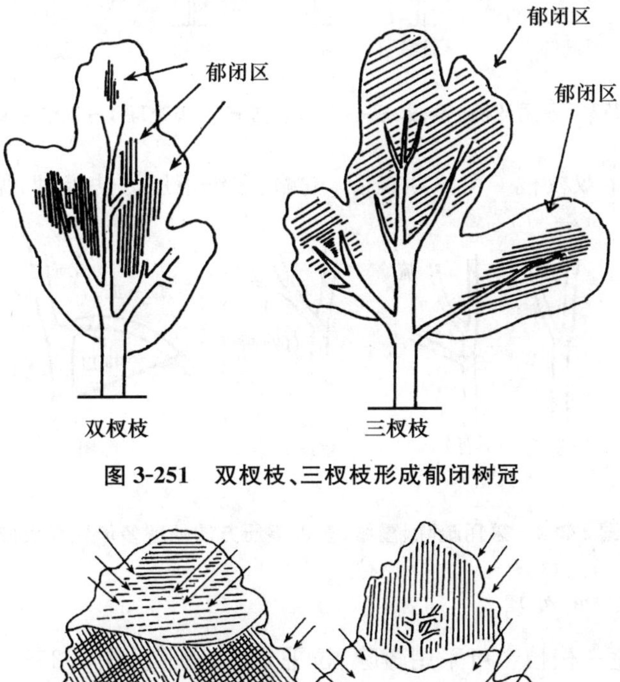

图 3-251　双杈枝、三杈枝形成郁闭树冠

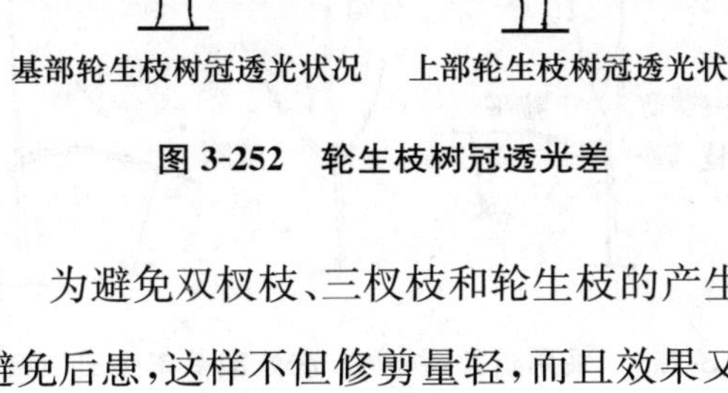

图 3-252　轮生枝树冠透光差

2. 解决方法　为避免双杈枝、三杈枝和轮生枝的产生，在枝条形成初期就要加以处理，避免后患，这样不但修剪量轻，而且效果又好。双杈枝、三杈

枝和轮生枝如不及时处理,其枝体扩展很快,影响周围有用枝梢的生长,虽然也能通过修剪解决,但毕竟已给生产造成一定损失。

(1)双杈枝的处理

①1～2年生双杈枝　因情况不同,酌情处理,见图3-253。

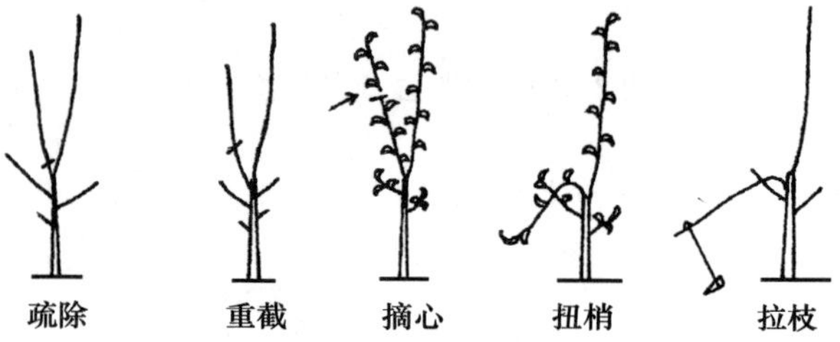

图3-253　采用疏除、重截、摘心、扭梢、拉枝方法处理1～2年生双杈枝

②多年生双杈枝　可采用疏除、重缩、多锯下压方法处理,见图3-254。

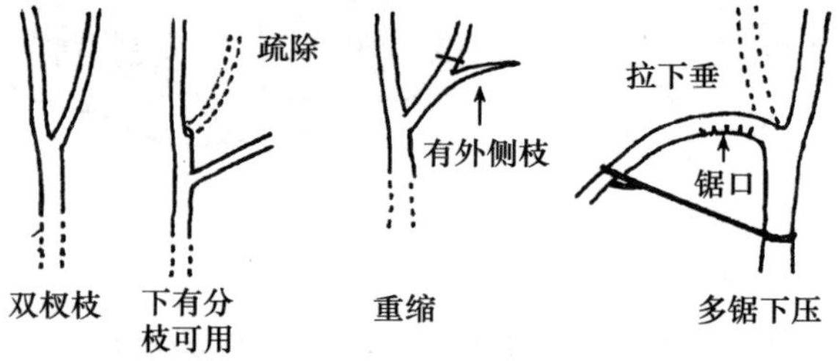

图3-254　采用疏除、重缩、多锯下压方法处理多年生双杈枝

(2)三杈枝的处理

①1年生三杈枝　可采用疏除、拉平方法处理,见图3-255。

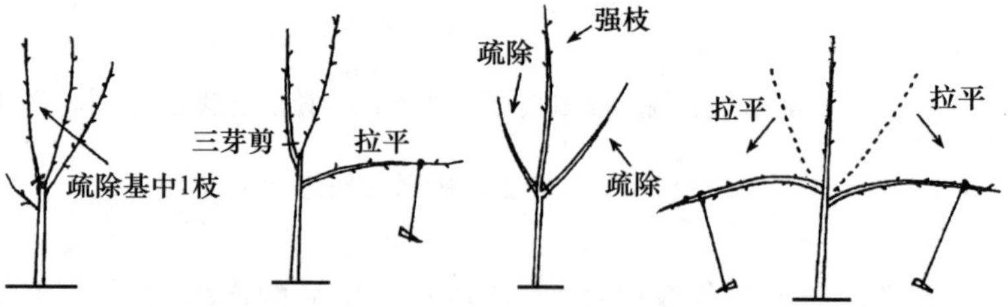

图3-255　采用疏除、拉平方法处理1年生三杈枝

②多年生三杈枝　可采用疏除、下拉、回缩、多锯下压方法处理，见图3-256。

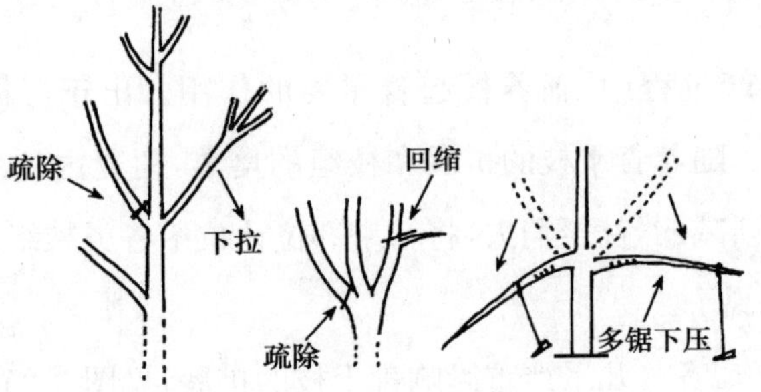

图3-256　采用疏除、下拉、回缩、多锯下压方法处理多年生三杈枝

(3)轮生枝的处理

①1～2年生轮生枝　可采用疏除、重截方法处理，见图3-257。

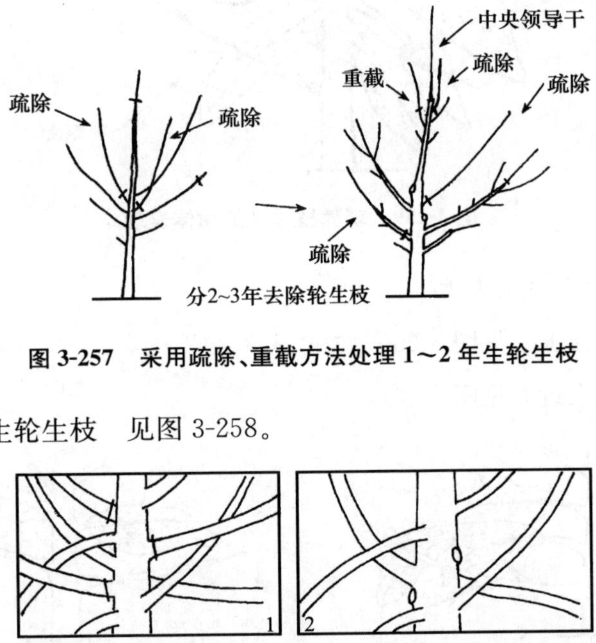

图3-257　采用疏除、重截方法处理1～2年生轮生枝

②多年生轮生枝　见图3-258。

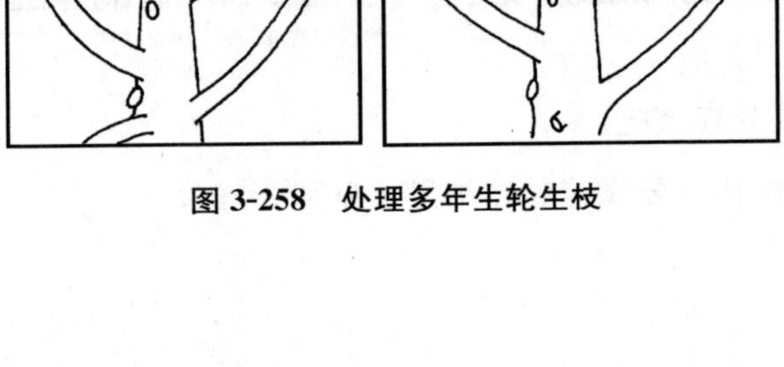

图3-258　处理多年生轮生枝

(七)辅养枝与骨干枝关系处理不当

在早实丰产过程中,辅养枝起着重要的作用。出于习惯,辅养枝留得多,留存时间长,随着骨干枝的扩展和枝组的培养,树冠内枝量剧增,辅养枝的作用应该逐渐减弱,甚至消失,将结果部位让位给各类枝组。

1. 树体表现

(1)辅养枝过多　几乎严重影响骨干枝的扩展,见图 3-259。

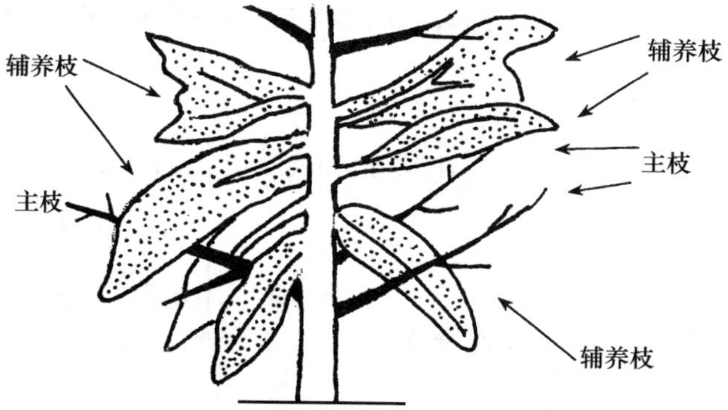

图 3-259　辅养枝过多的树体表现

(2)辅养枝离主枝太近

①压到主枝上　见图 3-260。

②离主枝太近　见图 3-261。

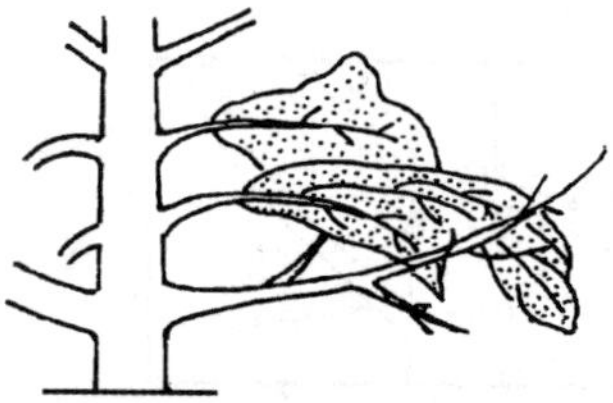

图 3-260　辅养枝压到主枝上

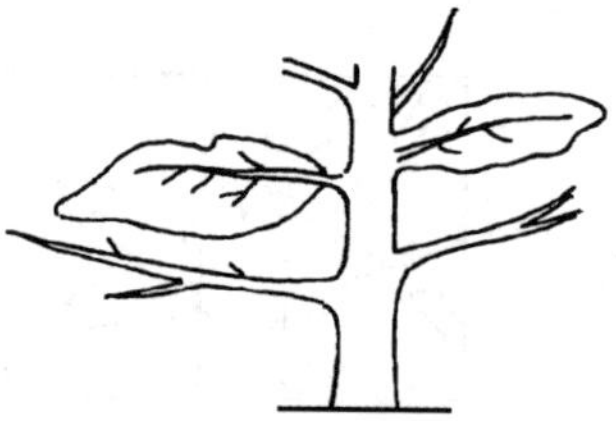

图 3-261　辅养枝离主枝太近

(3)辅养枝处理太晚

①盛果期树仍主要靠辅养枝结果　见图 3-262。

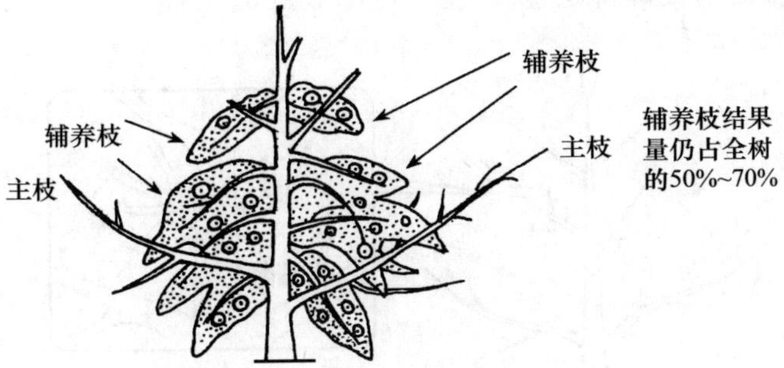

图 3-262　盛果期树仍主要靠辅养枝结果

②影响枝组培养和形成　见图 3-263。

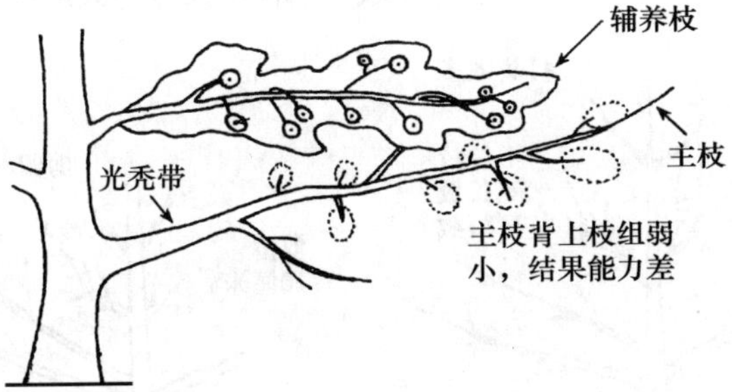

图 3-263　辅养枝处理太晚影响枝组培养和形成

(4)层间辅养枝太少　层间呈光秃状。

①初果期　见图 3-264。

②盛果期　见图 3-265。

图 3-264　初果期层间辅养枝太少

图 3-265　盛果期辅养枝已成小枝组

(5)层间辅养枝回缩过急、过重　见图 3-266。

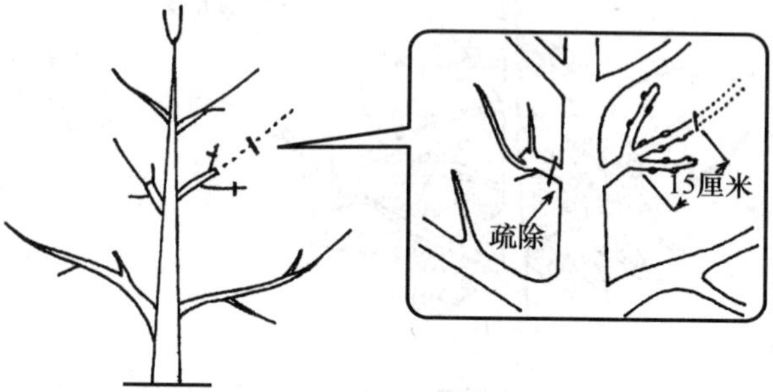

图 3-266　层间辅养枝回缩过急、过重

(6)对辅养枝修剪过重　逢梢必截,新梢旺长,难以成花,见图 3-267。

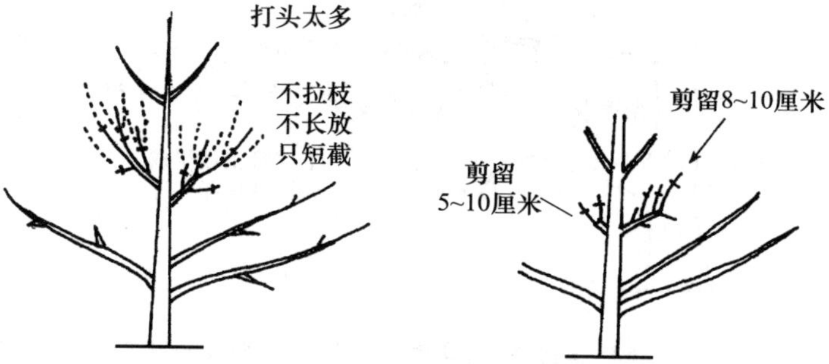

图 3-267　对辅养枝修剪过重

2. 解决方法

(1)对辅养枝利用和控制的规律　见图 3-268。

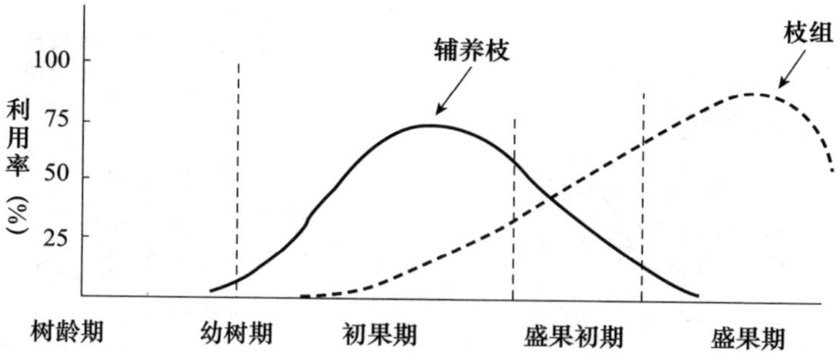

图 3-268　对辅养枝利用和控制的规律

(2)辅养枝保留时间的确定

①因树形而定　见图 3-269。

图 3-269　辅养枝保留时间因树形而定

②因层间距离大小而定　见图 3-270。

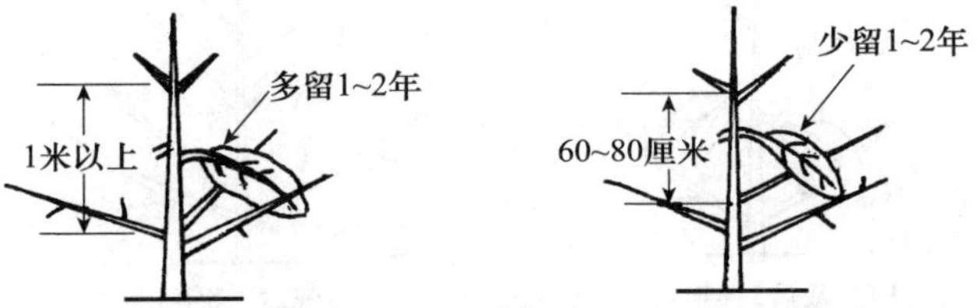

图 3-270　辅养枝保留时间因层间距离大小而定

③因主枝多少而定　见图 3-271。

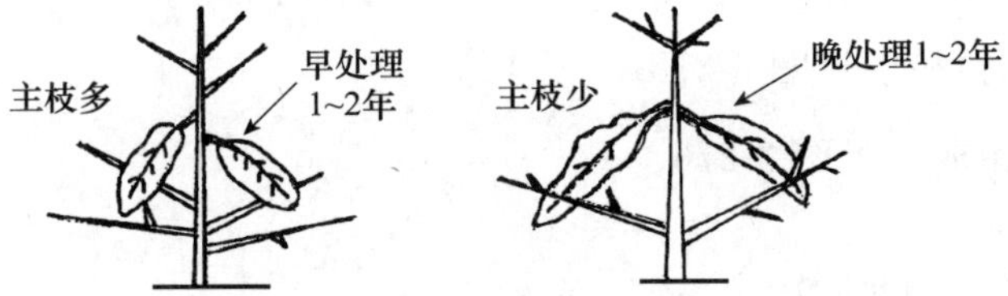

图 3-271　辅养枝保留时间因主枝多少而定

④因主枝角度大小而定　见图 3-272。

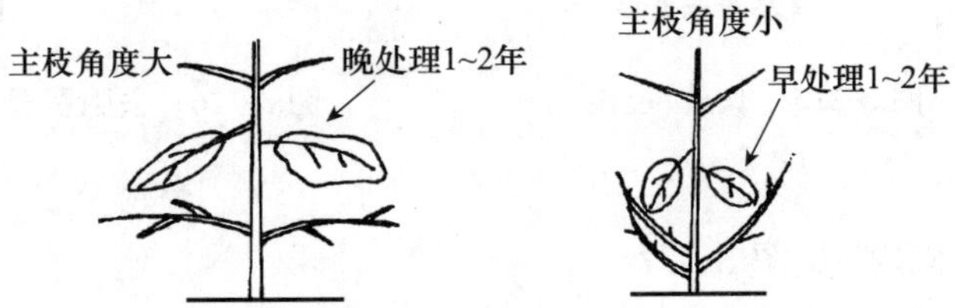

图 3-272　辅养枝保留时间因主枝角度大小而定

⑤因树势而定　见图3-273。

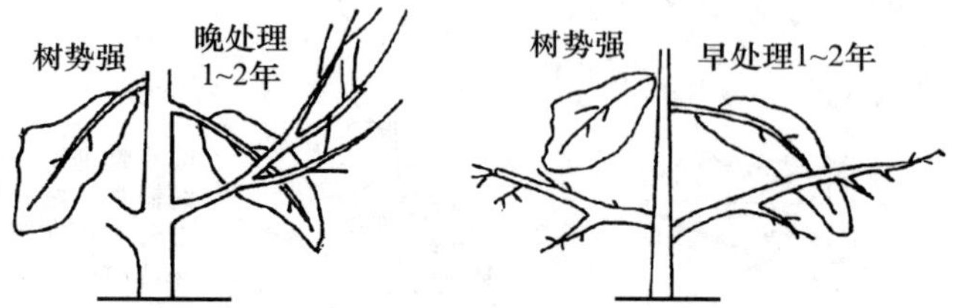

图3-273　辅养枝保留时间因树势而定

⑥因树龄而定　见图3-274。

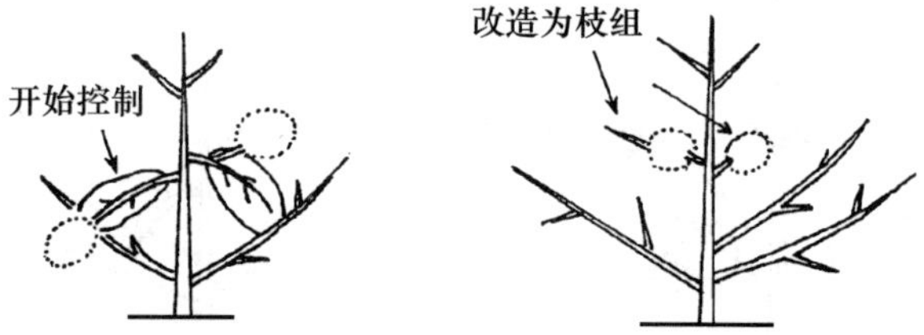

图3-274　辅养枝保留时间因树龄而定

(3)对辅养枝主要剪法

①长放、拉枝　见图3-275。

②去强留弱　见图3-276。

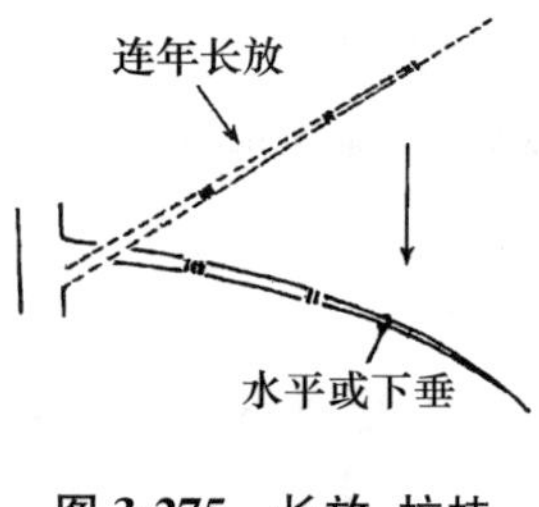

图3-275　长放、拉枝

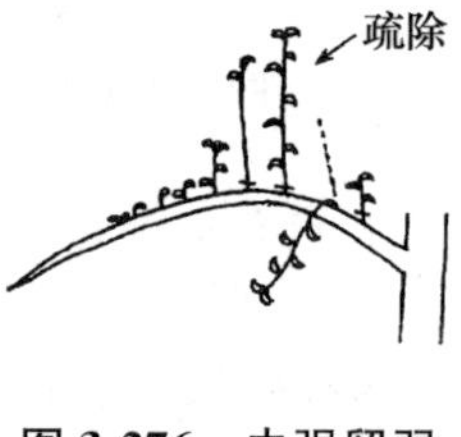

图3-276　去强留弱

③缩小体积　见图3-277。

④改造为枝组　见图3-278。

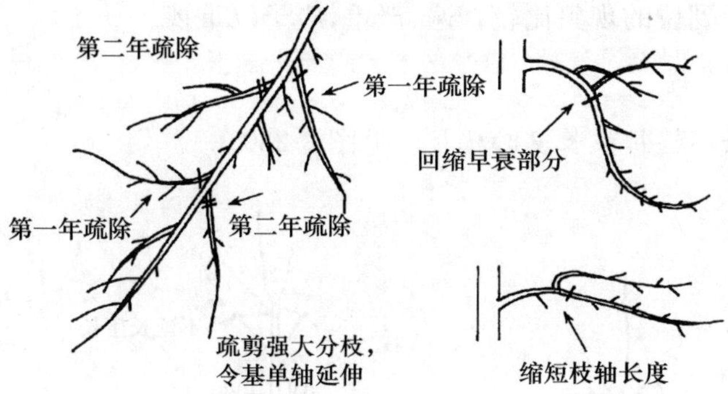

图 3-277　缩小体积

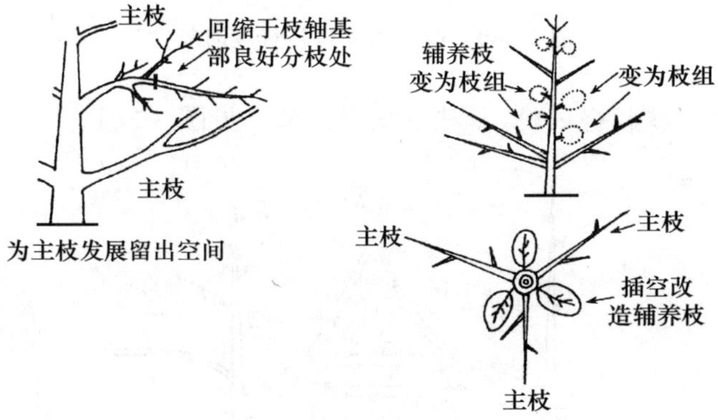

图 3-278　改造为枝组

⑤疏除辅养枝　见图 3-279。

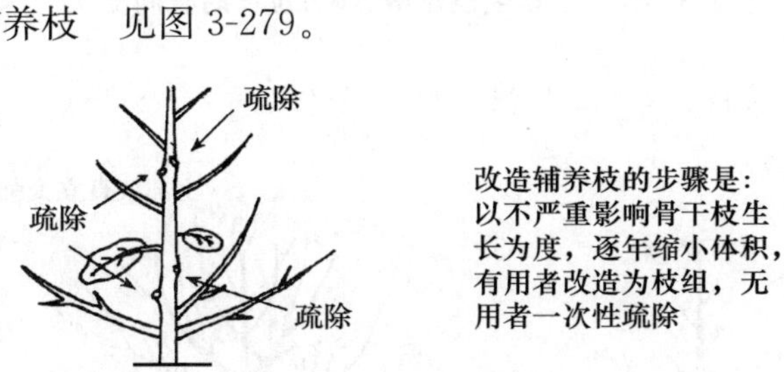

图 3-279　疏除辅养枝

(八)整形拉枝角度不到位

拉枝是促进成形、结果的重要手段。生产上虽然都认识到拉枝的重要性,但拉枝不到位的现象比较普遍、严重,应予以重视。

1. 树体表现

(1)枝条不够拉枝长度时就拉　见图3-280。

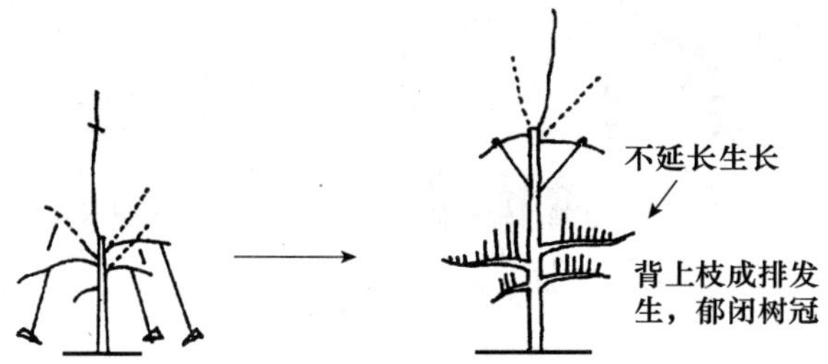

图3-280　枝条不够拉枝长度时就拉

(2)多年生枝拉得过晚,拉枝后枝间交叉　见图3-281。

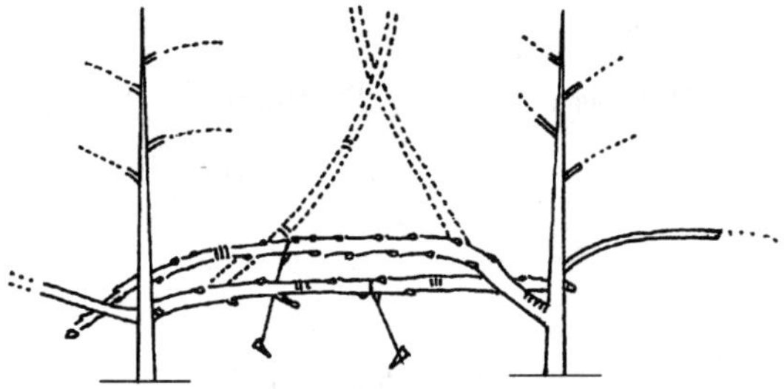

图3-281　多年生枝拉得过晚,拉枝后枝间交叉

(3)只拉下层枝,不拉上层枝　见图3-282。

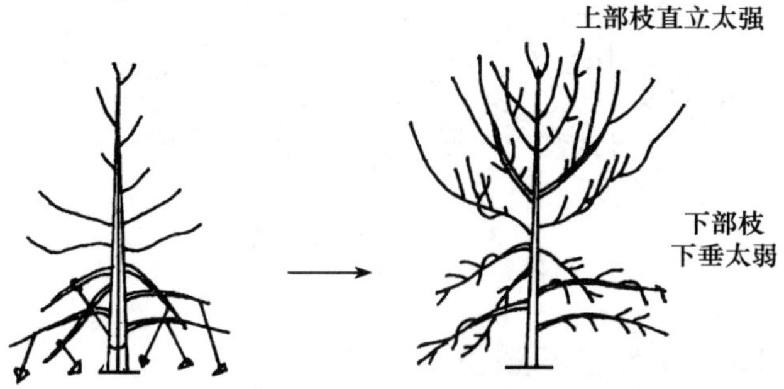

图3-282　只拉下层枝,不拉上层枝

(4)拉成弓形　朝地生长,见图 3-283。

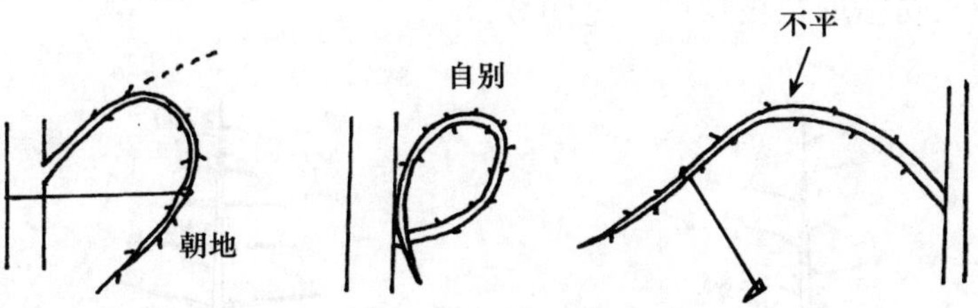

图 3-283　拉成弓形

(5)拉平后又短截　见图 3-284。

(6)全拉成一样角度　见图 3-285。

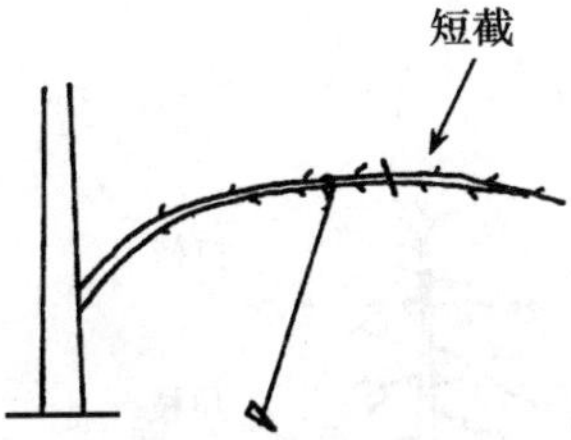

图 3-284　拉平后又短截

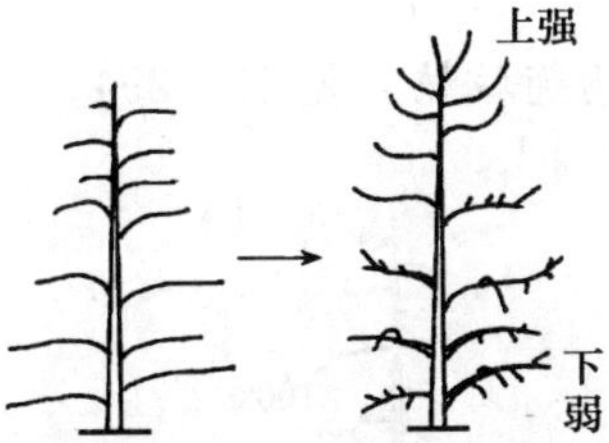

图 3-285　全拉成一样角度

2. 解决方法　拉枝要因具体情况而定,不能千篇一律。

(1)因树形要求拉枝

①主干疏层形拉枝角度　见图 3-286。

②小冠疏层形拉枝角度　见图 3-287。

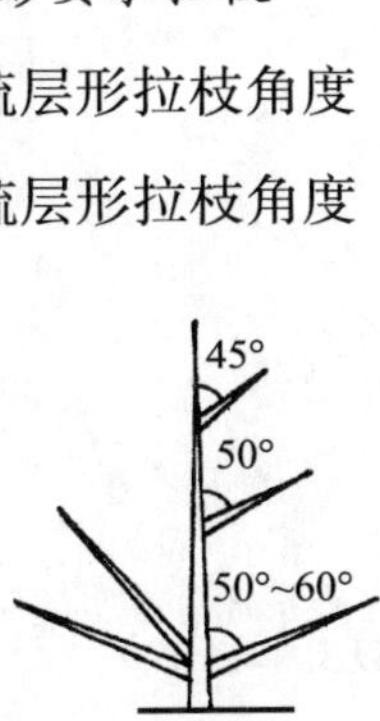

图 3-286　主干疏层形拉枝角度

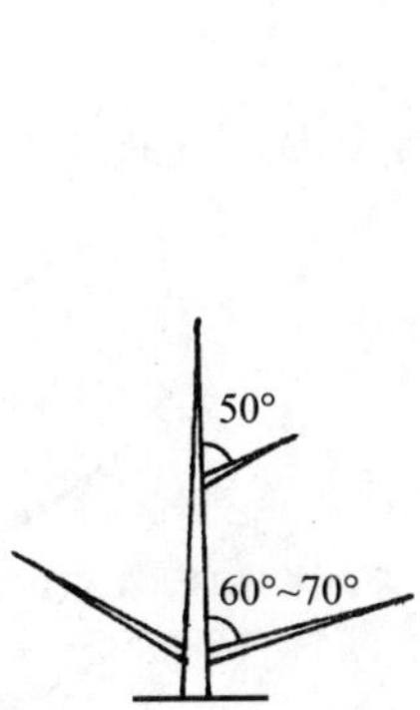

图 3-287　小冠疏层形拉枝角度

③自由纺锤形拉枝角度　见图3-288。

④细长纺锤形拉枝角度　见图3-289。

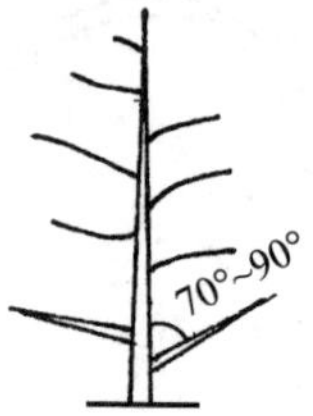

图3-288　自由纺锤形拉枝角度

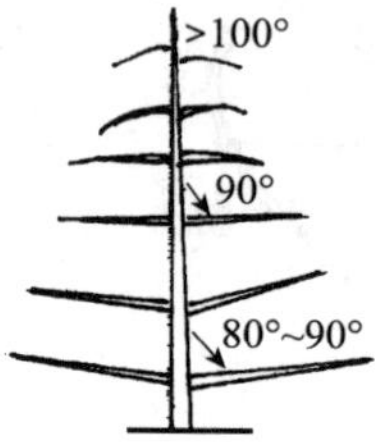

图3-289　细长纺锤形拉枝角度

⑤主干形拉枝角度　见图3-290。

(2)均衡拉枝　见图3-291。

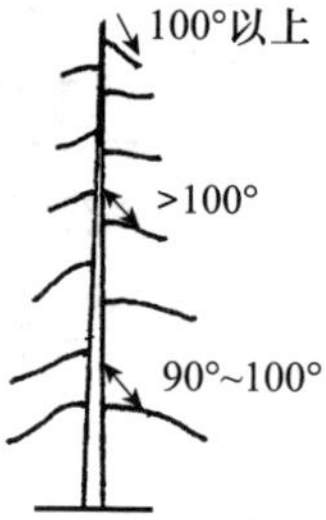

图3-290　主干形拉枝角度

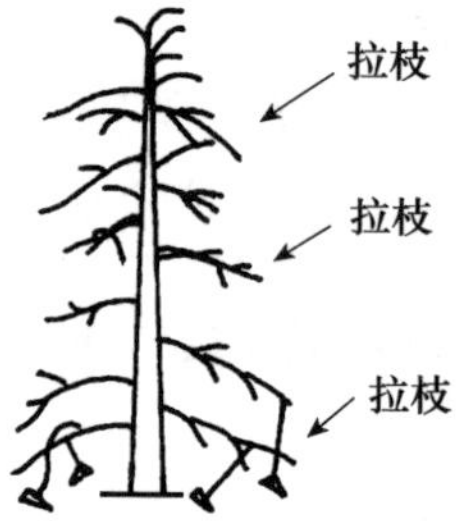

图3-291　细长纺锤形均衡拉枝

(3)够长度拉枝　见图3-292。

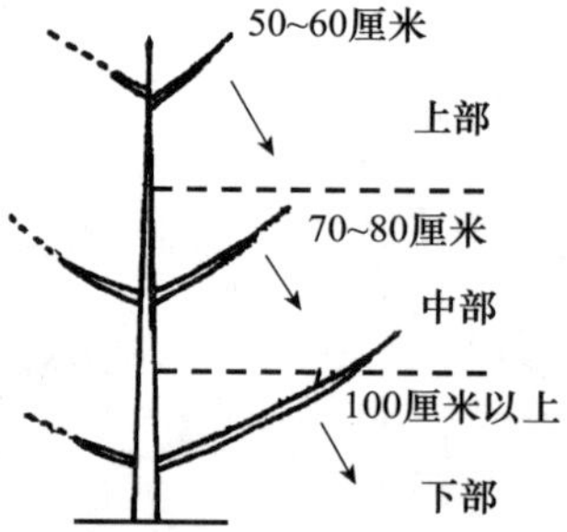

图3-292　细长纺锤形够长度拉枝

(4)拉向合适方向和空间　见图 3-293。

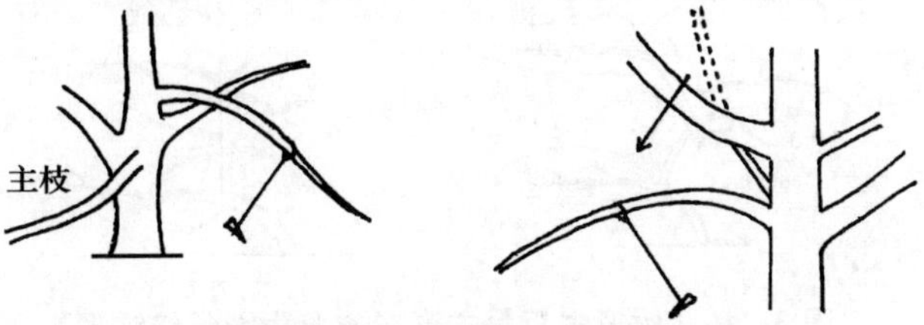

图 3-293　拉向合适方向和空间

(5)拉平或微倾(根据需要)　见图 3-294。

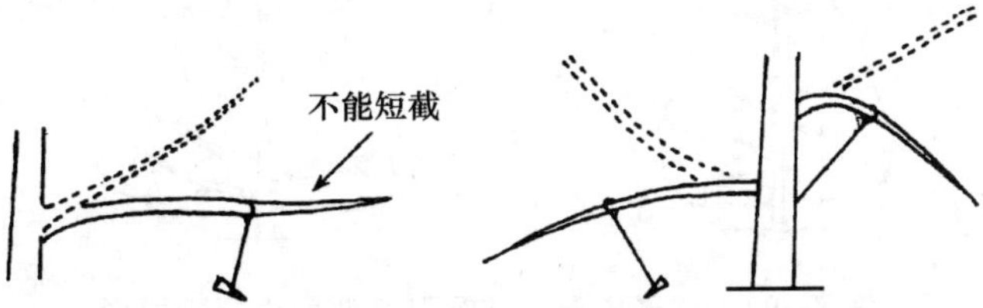

图 3-294　拉平或微倾

(九)树形随意性严重

即不严格按树形要求进行整形,所谓不伦不类,园貌不整齐。在树的早期因树冠枝量少,还可以考虑树形问题,随着树龄增大,枝量增多,修剪整形难度加大,有害枝得不到及时、有效的控制,树形难定。

1. 树体表现

(1)原定小冠疏层形,后演变为多主枝圆头形,树冠又大又密　见图 3-295。

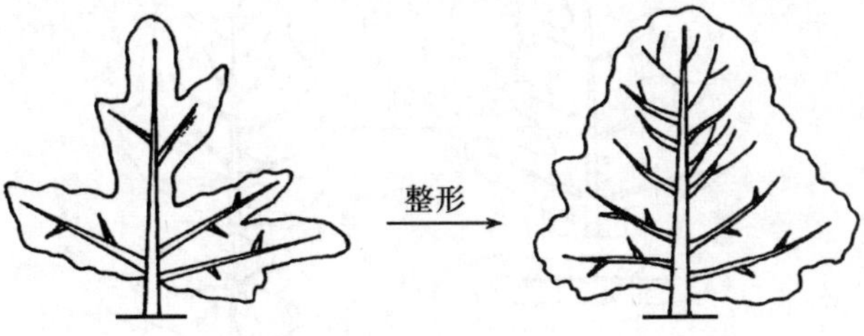

图 3-295　树体由小冠疏层形演变为多主枝圆头形

(2)原定为折叠式扇形,后演变为细长纺锤形,行间交接 见图3-296。

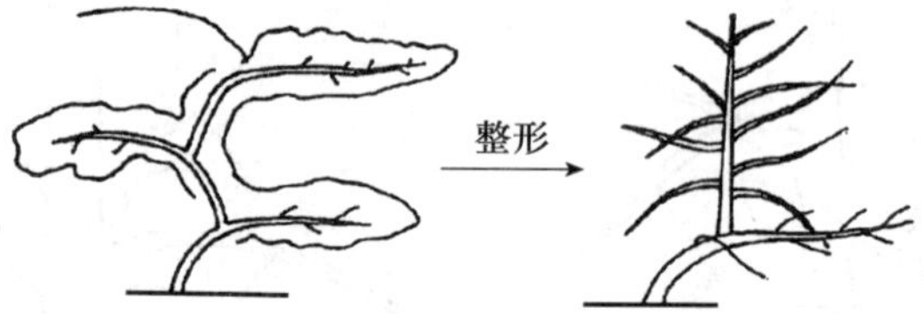

图3-296 树形由折叠式扇形演变为细长纺锤形

(3)原定为自由纺锤形,后形成小冠疏层形,树冠扩大 见图3-297。

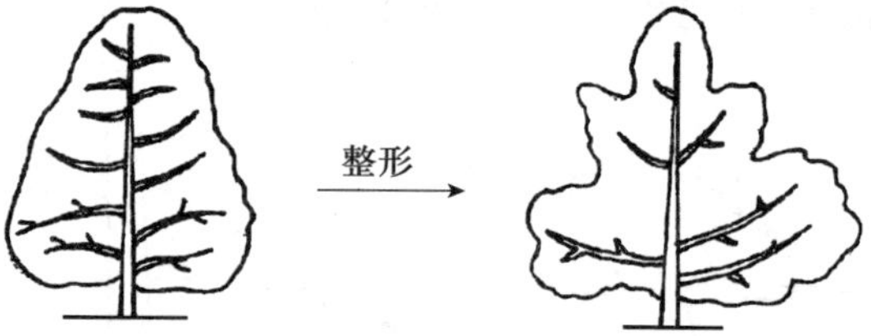

图3-297 树形由自由纺锤形演变为小冠疏层形

(4)原定为细长纺锤形,后形成改良纺锤形,树冠增大 见图3-298。

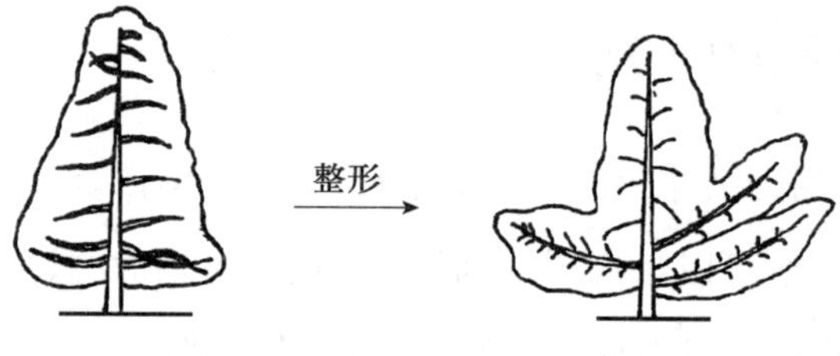

图3-298 树形由细长纺锤形演变为改良纺锤形

(5)原定为扇形(篱壁形),后形成圆锥形 见图3-299。

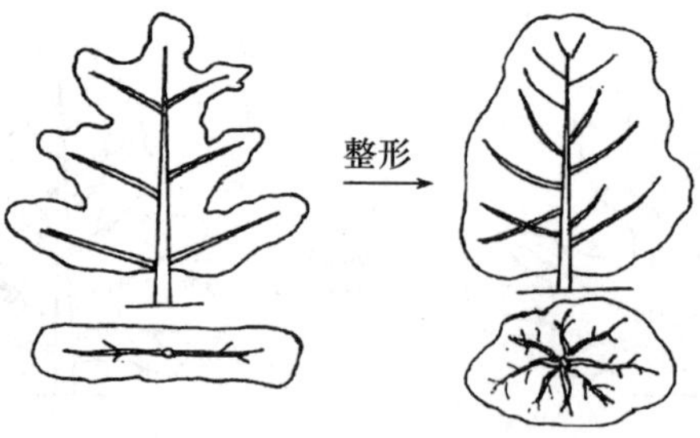

图3-299 树形由扇形(篱壁形)演变为圆锥形

2. 解决方法　如果原设计的树形是合理可行的，不要随意扩大树冠，应严格按原规定树形整成规则树形。否则，行株间会提早交接，郁闭缺光，田间操作不便，难以生产优质果品。

(1)各树形范围　见表 3-3。

表 3-3　各树形限定范围　(单位：米)

树形	树高	冠径(宽)	厚度
主干疏层形	4～5	5～6	—
小冠疏层形	3.5～4	4 左右	—
改良纺锤形	3.5～4	3.5～4	—
自由纺锤形	3～3.5	3～3.5	—
细长纺锤形	2.5～3	2 左右	—
主干形	2.5～3	1.5～2	—
折叠式扇形	2.5 左右	2～3	1～1.5
扇形	3～3.5	4 左右	2 左右

(2)各树形结构　各树形级次、骨干枝数量差别很大，应严格限定，不能随便增减。如细长纺锤形规定侧生分枝 15～20 个为合适，若增至 23～25 个就显拥挤、郁闭。各种树形骨干枝数量是国内外整形经验的总结，不应随意改动(表 3-4)。

表 3-4　各树形结构

<table>
<tr><th>树形名称</th><th>中央领导干(个)</th><th>主枝(个)</th><th>侧枝(个)</th><th>侧生分枝(个)</th><th>级次*</th></tr>
<tr><td rowspan="2">主干疏层形</td><td rowspan="2">1</td><td rowspan="2">5～7</td><td>3～4(第一层每主枝)</td><td>—</td><td>0～2</td></tr>
<tr><td>1～2(第二层每主枝)</td><td>—</td><td></td></tr>
<tr><td>小冠疏层形</td><td>1</td><td>5 左右</td><td>1～2(第一层每主枝)</td><td>—</td><td>0～2</td></tr>
<tr><td>改良纺锤形</td><td>1</td><td>3</td><td>—</td><td>—</td><td>0～1</td></tr>
<tr><td>自由纺锤表</td><td>1</td><td>10～15(小)</td><td>—</td><td>—</td><td>0～1</td></tr>
</table>

续表

树形名称	中央领导干(个)	主枝(个)	侧枝(个)	侧生分枝(个)	级次 *
细长纺锤形	1	—	—	15～20	0
主干形	1	—	—	30～40(枝组)	0
扇形	1	6	—	—	0～1
折叠式扇形	假干	5～6	—	—	0～1

* 中央领导干为0级，主枝为1级，侧枝为2级。级次越少，结构越简单，整形越容易。如细长纺锤形树形为骨干枝最少、结果枝最多的树形，因此在生产上得到了较快普及。

(3)控制主枝、侧生分枝伸展长度　详细方法如下。

①转头换头　见图3-300。

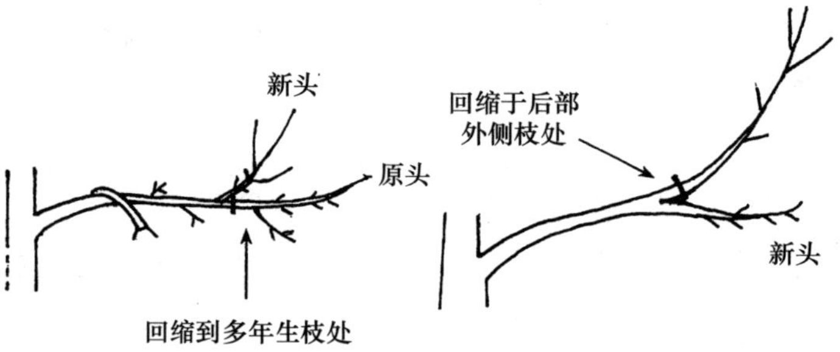

图3-300　转头换头

②长放、拉平　见图3-301。

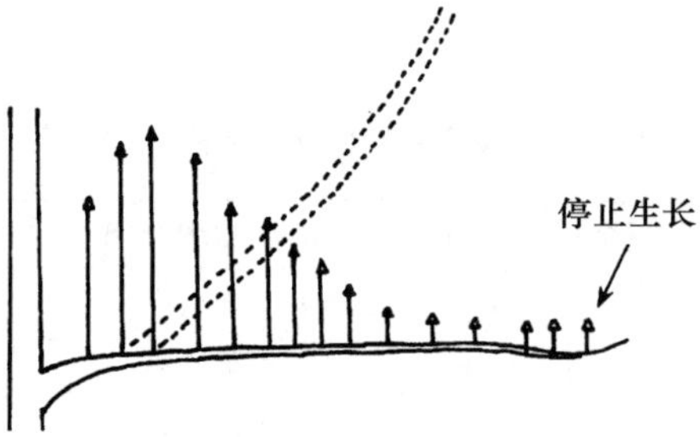

图3-301　长放、拉平

③疏枝　见图3-302。

④令延长头缓放结果　见图3-303。当冠间距不大时，应对延长头停止短截，缓放、增枝、促花、结果。结果后，视生长势等情况酌情回缩，以缩短枝

轴长度。

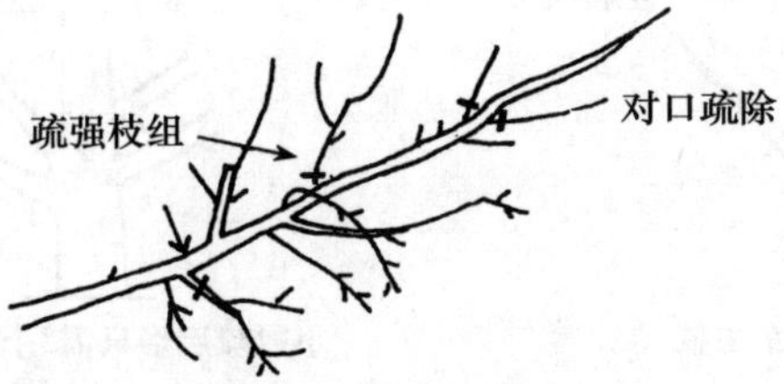

图 3-302　疏枝

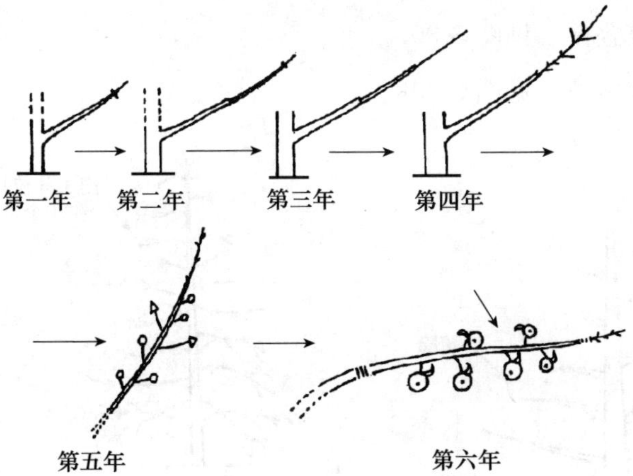

图 3-303　令延长头缓放结果

⑤用预备枝代替原头　见图 3-304。

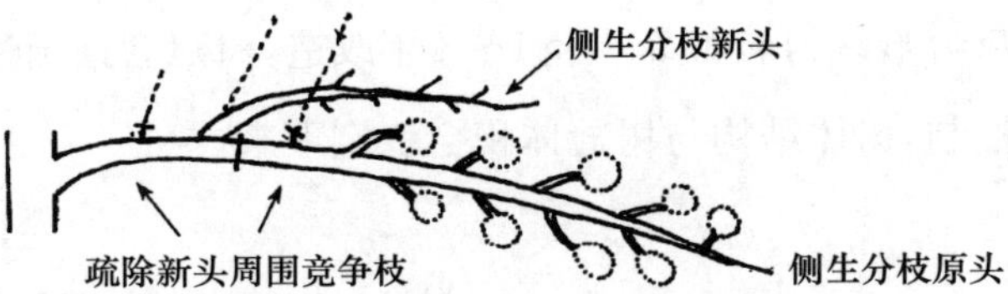

图 3-304　用预备枝代替原头

(4)疏除多留的骨干枝

①疏除竞争性枝　见图 3-305。

②疏除密生枝　见图 3-306。

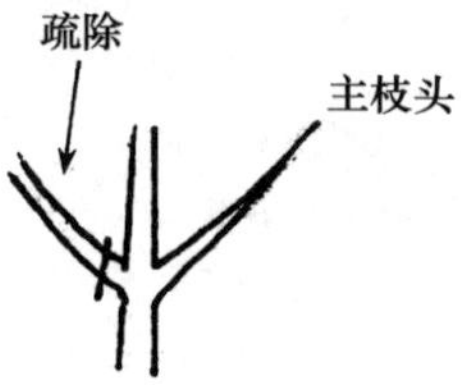

图 3-305　疏除竞争性枝

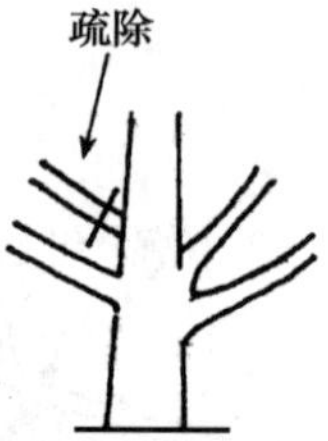

图 3-306　疏除密生枝

③疏除重叠枝　见图 3-307。

④疏除超标枝　见图 3-308。

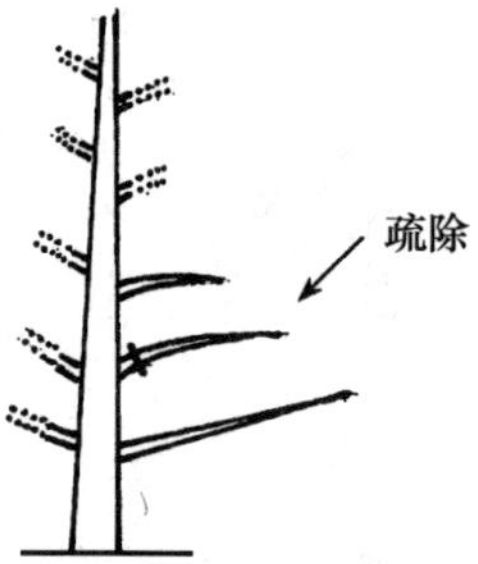

图 3-307　疏除重叠枝

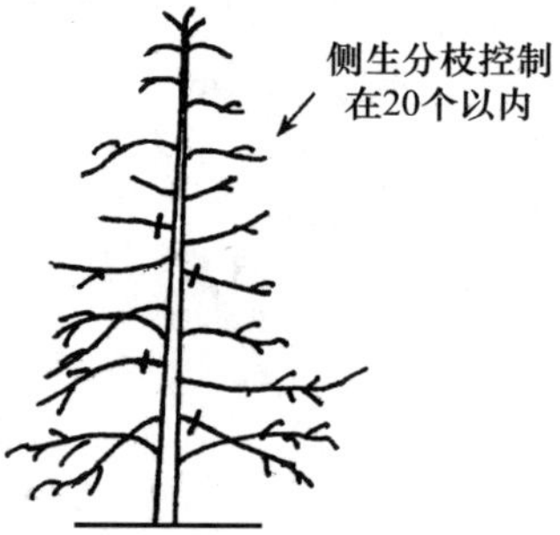

图 3-308　疏除超标枝

(5)恢复原树形结构和轮廓　经 1～3 年改造,树冠会逐渐恢复到设计树形,再经适当控制,树体结构与树冠体积会稳定下来。

第 四 章
树冠调控方法

果树栽后，树冠迅速扩大，尤其在幼树期，树冠体积成倍增长，但果树的营养面积有限，在适当的时期，应对树冠加以适当控制，否则，难以取得栽培的成功，甚至会降低产量、品质和效益。

一、树冠参数

树冠要通风透光，参数应达到下列要求。

第一，树冠东西两侧每天接受直射光 3 小时以上，见图 4-1。

第二，自然光照率在树冠各区域分布合理，见图 4-2。

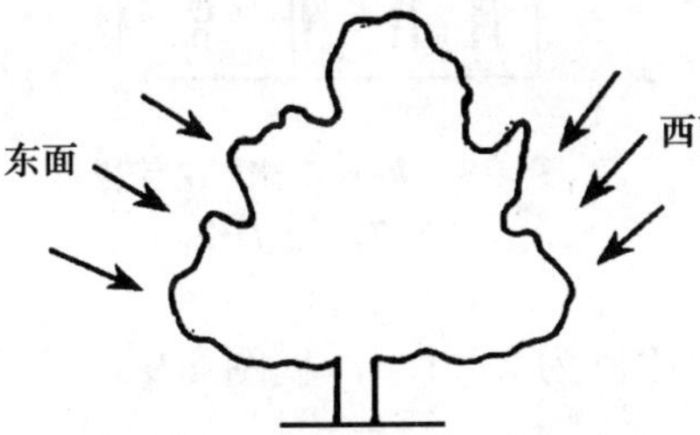

图 4-1 树冠东西两侧每天接受直射光 3 小时以上

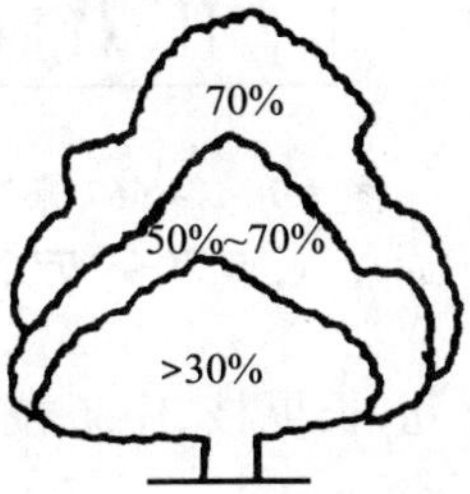

图 4-2 自然光照率在树冠各区域分布合理

第三，树冠透光率 30％以上，见图 4-3。

第四，叶面积系数 3～5，见图 4-4。

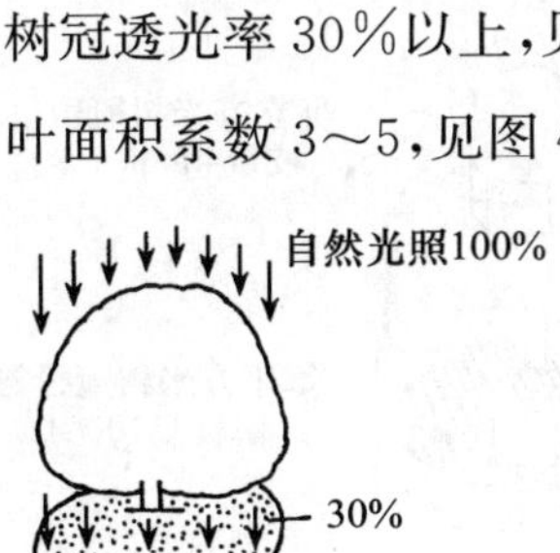

图 4-3 树冠透光率 30％以上

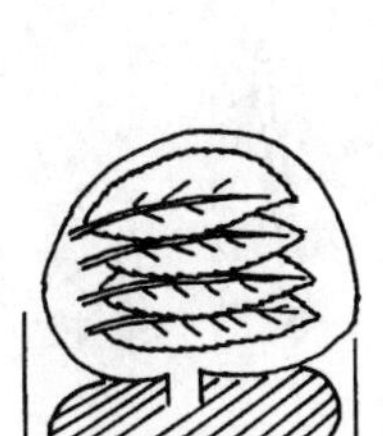

图 4-4 叶面积系数 3～5

第五，枝、叶覆盖率60%～80%，见图4-5。

第六，树冠体积合理，每667米^{2}树冠体积1 200～1 500米^3，见图4-6。

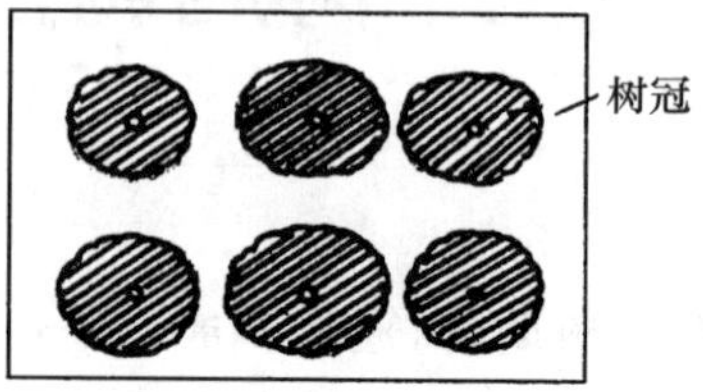

图4-5 枝、叶覆盖率60%～80%

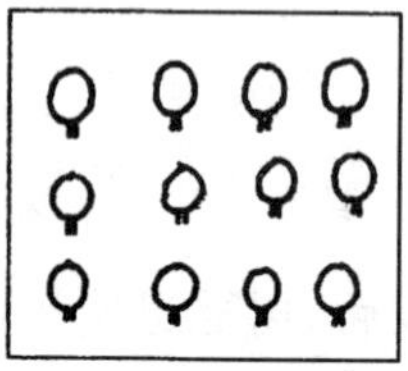

图4-6 每667米^{2}树冠体积1 200～1 500米^3

第七，每667米^{2}枝芽量5万～9万个，见图4-7。

第八，每667米^{2}花芽量1.2万～2万个，见图4-8。

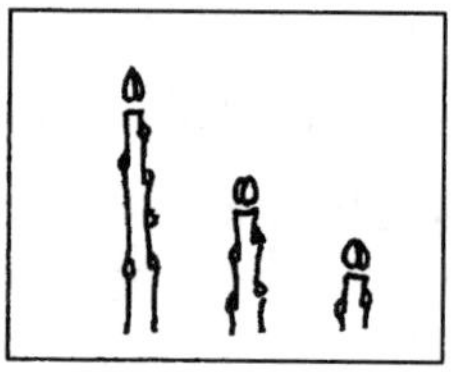

图4-7 每667米^{2}枝芽量5万～9万个

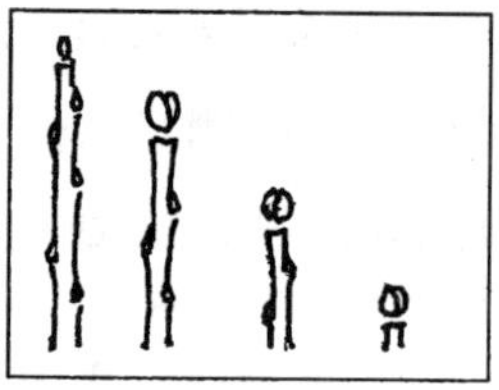

图4-8 每667米^{2}花芽量1.2万～2万个

第九，长果枝、中果枝和短果枝的比例为2∶1∶7，见图4-9。

第十，留枝量合理，每立方米树冠留枝量40～60个，每平方米树冠投影面积留枝量100～160个，见图4-10。

图4-9 长果枝、中果枝和短果枝的比例为2∶1∶7

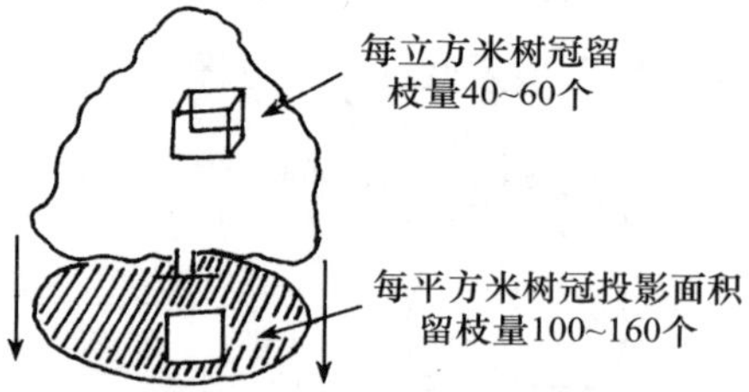

图4-10 留枝量合理

二、以果压冠

(一)不同栽植密度始果年限不同

见图 4-11。

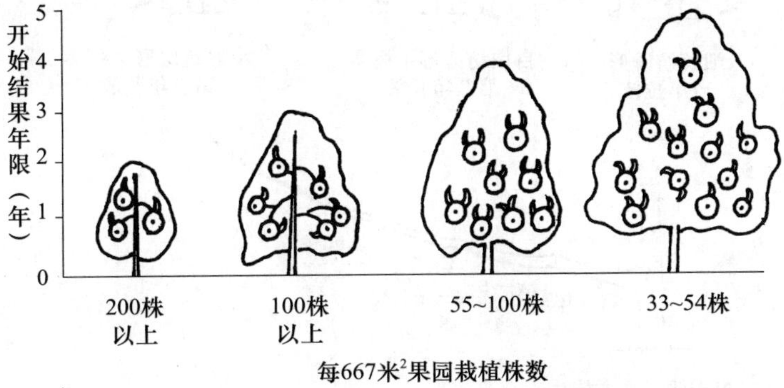

图 4-11 不同栽植密度始果年限不同

(二)促花早结果

1. 旺树、旺枝环剥、环割 操作时间为 5 月下旬至 6 月中旬,见图 4-12。

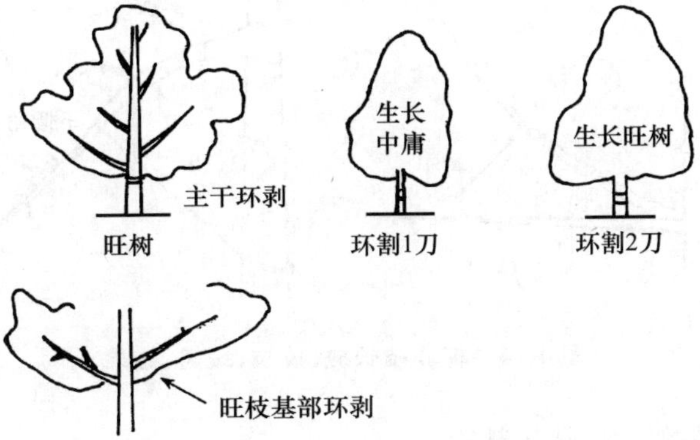

图 4-12 旺树、旺枝环剥、环割

2. 长放拉枝

(1)延长头　见图4-13。

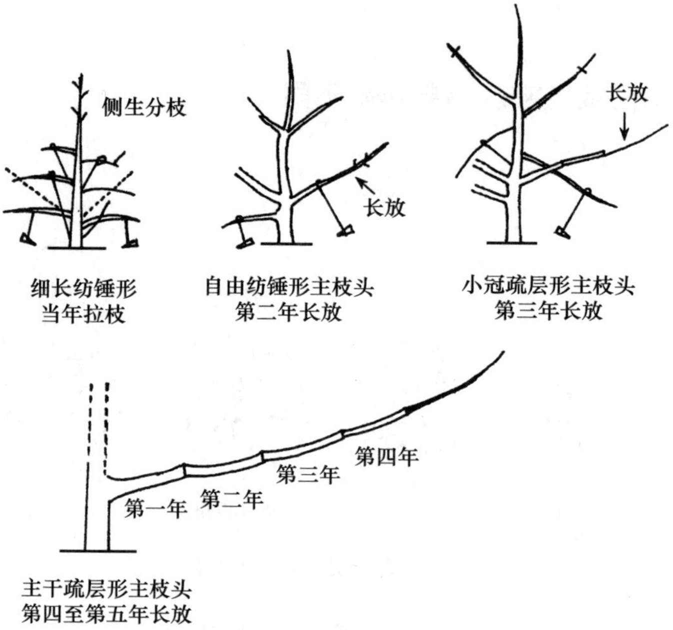

图4-13　主枝头长放

(2)辅养枝长放、拉枝、缓势、结果　见图4-14。

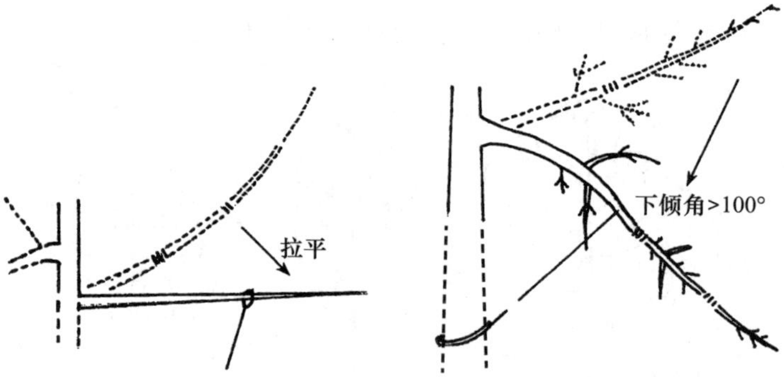

图4-14　辅养枝长放、拉枝、缓势、结果

3. 喷布植物生长调节剂

(1)花前7～10天喷PBO　可提高坐果率,见图4-15。

图 4-15　花前喷植物生长调节剂

(2)花芽分化前喷 PBO　可促进成花。

①中部果区 5 月下旬喷　见图 4-16。

②北部果区 6 月上中旬喷　见图 4-16。

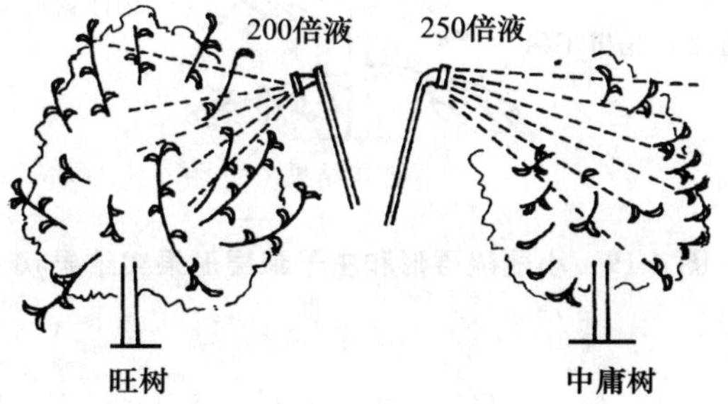

图 4-16　花芽分化前喷植物生长调节剂

4. 果实结果状

(1)细长纺锤形　见图 4-17。

(2)自由纺锤形　见图 4-18。

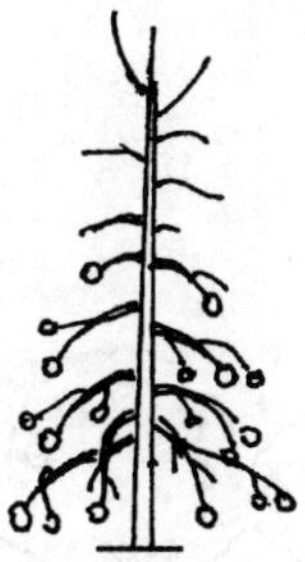

图 4-17　细长纺锤形果实结果状

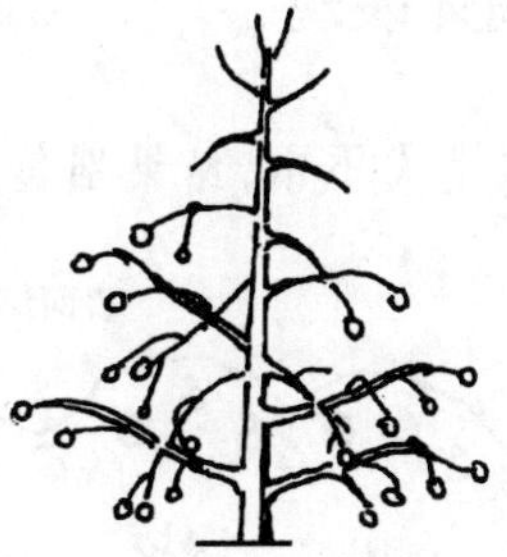

图 4-18　自由纺锤形果实结果状

(3)小冠疏层形果实结果状　见图4-19。

(4)主干疏层形果实结果状　见图4-19。

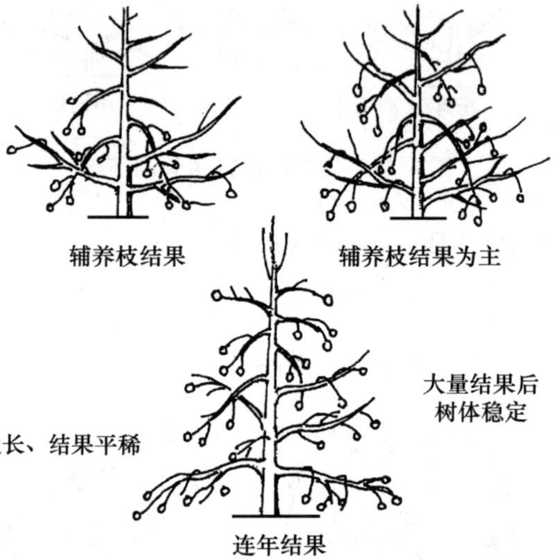

图4-19　小冠疏层形和主干疏层形果实结果状

三、控制树冠上强、上大

在很多果区，由于技术上的失误，树冠多表现为上强、上大现象，对保持树冠通风透光、树体均衡结果十分不利。

(一)树体表现

1. 树冠上大下小，结果部位上移　见图4-20。

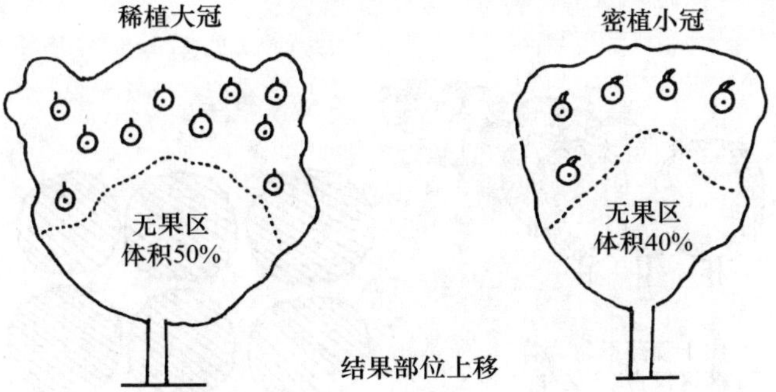

图 4-20　树冠上大下小，结果部位上移

2. 产量降低，果品质量不高　见图 4-21。

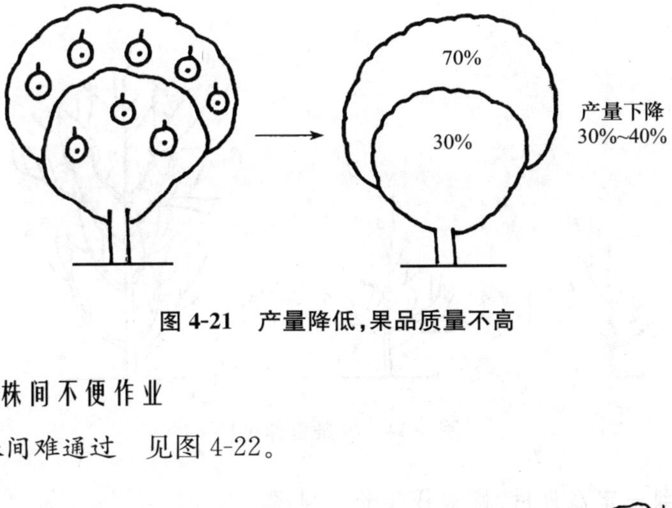

图 4-21　产量降低，果品质量不高

3. 行株间不便作业

(1)株间难通过　见图 4-22。

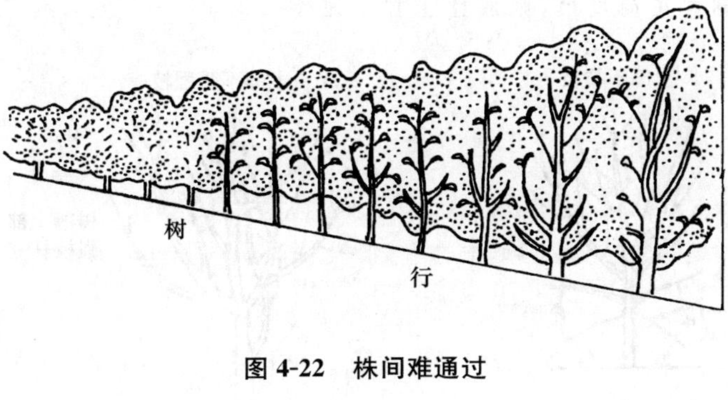

图 4-22　株间难通过

(2)行间难喷药　见图4-23。

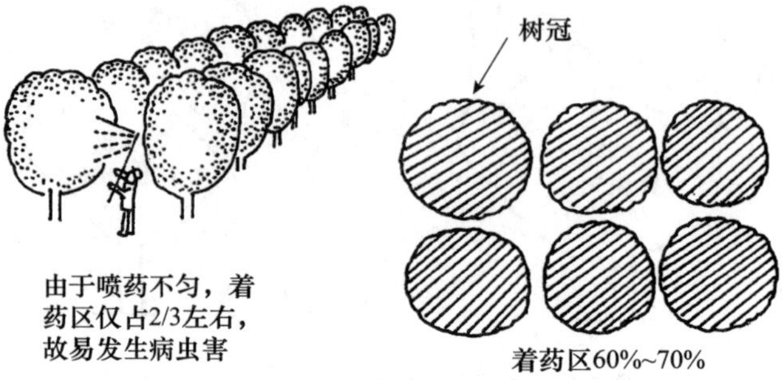

图4-23　行间难喷药

4. 连年短截，枝条旺长，延伸过快　见图4-24。

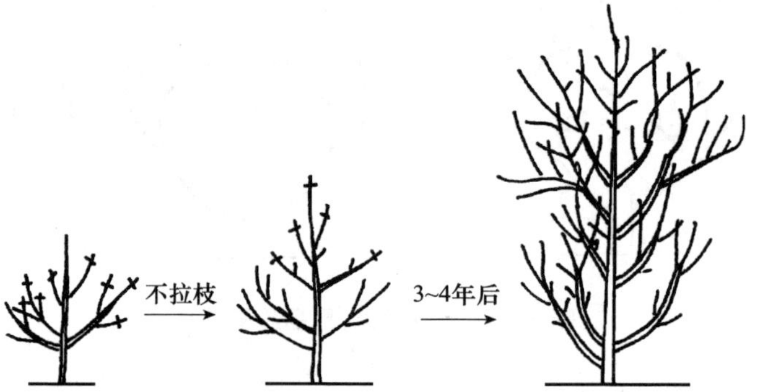

图4-24　枝条延伸过快

5. 达到一定高度后，则放任生长　见图4-25。

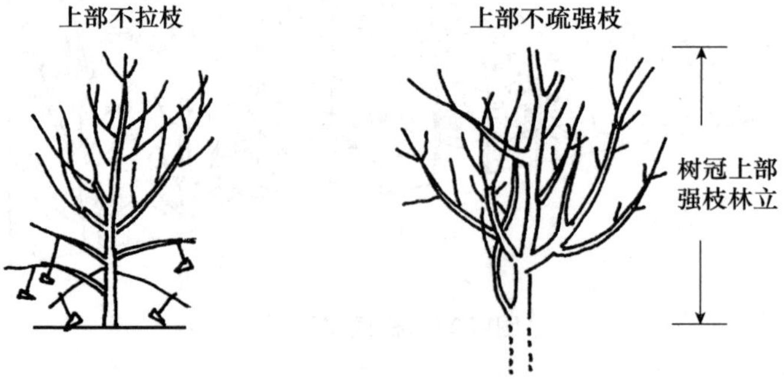

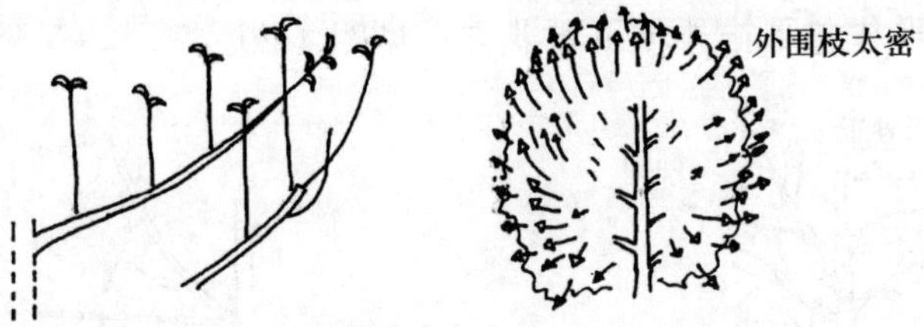

图 4-25　放任生长

(二)解决方法

1. 疏除部分强大分枝(骨干枝外)　以此“打开窗户”,通透阳光,见图 4-26。

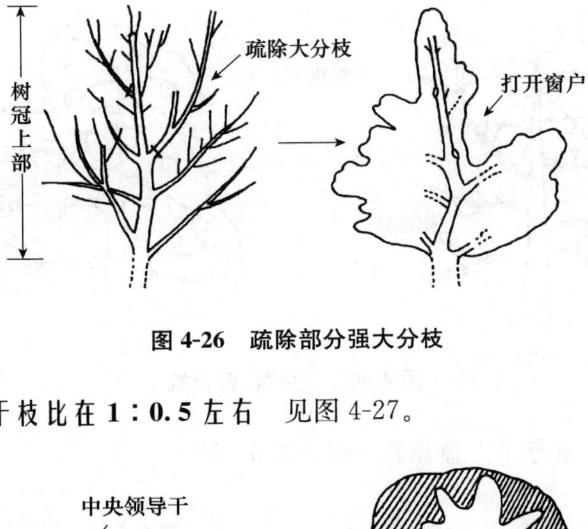

图 4-26　疏除部分强大分枝

2. 保持干枝比在 1∶0.5 左右　见图 4-27。

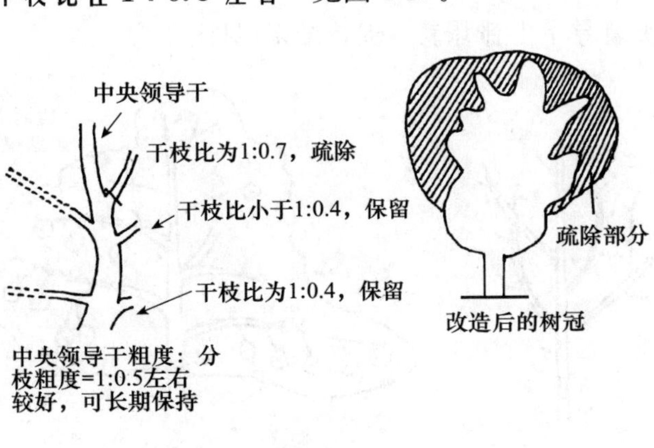

图 4-27　保持干枝比在 1∶0.5 左右

3. 大枝回缩于良好分枝处 见图 4-28。

4. 将有用枝拉平或处于下倾状态 见图 4-29。

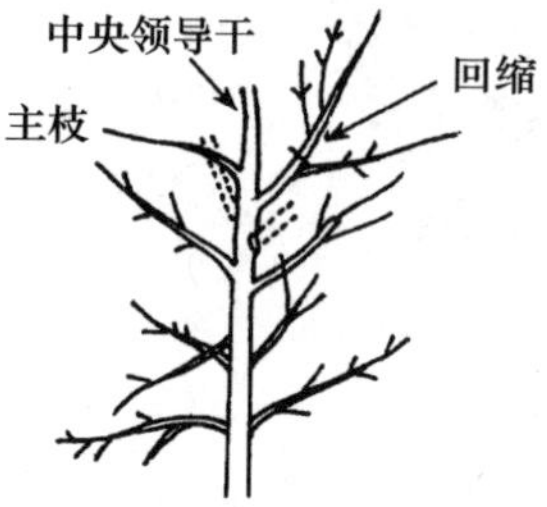

图 4-28 大枝回缩于良好分枝处

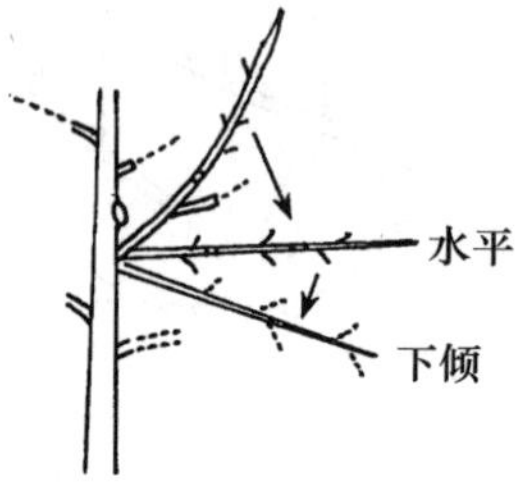

图 4-29 将有用枝拉平或处于下倾状态

5. 少短截,多长放 见图 4-30。

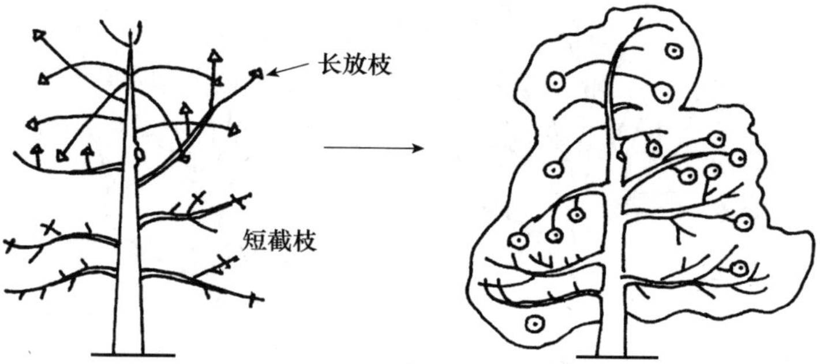

图 4-30 少短截,多长放

6. 在中央领导干上部环剥 促花结果,见图 4-31。

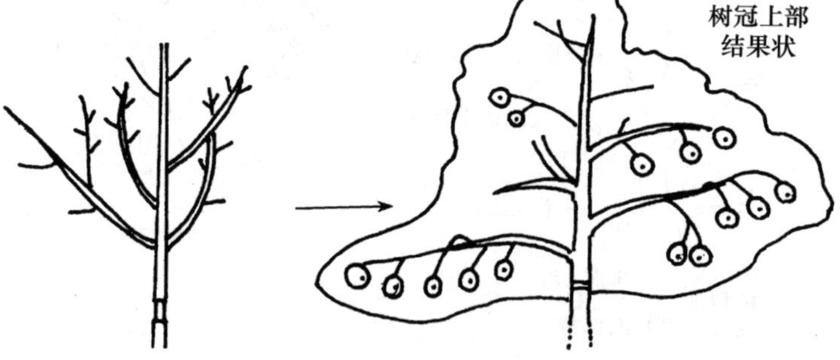

图 4-31 在中央领导干上部环剥

7. 必要时落头开心 见图4-32。

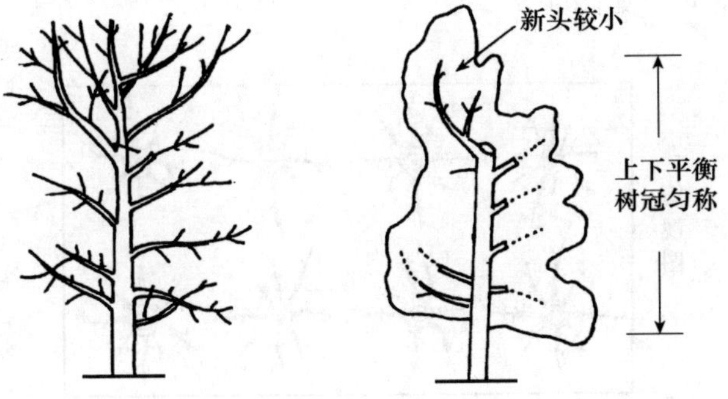

图 4-32 落头开心

8. 待新头结果稳定后缩小其体积 见图4-33。

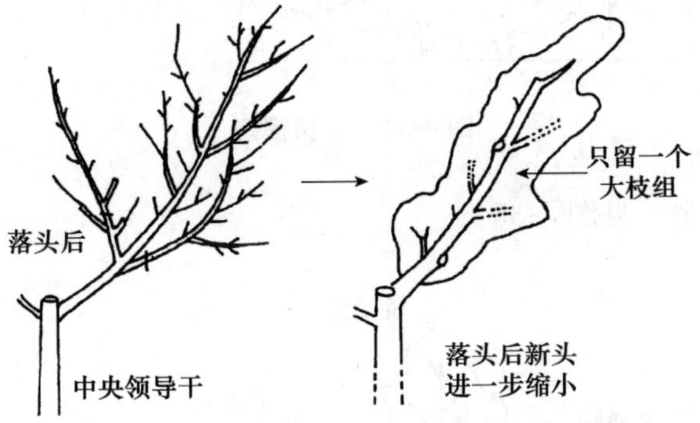

图 4-33 新头结果稳定后缩小其体积

四、控制大枝

控制大枝即控制多留的骨干枝、辅养枝、大枝组。

(一)去除大枝的原则

对于该去除的大枝,应按照"去长留短、去大留小、去粗留细、去低留高、去密留稀"的"五去五留"法,将多余的大枝分批、分期地予以疏除。一般2～3年可基本解决大枝问题。

1. 去长留短　见图4-34。

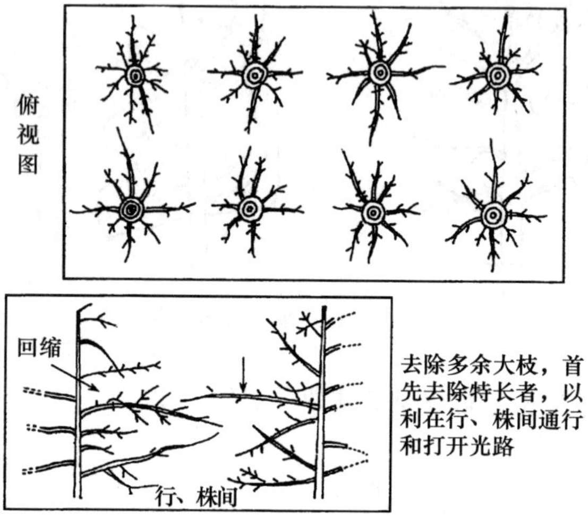

图4-34　去长留短

2. 去大留小　见图4-35。

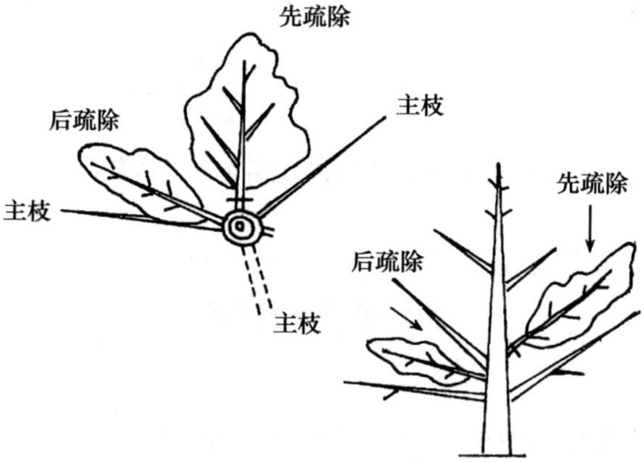

图4-35　去大留小

3. 去粗留细　为保持中央领导干的比较优势，先去除与它有竞争趋势的多余大枝，使留下来的枝与中央领导干粗度比达0.5～0.6∶1(图4-36)。

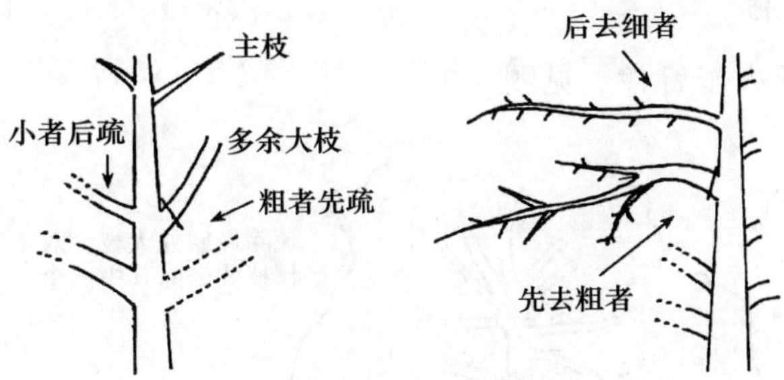

图 4-36　去粗留细

4. 去低留高

(1)分年度去除低位枝　见图 4-37。

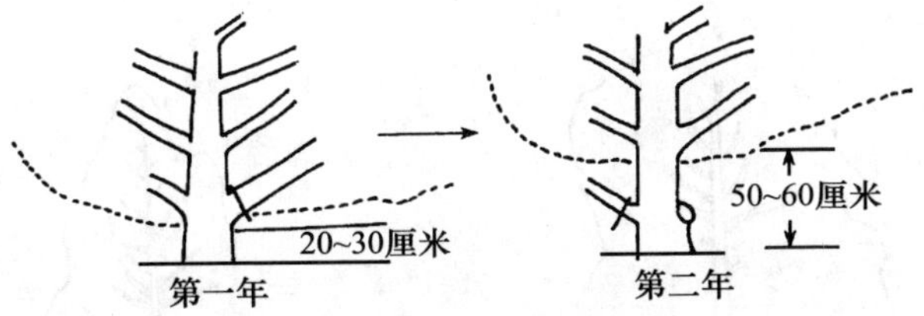

图 4-37　分年度去除低位枝

(2)一次性去除低位枝　见图 4-38。

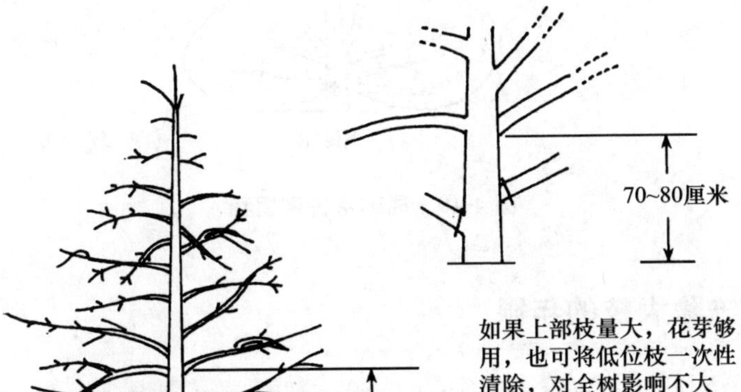

图 4-38　一次性去除低位枝

5. 去密留稀

(1)全树密去密留稀　见图 4-39。

图 4-39　全树密去密留稀

(2)局部密去密留稀　见图 4-40。

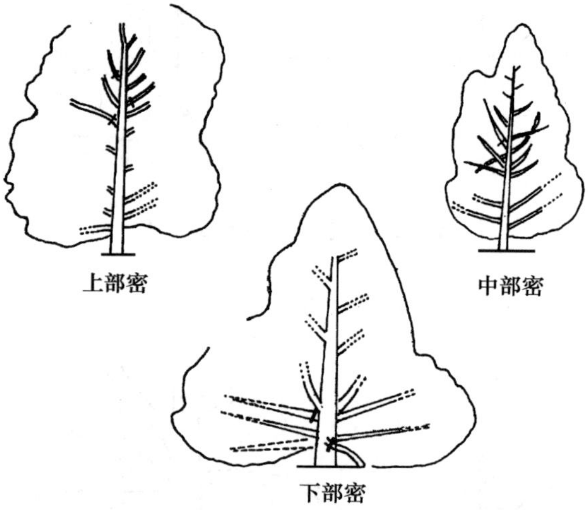

图 4-40　局部密去密留稀

(二)去除大枝的年限

一般去除大枝应在 3 年内完成。第一年的去除量是总去除量的 60%，第二年为 30%，第三年为 10%。值得注意的是，第一年必须是大年，这样疏除大枝多时，不会减产太多。

1. 第一年与第二年大枝疏除情况 见图 4-41。第一年选大年树，花芽多，疏除多余大枝后，不会影响多少产量。第二年疏除 30%左右。

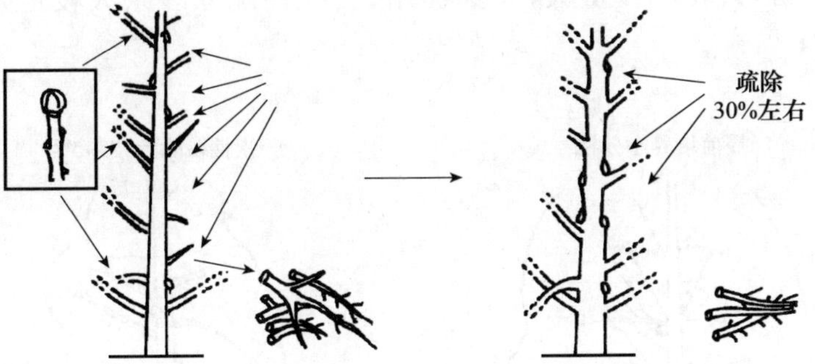

图 4-41 第一年与第二年大枝疏除情况

2. 第三年大枝疏除情况 见图 4-42。收尾，再疏除 10%，全树上下通风透光，各部平衡，树形标准。

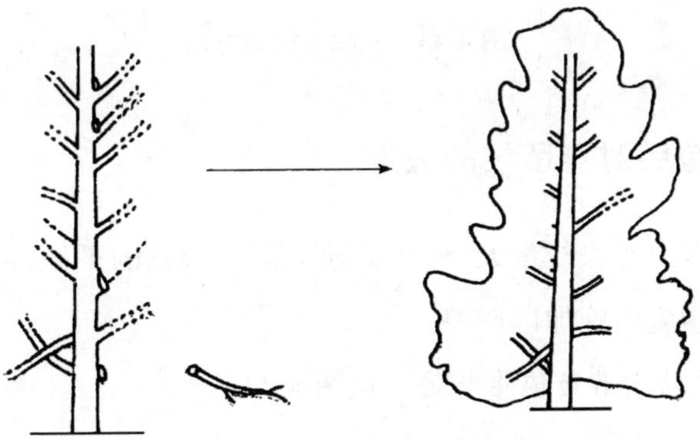

图 4-42 第三年大枝疏除情况

(三)去除大枝的方法

1. 逐年去除法 即分 3 年，逐年去除基部大枝、上部强大枝和部分不明显影响树势和产量的侧枝，每年去除 2～3 个或 4～5 个，一般 3 年完成。这种方法适用于强树(图 4-43)。

2. 一次性去除法 为了在去除大枝后不会造成严重减产，应在去大枝前的几年里，注意在中央领导干上多留较小的侧生枝或各类枝组。在花芽多的年份，只要小枝量大，花芽够用，一次性疏除多余大枝也是可以的（图4-43）。

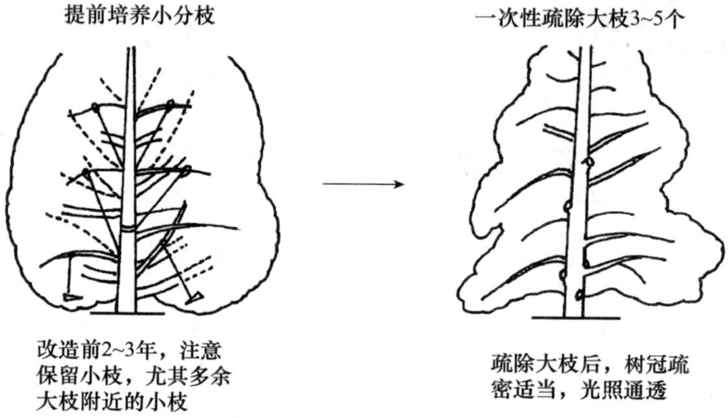

图4-43 去除大枝的方法

(四)改造后对存留枝的处理

被改造树，由于去枝量大，破坏了地上部与根系的平衡，树势容易返旺，因此，要采取相应措施加以调控。

1. 用拉枝法调节枝的生长势 见图4-44。

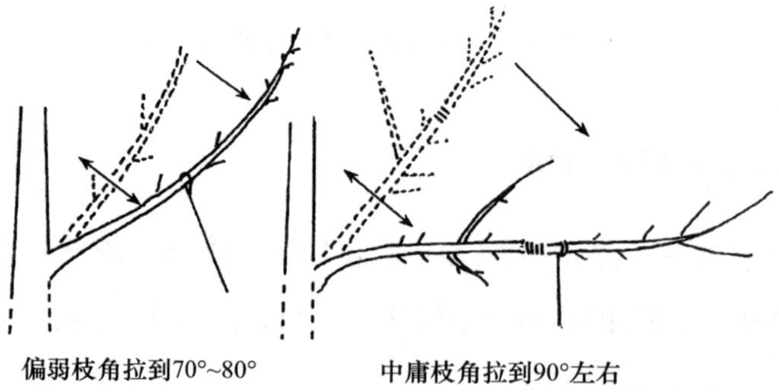

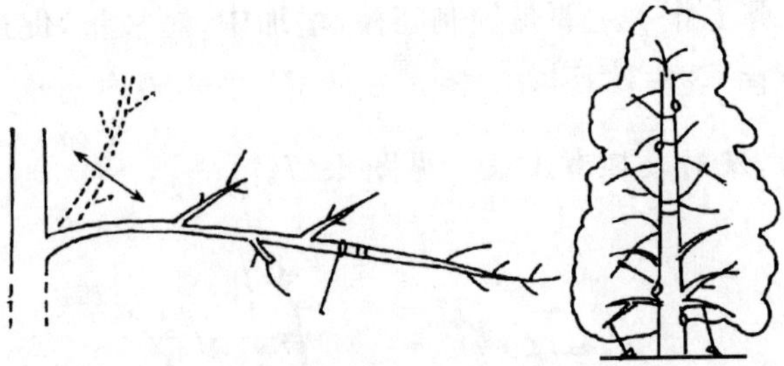

图 4-44　用拉枝法调节枝的生长势

2. 喷布植物生长调节剂　为促进成花和获得优质果实，分别于 5 月下旬至 6 月中旬和 8 月下旬喷布 PBO 300 倍液和 250 倍液。需要注意的是，PBO 只喷强旺树和中庸树(图 4-45)，弱树喷 400 倍液。此外，PBO 不能与碱性农药混喷。盛果期树每 667 $米^2$ 需用药量 0.75～4 千克。

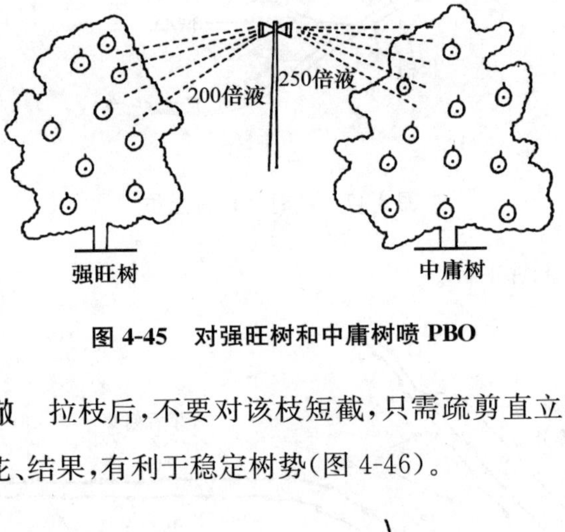

图 4-45　对强旺树和中庸树喷 PBO

3. 轻剪长放　拉枝后，不要对该枝短截，只需疏剪直立枝和密生枝，以缓势促短枝成花、结果，有利于稳定树势(图 4-46)。

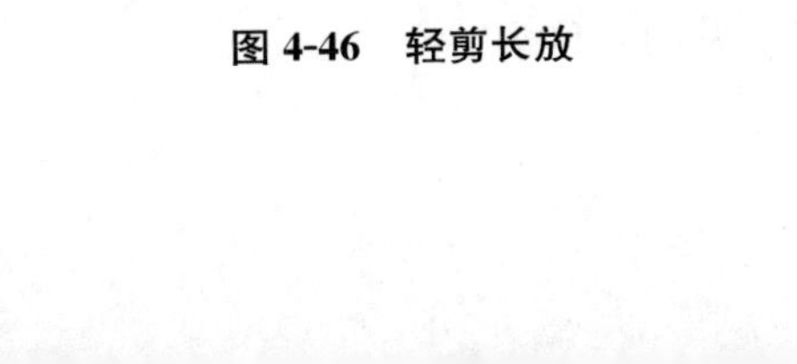

图 4-46　轻剪长放

4. 做好夏剪工作 主要是控制旺枝，增加中、短枝量，促进成花，改善光照，提高果实品质。

(1)拉枝后，及时处理背上枝 见图4-47。

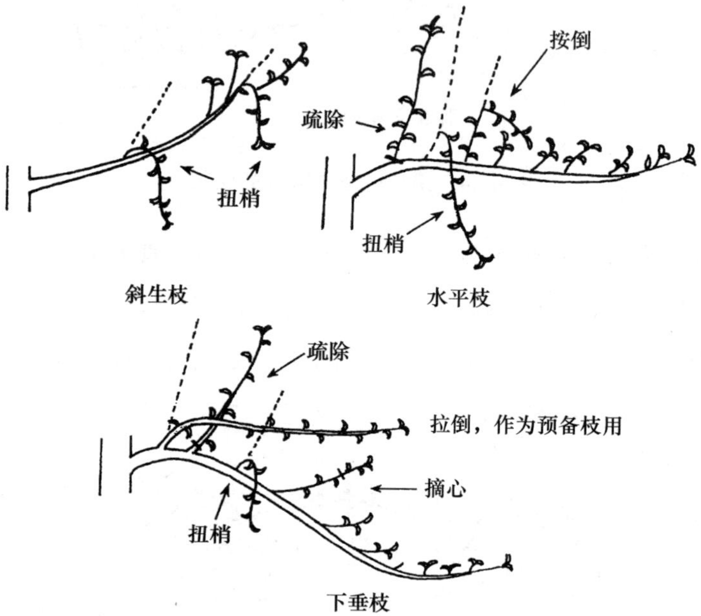

图4-47 及时处理背上枝

(2)刻芽 见图4-48。

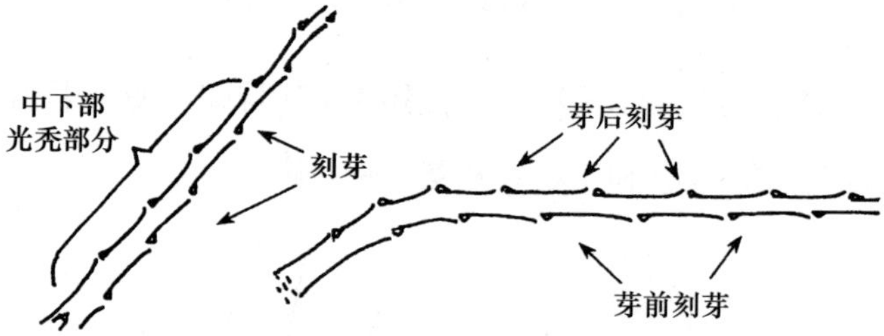

图4-48 刻芽

(3)环剥、环割 见图4-49。

(4)留好预备梢 见图4-50。

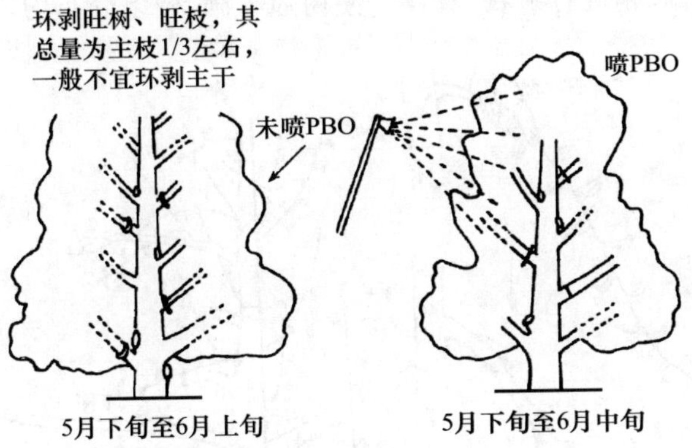

图 4-49　环剥、环割

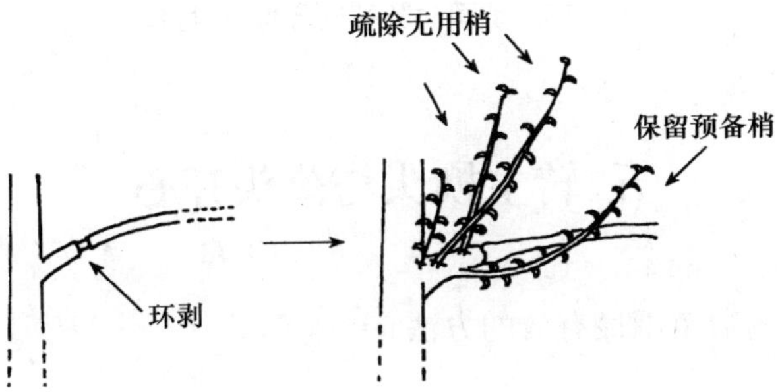

图 4-50　留好预备梢

(5)伤口新梢管理　保留 1～2 枝新梢，有利于伤口愈合和培养预备枝(图 4-51)。这一点很重要，但许多果园还不善于应用此法，去更新老粗长主枝。

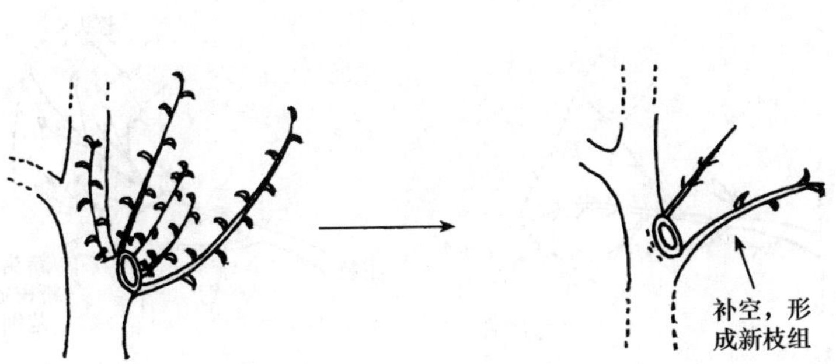

图 4-51　伤口新梢管理

(6)秋季对长梢进行捋枝、拉枝　使树冠丰满,枝条分布均匀。见图4-52。

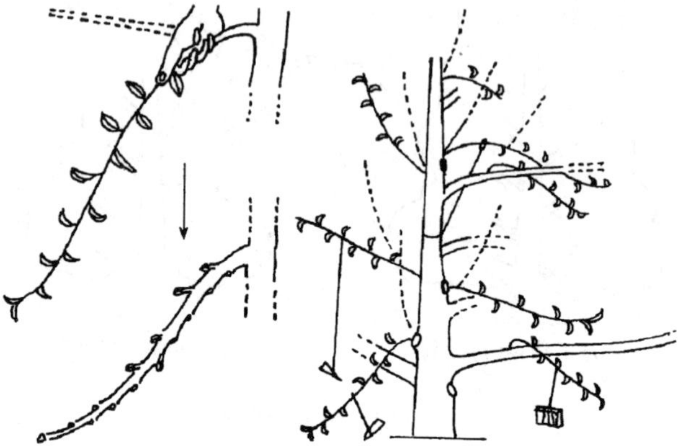

图4-52　秋季对长梢进行捋枝、拉枝

五、转主换头与落头开心

这是控制树冠范围最有效的方法。

(一)转主换头

1. 提高枝头势力　见图4-53。

2. 削弱枝头势力　见图4-54。

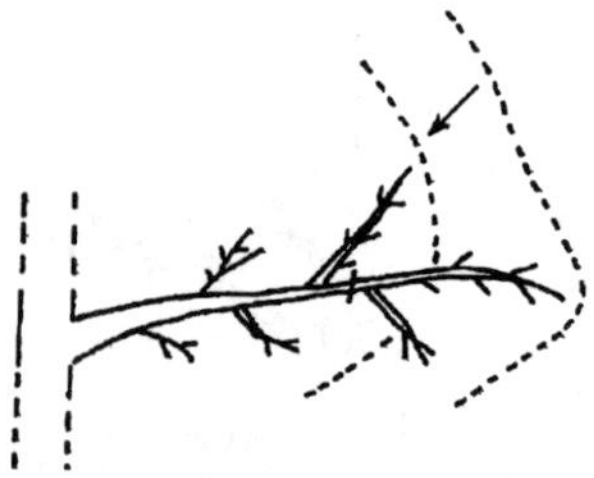

图4-53　提高枝头势力

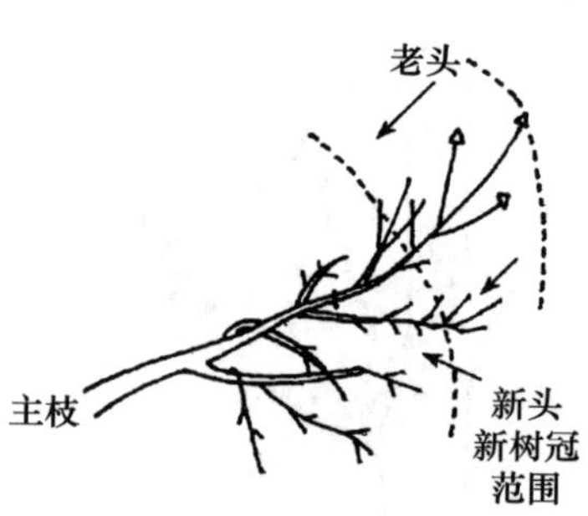

图4-54　削弱枝头势力

3. 培养换头枝　适时换头,见图 4-55。

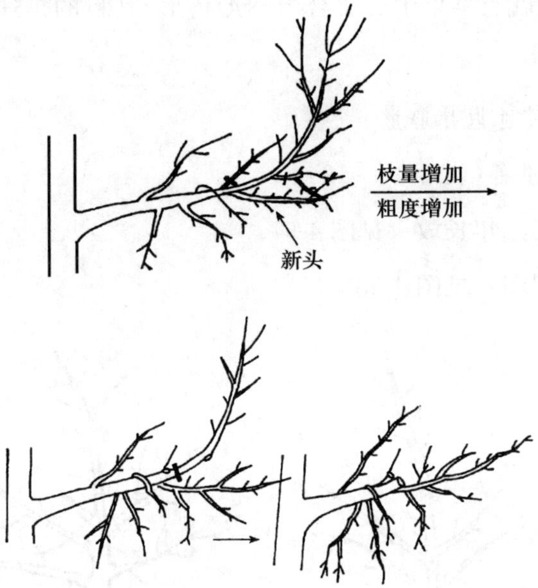

图 4-55　培养换头枝

4. 补空换头　见图 4-56。

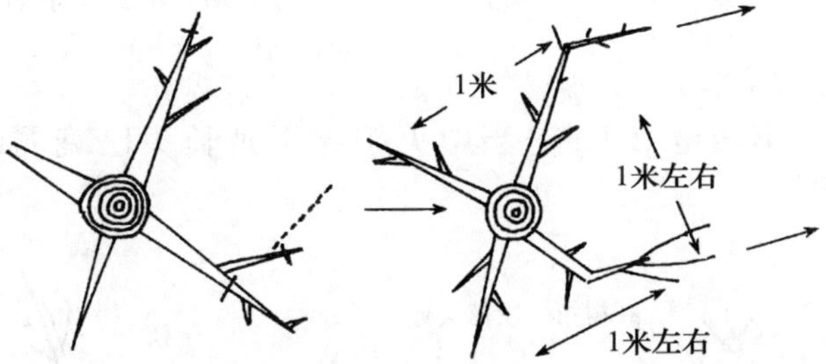

图 4-56　补空换头

(二)落头开心

随着市场对苹果品质要求的不断提升,生产已从数量效益型向质量效益型转变,树形也随之而变。有人提出高光效树形,即将主干疏层形、小冠疏层形等有强大中干的树形改为大开心形(如桃树自然开心形)。日本早在20世纪70年代就有苹果中心总合半圆形树形,其目的是适当降低产量,追求高质、高效。

1. 主干疏层延迟开心形

(1)落头前准备(栽后10～12年)

①第一至第二年长放　见图4-57。

②第三年削弱　见图4-58。

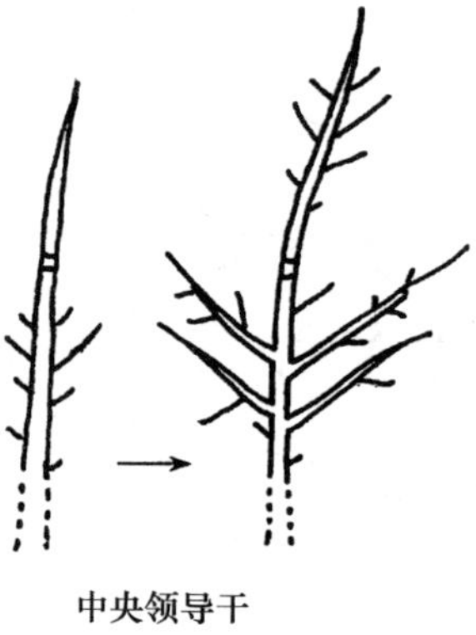

图4-57　第一至第二年长放

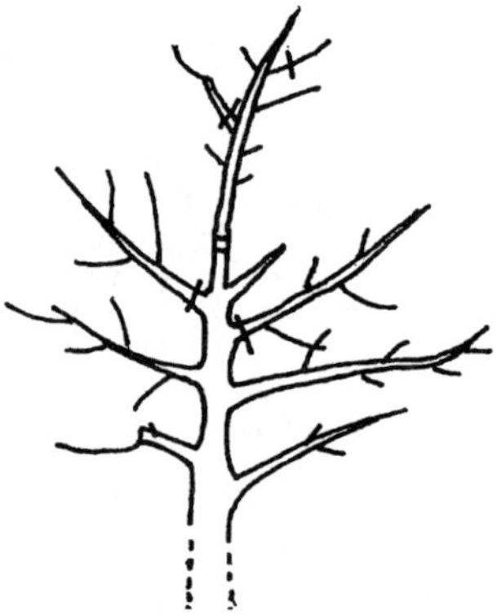

图4-58　第三年削弱

(2)落头　第四至第五年,当中央领导干延长头已衰弱时,进行落头(图4-59)。

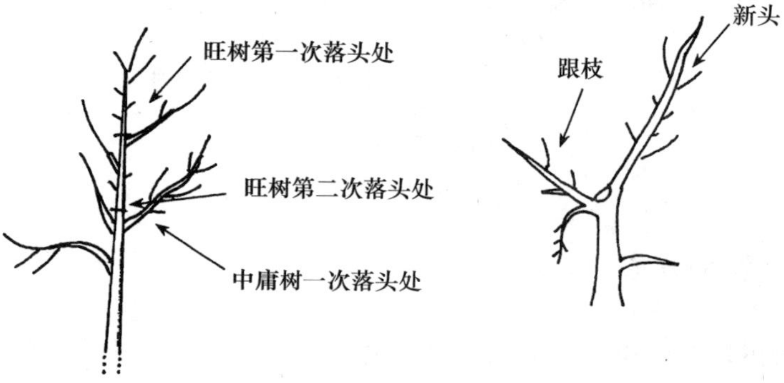

图4-59　第四至第五年落头

(3)落头后对新头的控制

①缩小新头体积　见图 4-60。

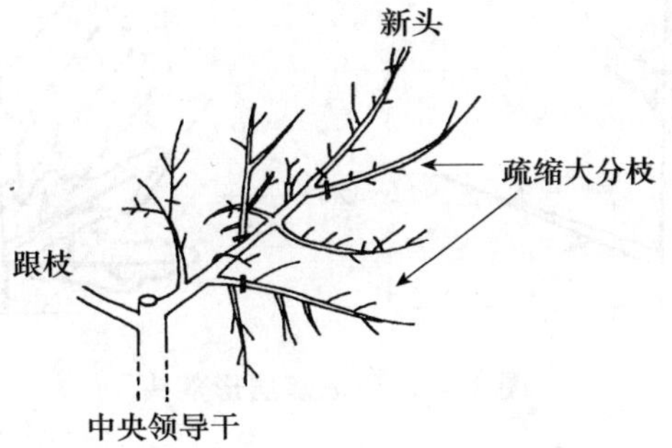

图 4-60　缩小新头体积

②新头变为大枝组　见图 4-61。

③落头后树高　见图 4-62。

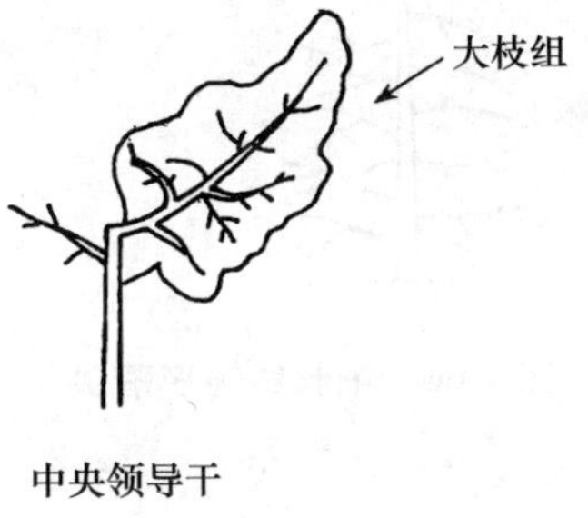

图 4-61　新头变为大枝组

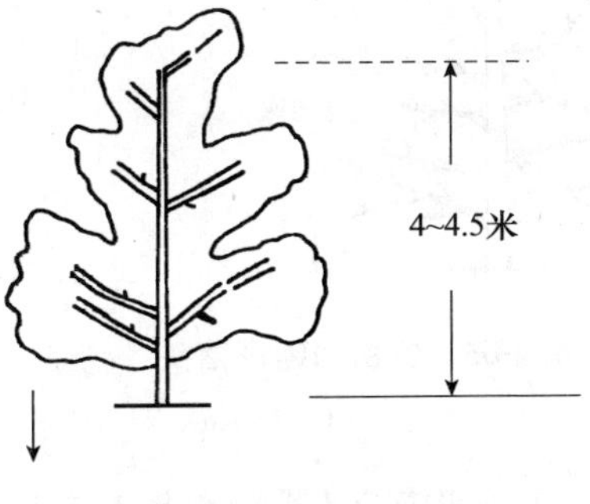

图 4-62　落头后树高 4～4.5 米

④继续落头,最后落头到三大主枝处　见图 4-63。

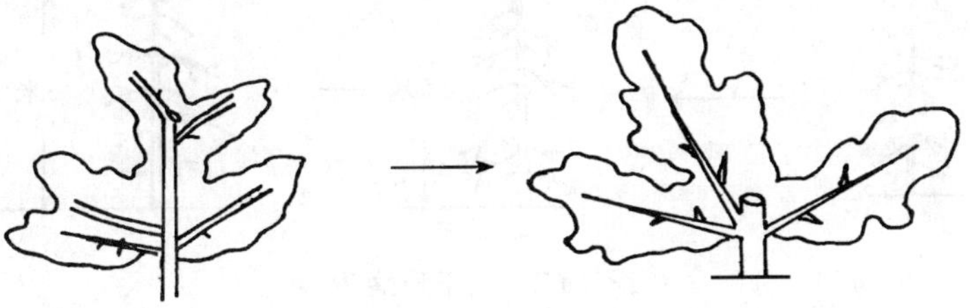

图 4-63　落头到三大主枝处

2. 小冠疏层形落头(栽后7～8年) 见图4-64。

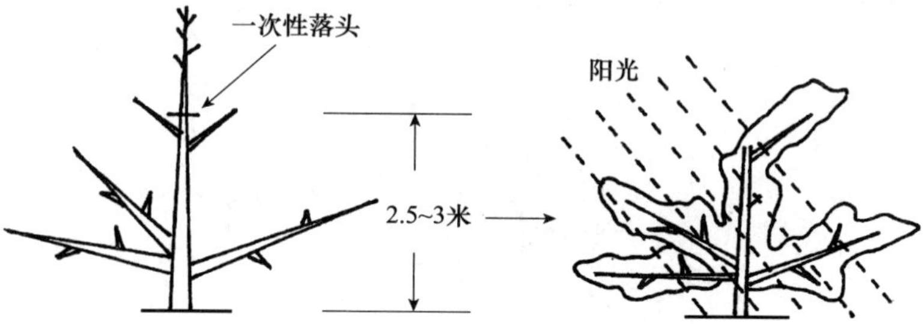

图4-64 小冠疏层形落头

3. 自由纺锤形落头(栽后6～7年) 见图4-65。

4. 细长纺锤形落头(栽后6年左右) 见图4-66。

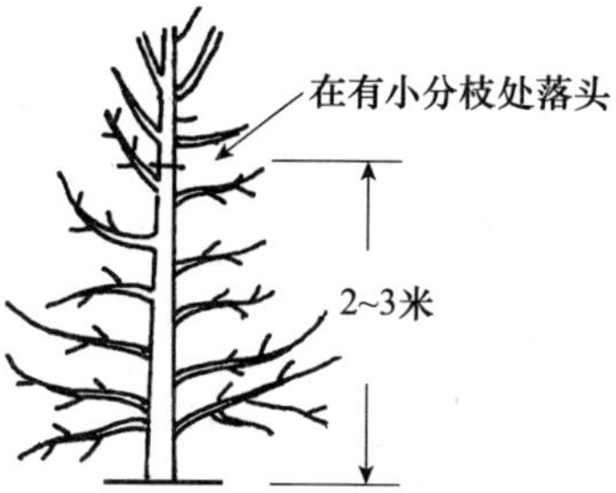

图4-65 自由纺锤形落头

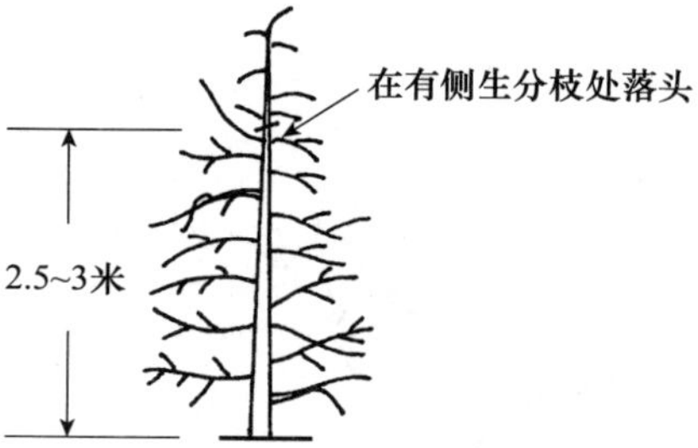

图4-66 细长纺锤形落头

5. 主干形落头(栽后6年左右) 见图4-67。

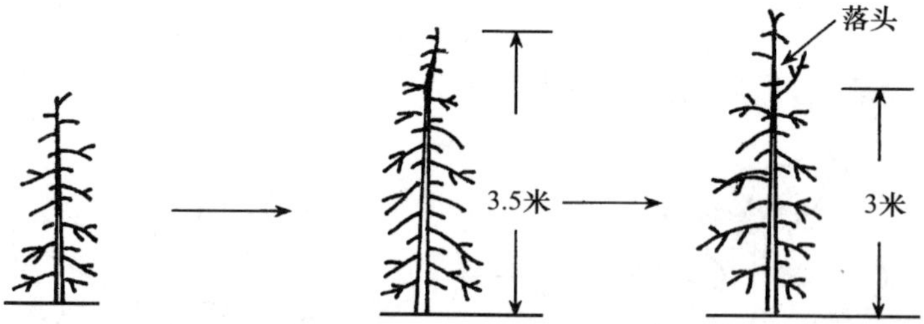

图4-67 主干形落头

六、角度调节

枝条角度对果树整形、控冠有着十分重要的意义。

(一)角度对抽枝的作用

见图 4-68。

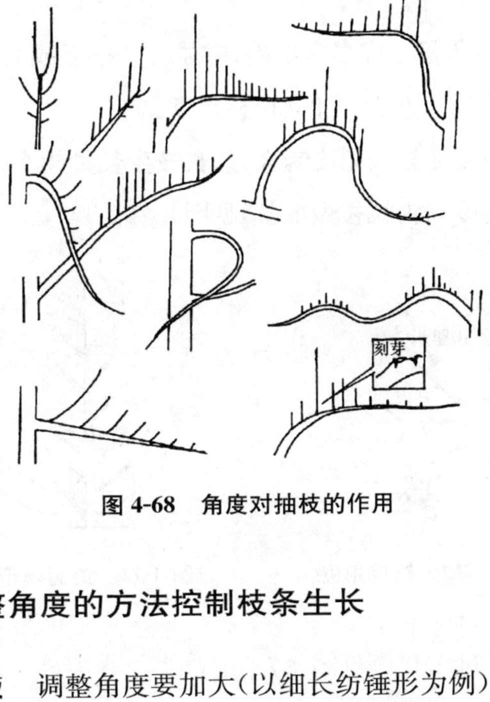

图 4-68　角度对抽枝的作用

(二)用调整角度的方法控制枝条生长

1. 旺树、旺枝　调整角度要加大(以细长纺锤形为例),见图 4-69。

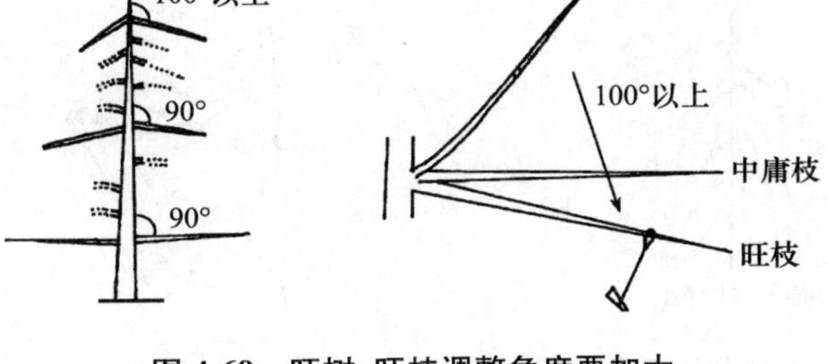

图 4-69　旺树、旺枝调整角度要加大

2. 弱树、弱枝 调整角度要缩小，见图 4-70。

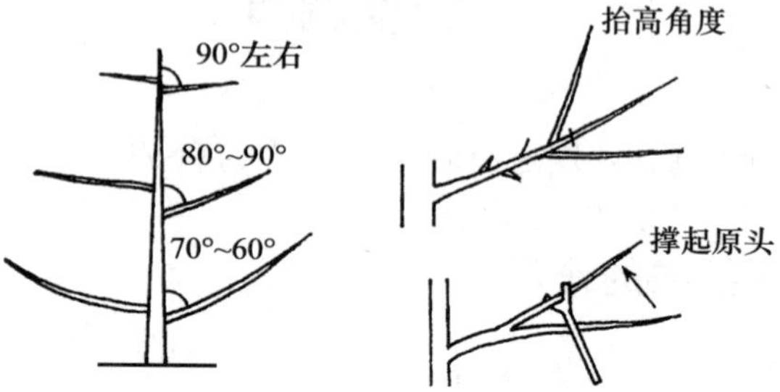

图 4-70 弱树、弱枝调整角度要缩小

3. 用角度缩小树冠 许多密植园，树体已经接近或交接，这与早期枝条控制不利有很大关系。方法是加大拉枝角度。

①加大拉枝角度 拉枝角度越大，延长枝生长量越小，见图 4-71。

②提高树干高度 为拉枝做准备，见图 4-72。

图 4-71 加大拉枝角度

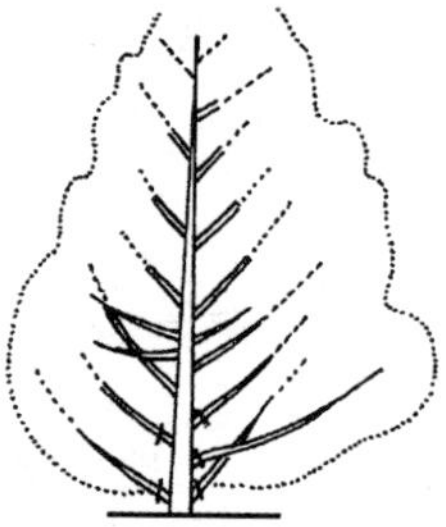

图 4-72 提高树干高度

③下拉分枝超过 120° 见图 4-73。

④疏剪外伸角度大的分枝 见图 4-74。

图 4-73 下拉分枝超过 120°

图 4-74 疏剪外伸角度大的分枝

七、用牵制枝控制

所谓牵制枝，即水平枝、斜生枝背上基部抽生的强旺枝。它直立向上生长，顶端优势明显，能分散其母枝的延长生长和其上分枝的生长，对控冠有一定作用。

(一)牵制枝的作用

牵制枝可抑制母枝加长、加粗生长(图 4-75)。

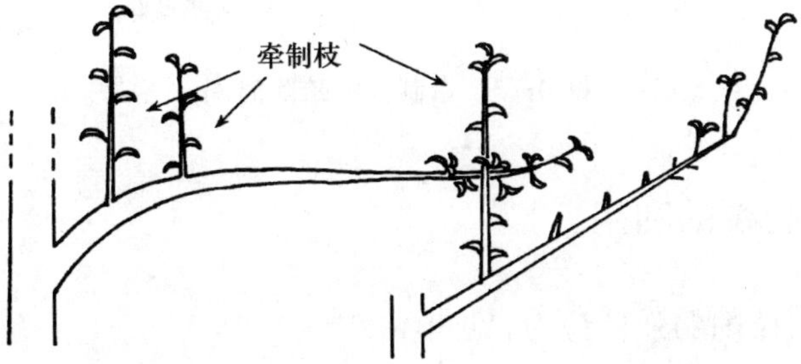

图 4-75 牵制枝可抑制母枝加长、加粗生长

(二)牵制枝的着生部位

见图 4-76。

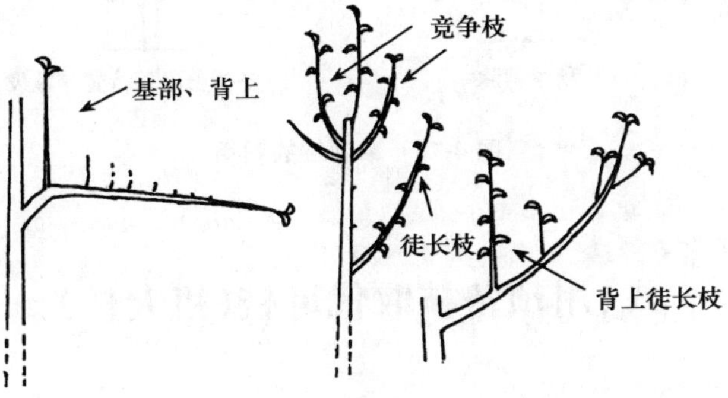

图 4-76 牵制枝的着生部位

(三)牵制枝的疏除时间

一般当年秋季或冬季应疏除,见图 4-77。

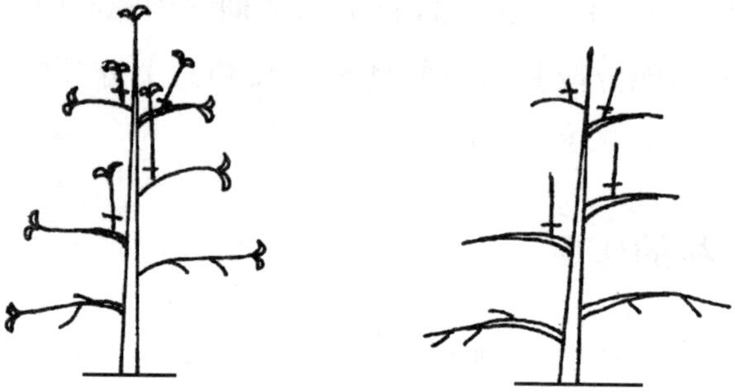

图 4-77 牵制枝的疏除时间

(四)牵制枝的利用

利用牵制枝削弱强枝势力,见图 4-78。

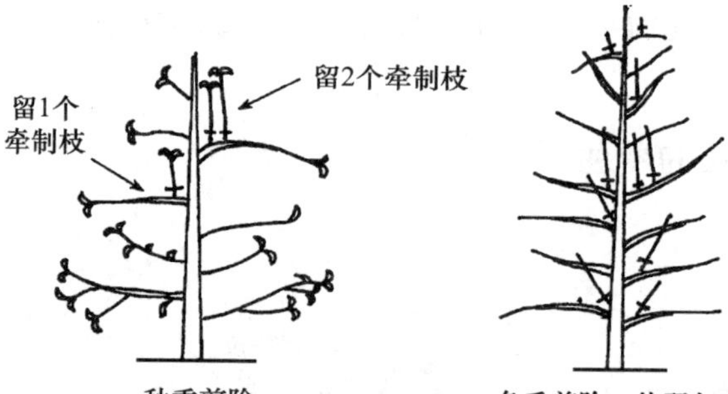

图 4-78 牵制枝的利用

八、用预备枝取代母枝(粗大枝)

中央领导干上的枝,总是不断加长、加粗生长,当其长到一定程度时,就失去了存在的价值，应该去掉，但去掉后又太空，无枝补空，加之一般在秋、冬季修剪时，总是习惯性剪去环剥口、主干上发出的新枝，其中有些新枝位置合适，完全可作为预备枝来用，可惜竟被剪掉了，枝干上留下许多“小白点”(伤口)，遍体鳞伤，枝干光秃依旧，这是生产上的一大缺憾，应给予重视。

(一)修剪上的问题

1. 中央领导干上的新生小枝被疏除　留下许多“小白点”，见图 4-79。

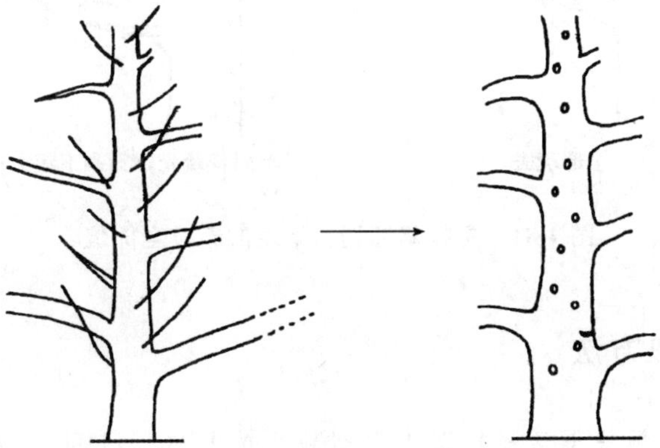

图 4-79　中央领导干上的新生小枝被疏除

2. 大枝去除后显得太空　见图 4-80。

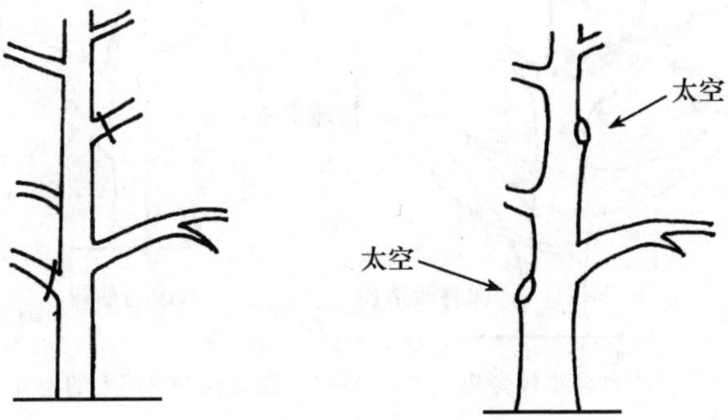

图 4-80　大枝去除后显得太空

3. 主枝基部剥口下发的新枝全部疏除 见图 4-81。

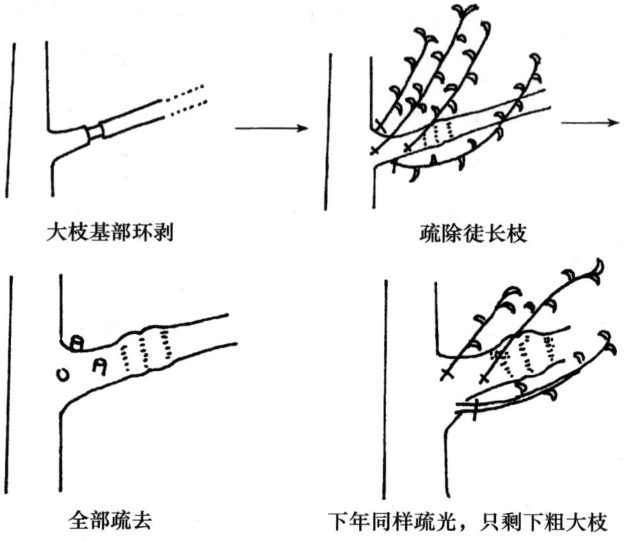

图 4-81 主枝基部剥口下发的新枝全部疏除

(二)解决方法

1. 在中央领导干适当位置上保留新生的长枝 见图 4-82。

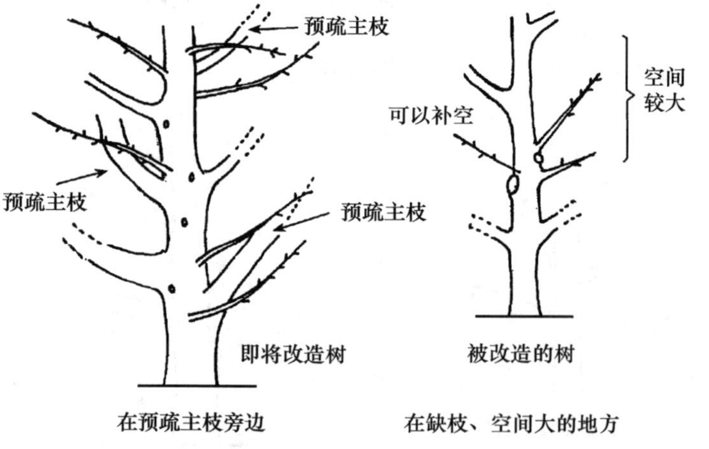

图 4-82 在中央领导干适当位置上保留新生的长枝

2. 在剥、割口下的偏下部位留萌发枝　见图 4-83。

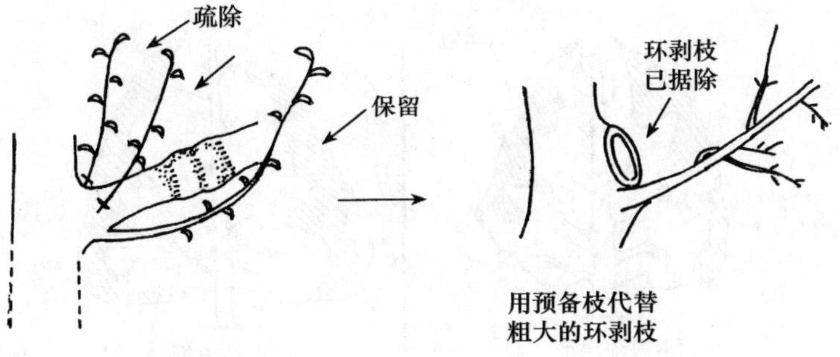

图 4-83　在剥、割口下的偏下部位留萌发枝

3. 用预备枝取代粗大的枝(主枝、辅养枝、无用的枝)　树体焕发活力，通风透光;树体收缩，方便管理。

(1)替换部分大枝　见图 4-84。

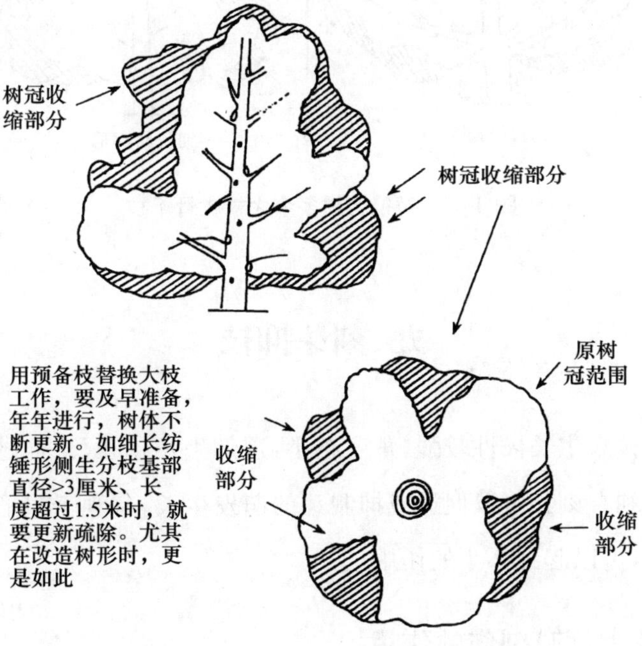

图 4-84　替换部分大枝

(2)替换全树多余大枝或骨干枝 见图4-85。

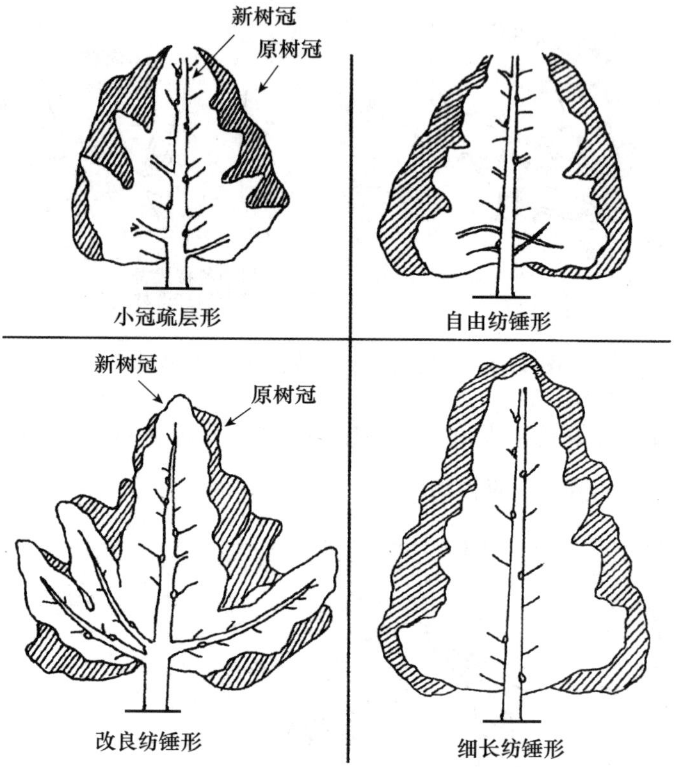

图4-85 替换全树多余大枝或骨干枝

九、刻芽抑枝

苹果树枝条生长极性较强,角度越小,顶部生长越旺,延伸越长,对控制树冠十分不利。刻芽可以促进或抑制芽的萌发生长,有利于整形和控冠,如果运用得当,可以起到不小的作用。

(一)芽上(前)刻伤的作用

芽上(前)刻伤的作用是促进发枝。

1. 直立枝自然萌发和刻芽发枝　见图4-86。

2. 斜生枝、背下芽不易萌发　见图4-87。

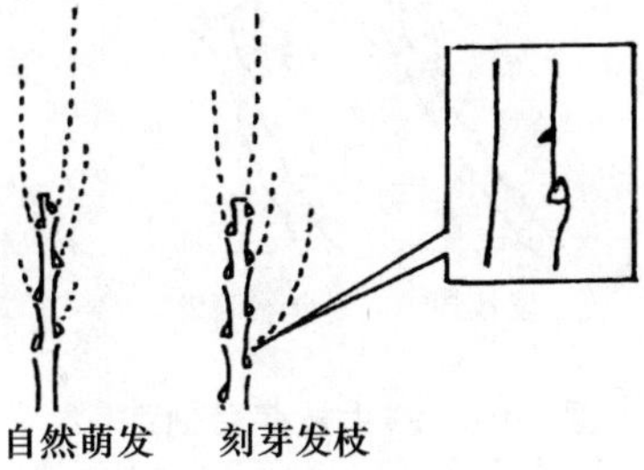

图4-86　直立枝自然萌发和刻芽发枝

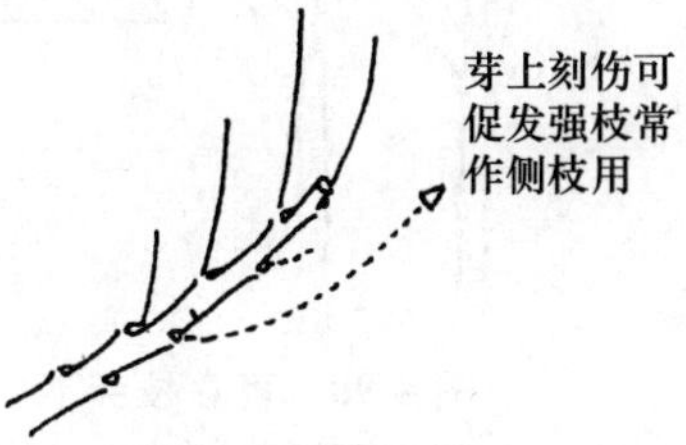

图4-87　斜生枝、背下芽不易萌发

3. 水平枝芽前刻芽　可抽生长枝，也可起到抑制背上抽生强枝的作用，见图4-88。

4. 光秃枝芽上面刻芽　可促进抽枝，抑制上部枝芽生长，见图4-89。

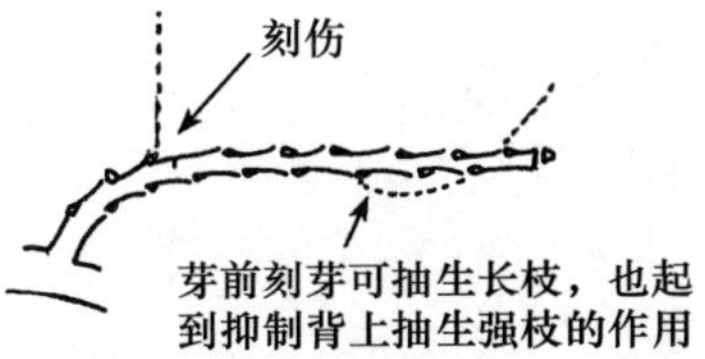

图4-88　水平枝芽前刻芽

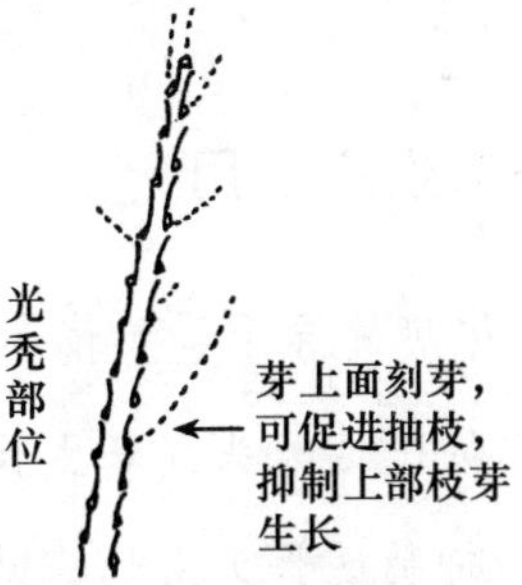

图4-89　光秃枝芽上面刻芽

(二)芽下(后)刻伤的作用

1. 直立枝　芽下刻伤可抑制该芽生长，见图4-90。

2. 斜生枝芽后刻芽　见图4-91。

3. 水平枝芽后刻伤与自然萌发状　见图4-92。

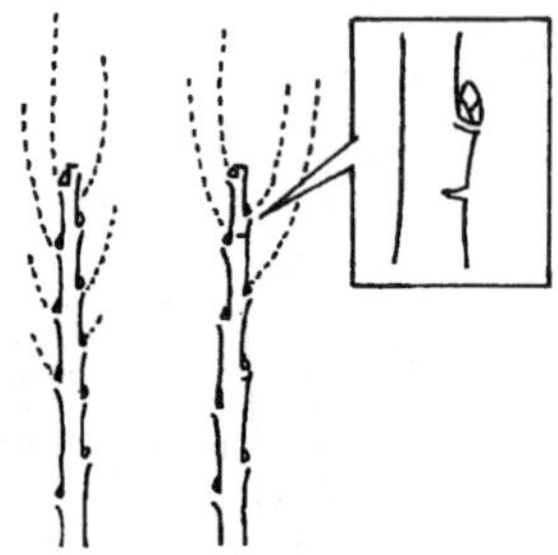

图 4-90 直立枝芽下刻伤可抑制该芽生长

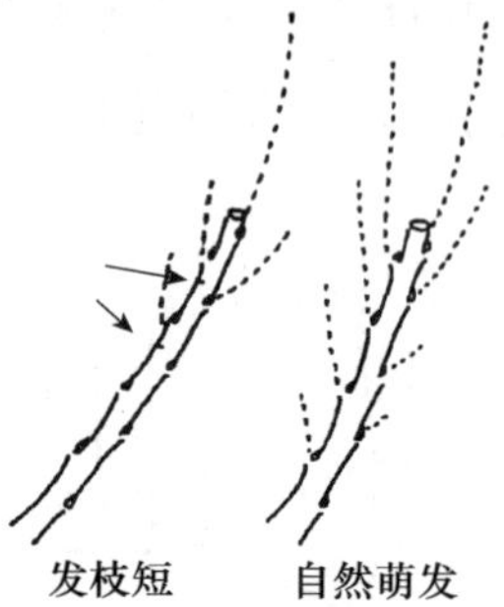

图 4-91 斜生枝芽后刻芽

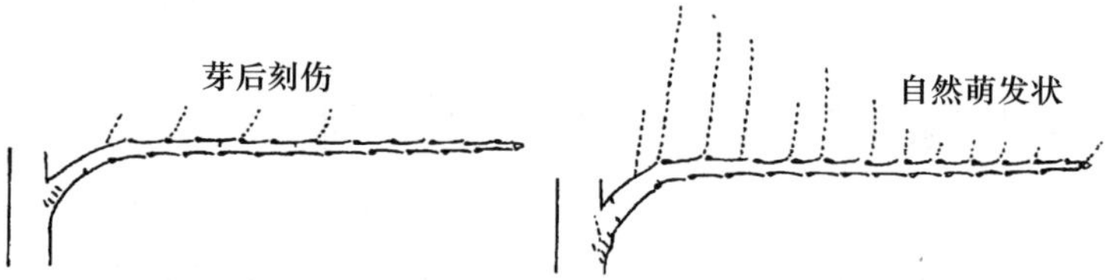

图 4-92 水平枝芽后刻伤与自然萌发状

(三)生产应用

1. 中央领导干延长枝

(1)促进延长头强旺生长　见图 4-93。

(2)抑制延长头生长　见图 4-94。

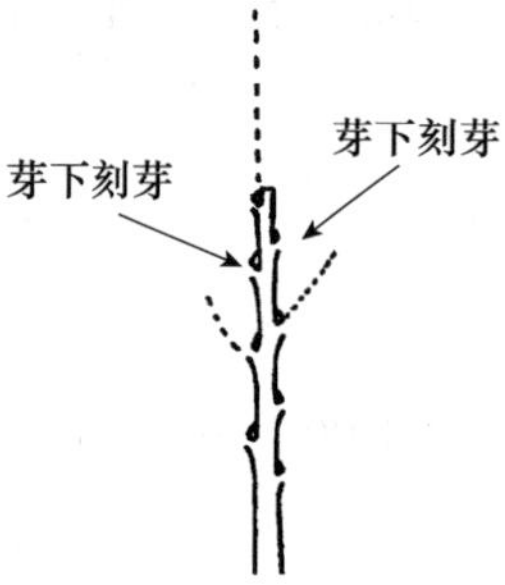

图 4-93 促进延长头强旺生长

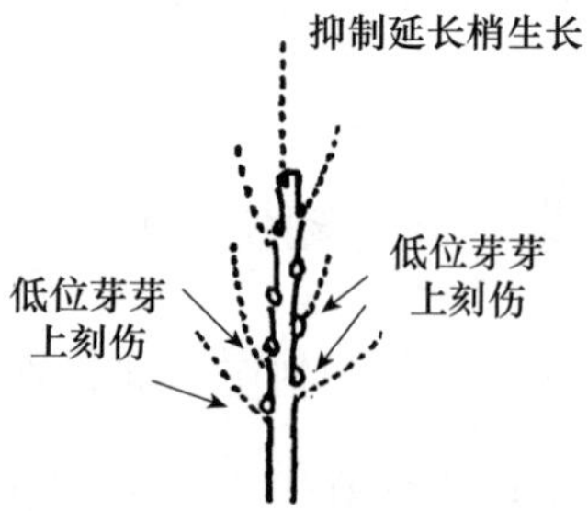

图 4-94 抑制延长头生长

2. 抽生理想主枝 见图 4-95。

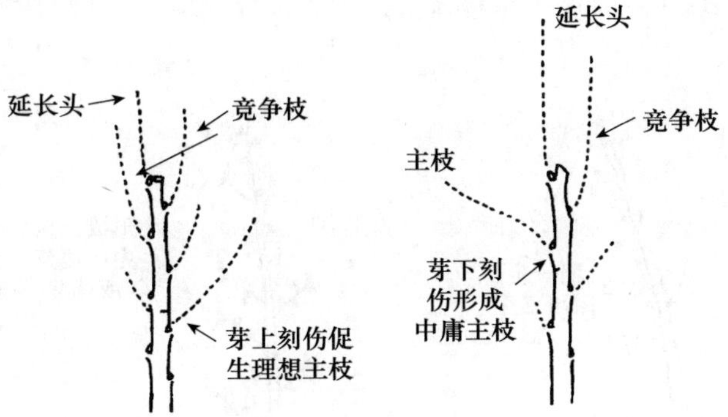

图 4-95 抽生理想主枝

3. 抽生理想侧枝

(1)抑制过旺侧枝 见图 4-96。

(2)选好斜侧芽刻伤 见图 4-97。

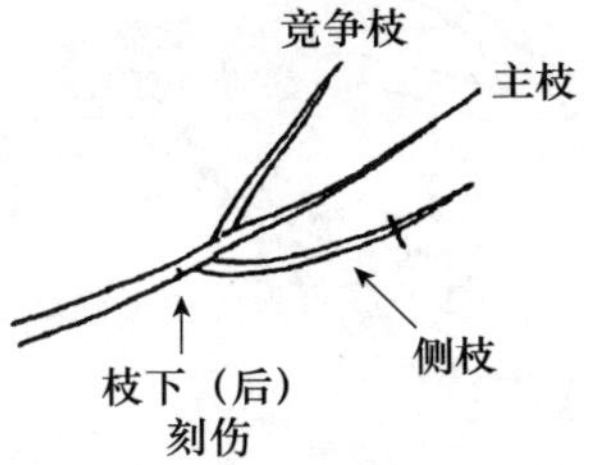

图 4-96 抑制过旺侧枝

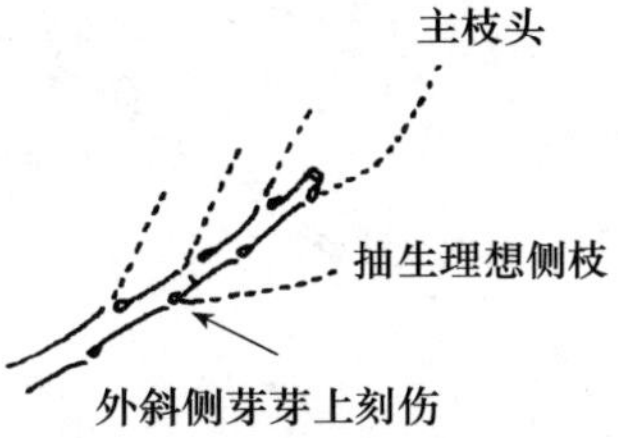

图 4-97 选好斜侧芽刻伤

4. 控制背上枝 令其形成中、短枝或花芽，见图 4-98。

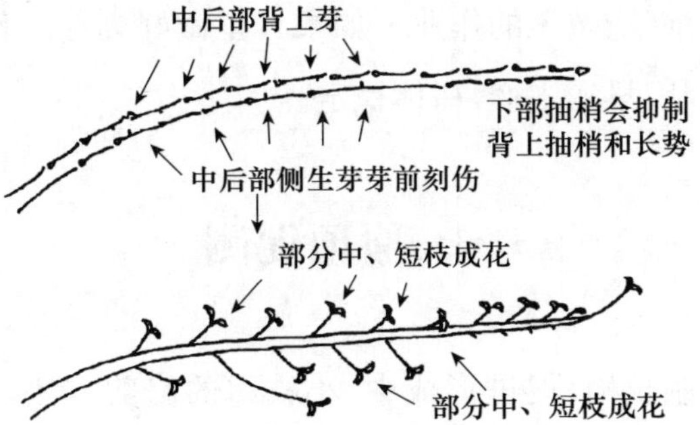

图 4-98 控制背上枝

5. 光秃枝、光秃部位刻芽促枝

(1)直立枝刻芽促枝　见图4-99。

图4-99　直立枝刻芽促枝

(2)斜生枝刻芽促枝　见图4-100。

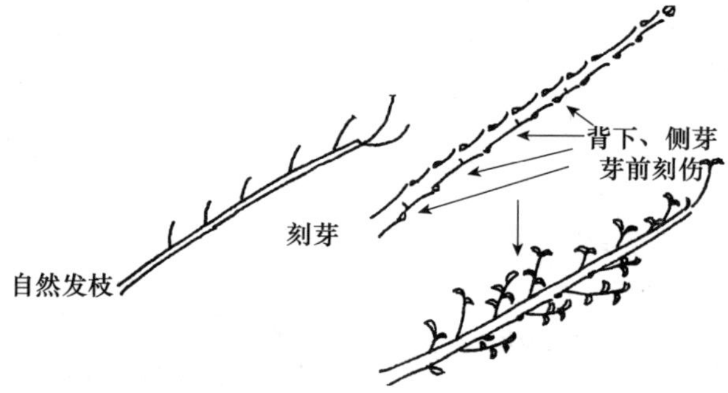

图4-100　斜生枝刻芽促枝

刻芽促、抑枝芽已成为春季萌芽前修剪的一项重大技术,在生产上逐渐推广。它是一项细致、费工的作业。如果真正做好刻芽工作,树冠会丰满紧凑,生长中庸、健壮,早实丰产,树体稳定。

十、掰顶促侧

这是一项控制长梢,促进形成中、小枝组的修剪方法,虽然作业要求细致、费工,但收效甚好,在抑制背上旺枝方面有着不可忽视的作用。

(一)掰顶促侧操作方法

顶梢 2～5 厘米长时,掰掉顶梢、叶丛(图 4-101)。

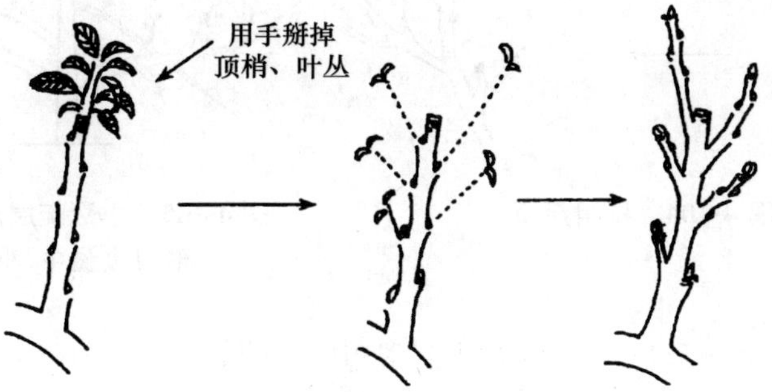

图 4-101　掰掉顶梢、叶丛

(二)掰顶促侧法运用

1. 掰顶梢控制背上强枝　见图 4-102。

2. 掰顶可控制竞争枝　见图 4-103。

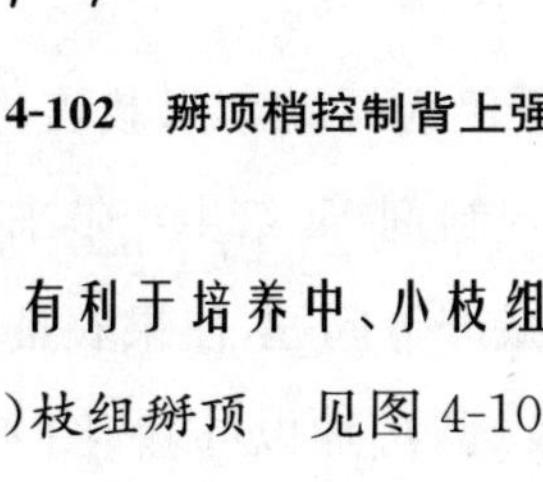

图 4-102　掰顶梢控制背上强枝

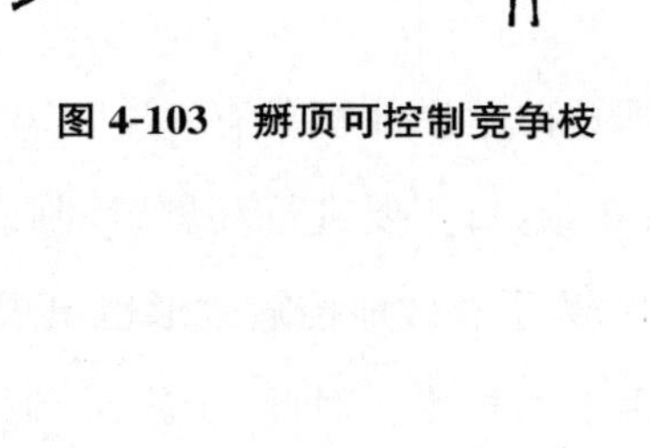

图 4-103　掰顶可控制竞争枝

3. 有利于培养中、小枝组

(1)枝组掰顶　见图 4-104。

(2)小冠疏层形掰顶　主枝背上形成大量中、小枝组(图 4-105)。

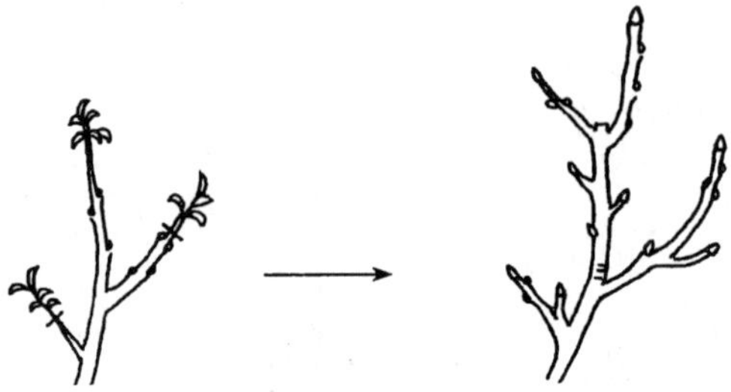

图 4-104　枝组掰顶

图 4-105　小冠疏层形主枝背上形成大量中、小枝组

(3)自由纺锤形掰顶　小主枝上密布中、小枝组(图 4-106)。

(4)细长纺锤形掰顶　中、下部侧生分枝上分布中、小枝组(图 4-107)。

图 4-106　自由纺锤形形成的中、小枝组

图 4-107　细长纺锤形形成的中、小枝组

十一、“乔改矮”法

我国矮砧苹果面积只有 8%～10%，大部分仍为乔砧苹果栽培，树体扩大快、成花难，每年要进行环剥、环割或喷布成花制剂等，给生产带来诸多麻烦。同时，为了有效地控冠改形也出现了费工、减产等问题，使果农难以普遍灵活运用上述技术。对此，个别果园采用“乔改矮”法加以补救(图 4-108)。所谓“乔改矮”法，即在树干基部四周桥接 4～6 个矮砧(如 M_{26}、M_7、SH 系等)枝条(接穗)，待枝条嫁接成活后，再去除桥接枝中间一圈树干皮层(如同

宽度环剥)。这样,幼树就由乔砧品种组合改为乔砧一矮化中间砧品种组合了,有条件的果园可试用。但在管理粗放、腐烂病重、树体衰弱的果园不宜应用此项技术。

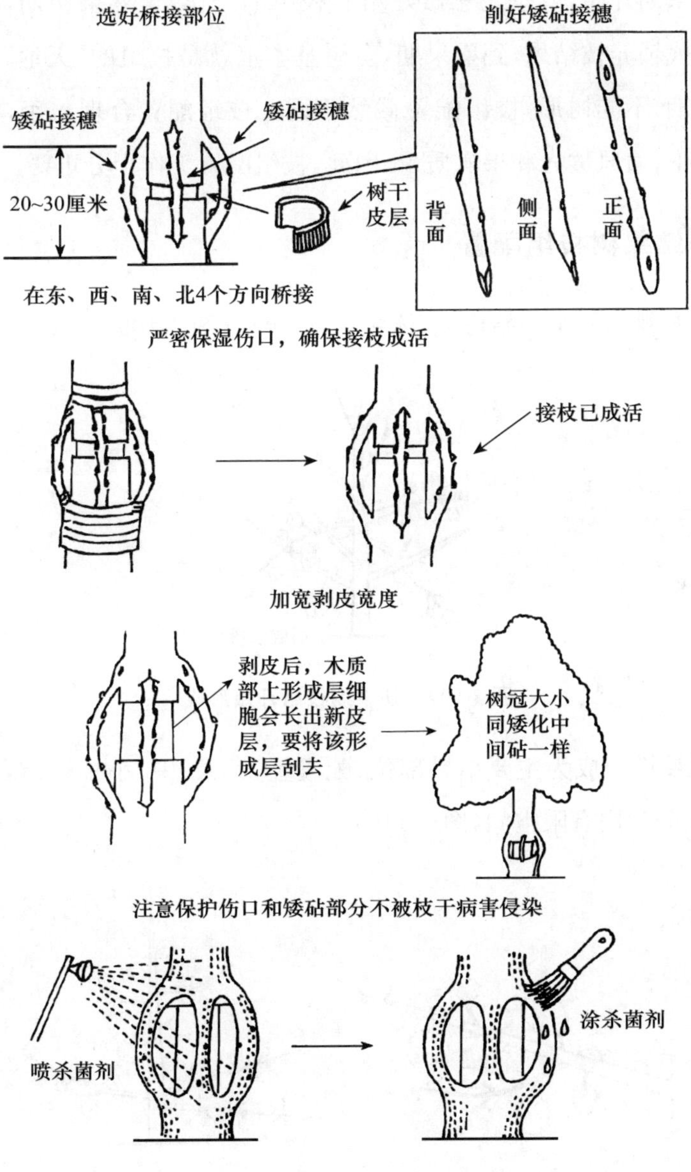

图 4-108 “乔改矮”法

十二、枝组配置

从初果期开始，就应注意做好培养枝组的工作，至盛果初期，枝组结果会逐渐取代辅养枝结果，到盛果期，全树基本上就是枝组的“天地”了。而不同年龄时期，不同树形，枝组配置截然不同。枝组配置合理与否，将直接影响全树枝量、通风透光和果实质量，因此，枝组配置工作十分重要。

(一)结果树枝组配置

1. 初果期 枝组开始形成，体积小，结果少(图 4-109)。

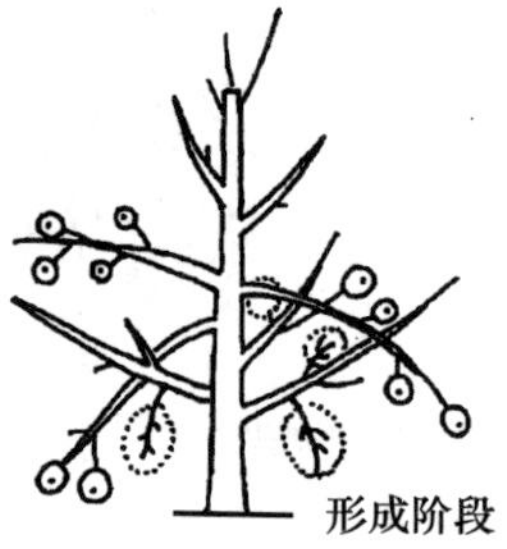

图 4-109 初果期枝组开始形成

2. 盛果期 成为主要结果部位，配置量大，大、中、小枝组结合，高、中、低结合，充分利用有限空间(图 4-110)。

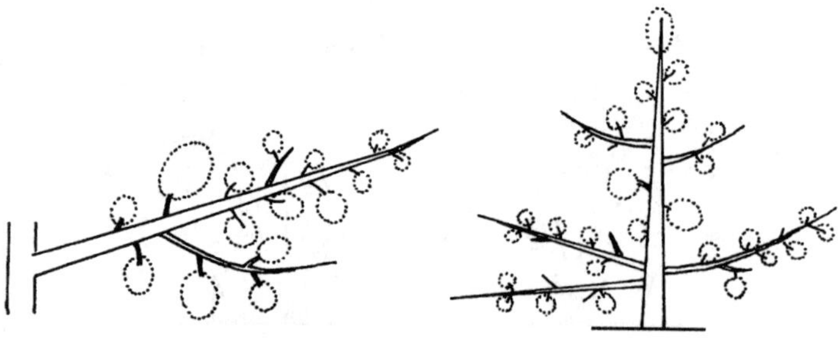

图 4-110 盛果期枝组配置

(二)不同树形枝组配置

1. 主干疏层形

(1)枝组配置　正常树大枝组占10%～20%,其余为中、小枝组。大枝组中,背上较少,两侧下垂较多;从骨干枝部位来看,以中部较大,两头较小(图4-111)。

图4-111　主干疏层形枝组配置

(2)枝组分布范围　见图4-112。

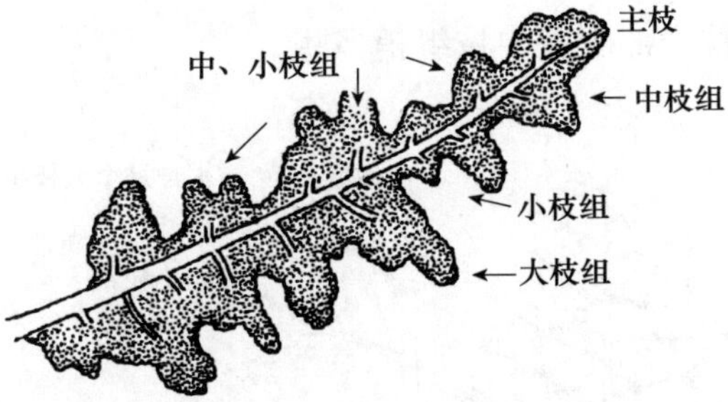

图4-112　主干疏层形枝组分布范围

2. 小冠疏层形

(1)枝组配置　大枝组较少,一般占10%以下,其余为中、小枝组(图4-113)。

(2)基部主枝上枝组分布范围　见图4-114。

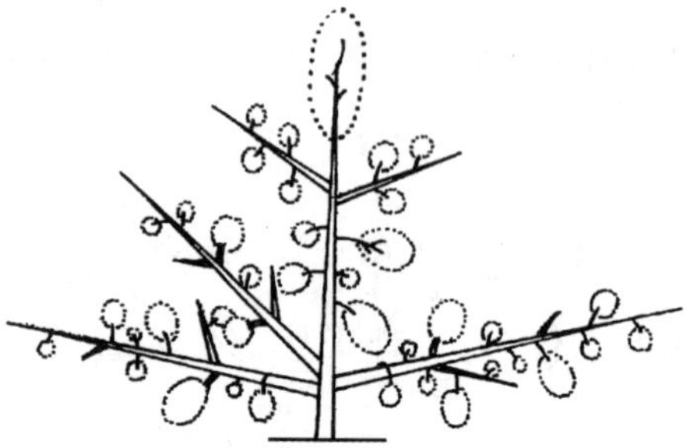

图 4-113 小冠疏层形枝组配置

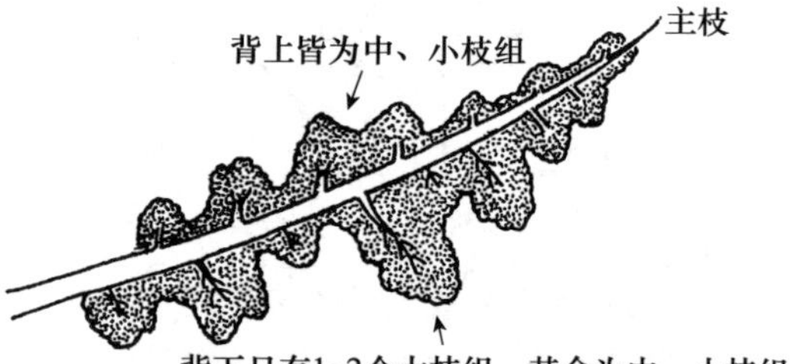

图 4-114 基部主枝上枝组分布范围

3. 自由纺锤形 枝组配置见图 4-115。该树形只有 10～15 个小主枝，其上没有侧枝。每个主枝上也不配备大枝组，只有中、小枝组，它们高低相间排列。但小主枝中部配备中枝组稍多些。

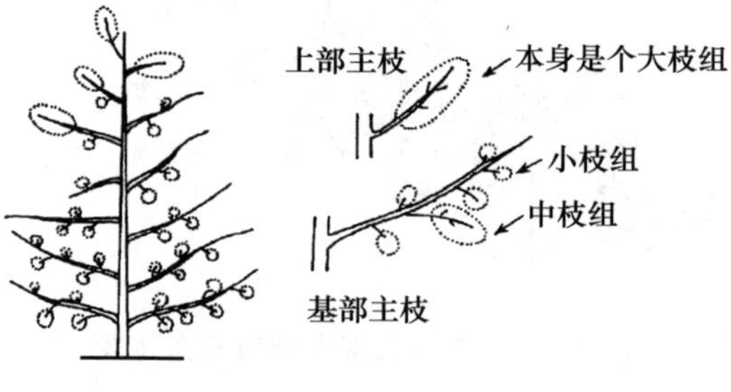

图 4-115 自由纺锤形枝组配置

4. 细长纺锤形 枝组配置见图 4-116。该树形没有主枝或小主枝，只有侧生分枝。其实侧生分枝就是特大型枝组，其上只分布小枝组，而且也不密，上部各侧生分枝基本上就是大、中枝组，所以修剪起来倍感容易。

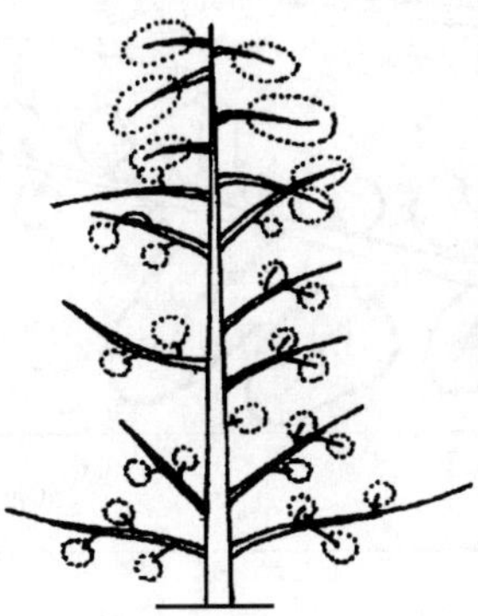

图 4-116 细长纺锤形枝组配置

5. 主干形 在中央干上均匀分布 20～30 个大、中、小枝组。枝轴长度最长为 70 厘米左右，多数为中、小枝组。

(三)根据主枝间距和空间大小配备枝组

1. 空间大 多配置中、大型枝组(图 4-117)。

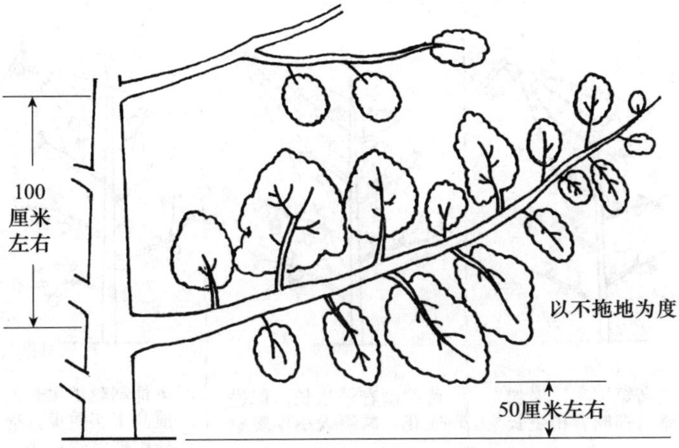

图 4-117 空间大多配置中、大型枝组

2. 空间小 多配置中、小枝组(图 4-118)。

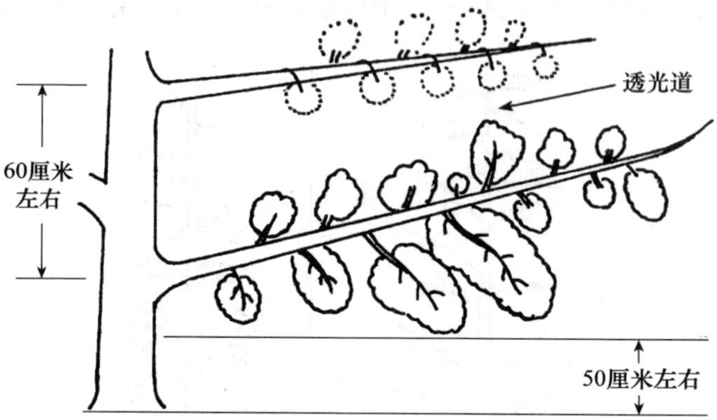

图 4-118　空间小多配置中、小枝组

十三、使用植物生长调节剂

选择适宜的植物生长调节剂，对果树有明显的促花效果，同时能抑制新梢(秋梢在内)生长、敦实树体(图 4-119)。

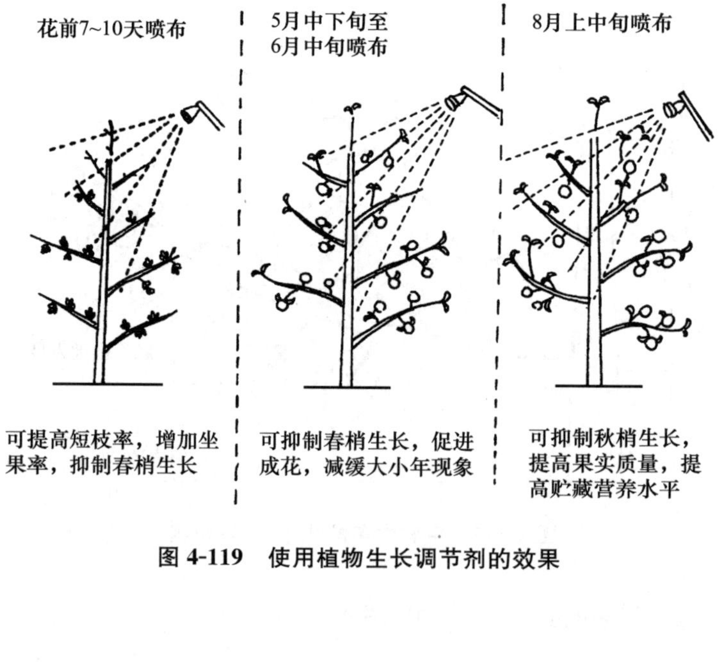

图 4-119　使用植物生长调节剂的效果

PBO因含有烯效唑等,具有抑制生长、矮化树体的作用。据山东省沂源县杨成法试验,红富士树喷布PBO 250倍液后,新梢总长39.1米,对照为65.2米,比对照短40%,其中,处理树春、秋梢平均长度分别为31厘米和8.1厘米,短枝率为70.3%,而对照分别为45.5厘米、19.7厘米和40.7%。喷后,普通红富士树长相如同短枝型红富士一样。

第 五 章
常用修剪方法、作用与应用

近年来，修剪技术发展很快，采用方法繁多，切实可行，行之有效，作用各异。归纳起来有 5 种，即长放、疏枝、截缩、刻剥和变向。任何一种修剪方法都有其“双重作用”，即对局部的促进和整体的抑制两方面影响。抑制和促进两种作用同时存在并密切联系（表 5-1）。

表 5-1　修剪的双重作用

	局部	全树总生长量
修剪量越重	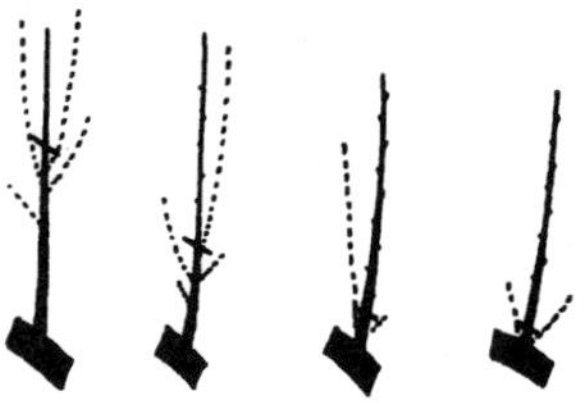 对单枝促进作用越大	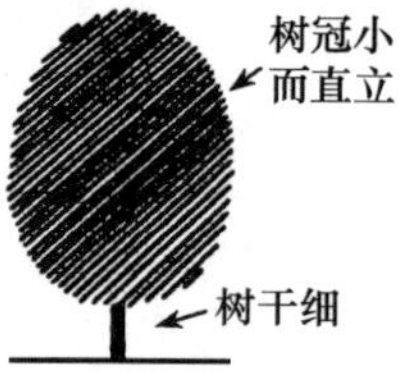 对全树抑制作用越明显
修剪量越轻	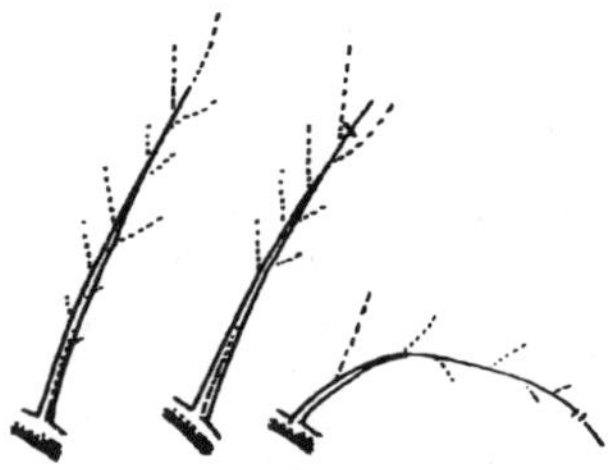 对单枝促进作用越小	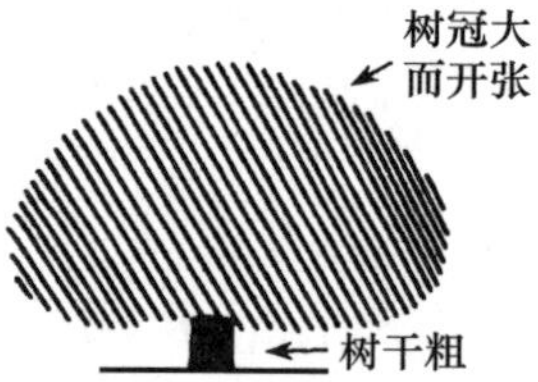 对全树促进作用越明显

一、短截和摘心

对 1 年生枝的剪截叫短截，短截的作用与效果见表 5-2；对当年生新梢的剪截叫摘心或剪梢，摘心的作用与效果见表 5-3。

表 5-2　短截的作用与效果

1 年生枝短截	名称	修剪方法	作用与效果
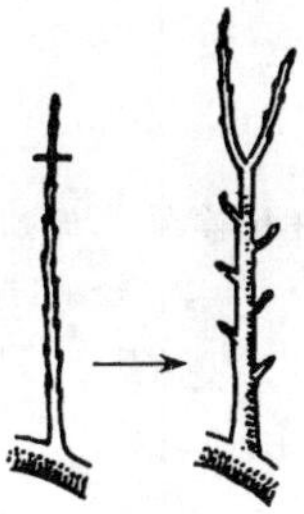	轻截	只剪去枝条顶端一小段，剪口芽为次饱满芽	形成较多中、短枝，缓势成花
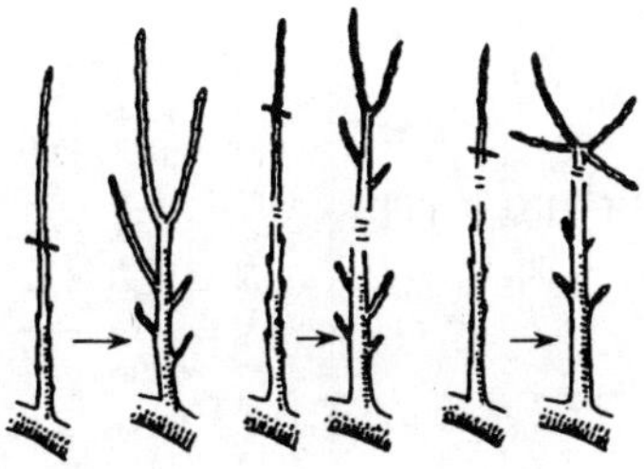	中截	在枝条中部饱满芽剪，或春、秋梢交界处瘪芽剪	成枝力强，生长旺盛，用于延长枝头，或于春、秋梢交界处剪，形成 3～4 个中枝，下为少量短枝
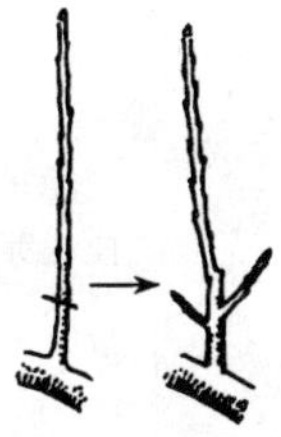	重截	在枝条下部次饱满芽剪	抽生 1～2 个旺枝、短枝
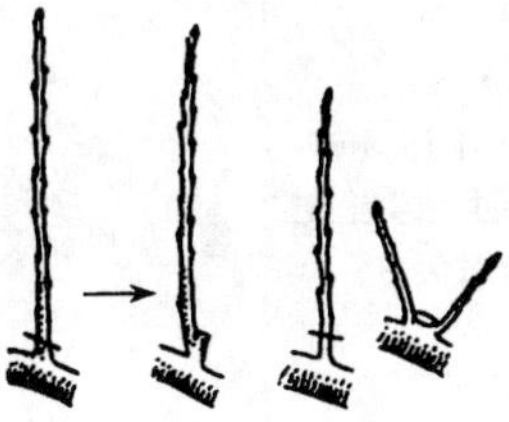	极重截	在基部轮痕处剪	抽生 1～2 个中庸枝、短枝（或由副芽萌发）

表 5-3　摘心的作用与效果

当年新梢摘心发枝状	名称	修剪方法	作用与效果
	连续摘心	5～6 月对旺梢连续 3～4 次摘心	促进成花培养枝组,控制旺枝
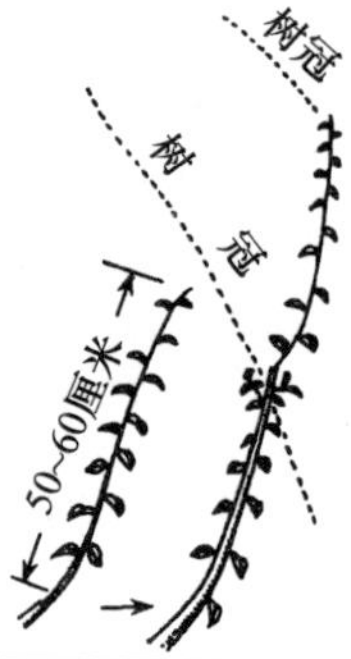	延长枝摘心	当 6 月延长梢长至 50～60 厘米时摘心	加速扩大树冠
	秋梢基部摘心	8 月上旬前后,在秋梢基部剪梢(戴活帽剪)	促进形成中、短枝花芽,控制大枝
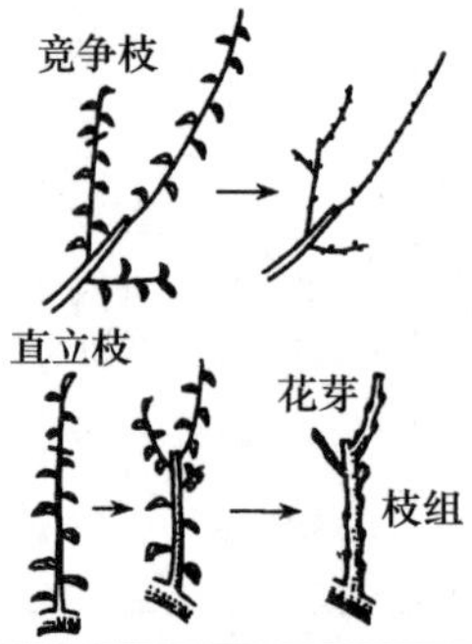	竞争枝、直立枝摘心	在新梢长达 30～35 厘米时,摘去先端 5 厘米嫩尖	可以改造为枝组,有利于成花

二、回　缩

对 2 年生以上枝的剪截叫回缩。当枝条冗长、生长势衰弱、密挤时，常用回缩法修剪。但由于回缩时，去枝量多对树的影响大，所以要分年、分批进行回缩修剪，1 次回缩的比例要控制在 10%（占全树枝量）以下为宜。否则，会因修剪量过大而造成杈势返旺，冒条过多，影响成花结果。通常，回缩在盛果期和衰老期树上用得多，幼树上用得少或不用。回缩修剪方法、作用与效果见表 5-4。

表 5-4　回缩修剪方法、作用与效果

回缩部位			
名称	枝组回缩		
修剪方法	将枝势转弱、枝轴下垂的枝组，回缩于中、后部分枝处	对冗长、枝轴过高、体积过大的枝组，在枝轴中、下部回缩	在枝组密度较大时，于下部回缩枝组，使其周围枝组得以发展
作用与效果	复壮枝组势力，形成中、小枝组	紧凑枝组，复壮枝组势力	改善枝组光照，促进周围枝组

续表

回缩部位		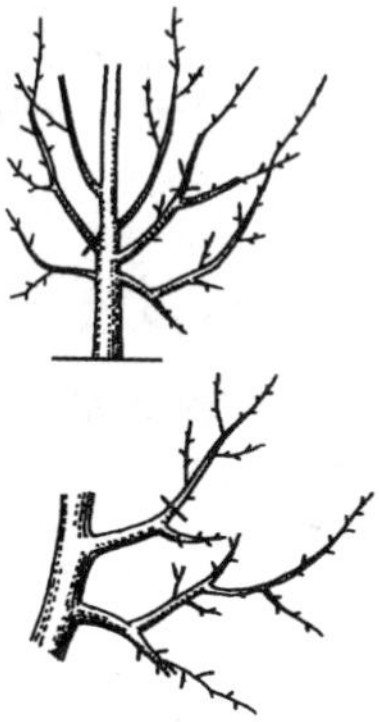	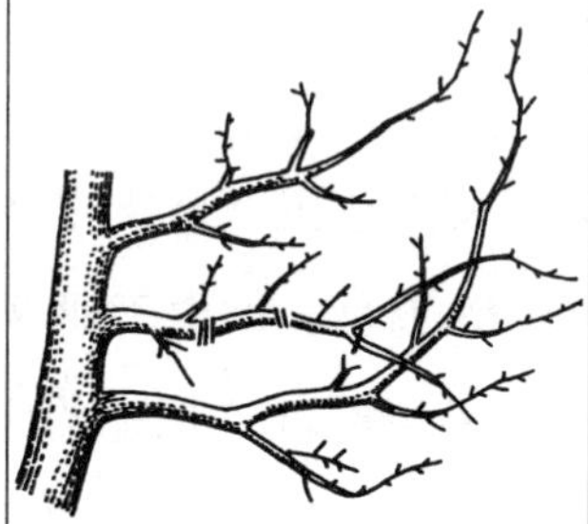
名称	延长枝回缩	大枝回缩	辅养枝回缩
修剪方法	在原头下垂时，回缩到后部2～4年生部位良好分枝处	在同层骨干枝多时，缩剪其中1～2个大枝	在两个骨干枝中间的辅养枝，回缩于枝轴基部分枝处
作用与效果	增强延长枝生长势，降低树高，紧凑树冠	有助于配备骨干枝，改善光照	改善光照，培养枝组，有利于骨干枝的扩大
回缩部位	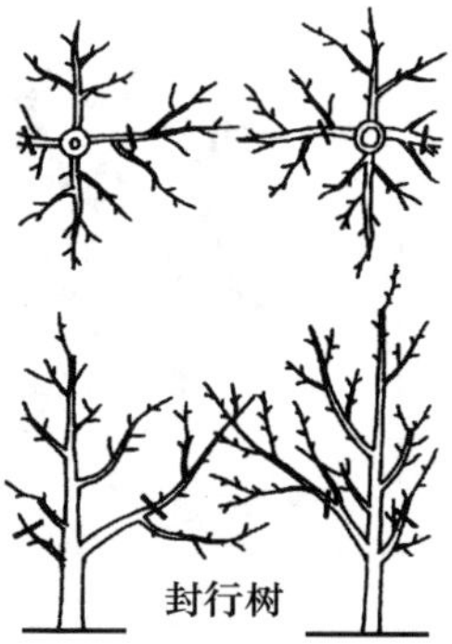	高接砧接	衰老树
名称	树形改造回缩	高接换头回缩	老树更新回缩
修剪方法	在交叉大枝基部良好分枝处回缩，留一枝组	确定骨干枝主从关系，在基部适当部位回缩	在背上枝生长良好处，于多年生枝基部，重缩主、侧枝
作用与效果	改造树形和树体结构，树形由圆变扁，行间通风透光	安排好良好骨架，形成匀称的树冠	更新老树，复壮弱枝势力，减少生长点

三、长　放

长放是不加修剪，任其自然延伸和萌芽、抽枝。长放对增加生长点和全树的总生长量都有一定作用。一般在初果期和幼树期多用，盛果期少用，但在红富士树上用得较多。长放修剪方法、作用与效果见表 5-5。

表 5-5　长放修剪方法、作用与效果

长放种类	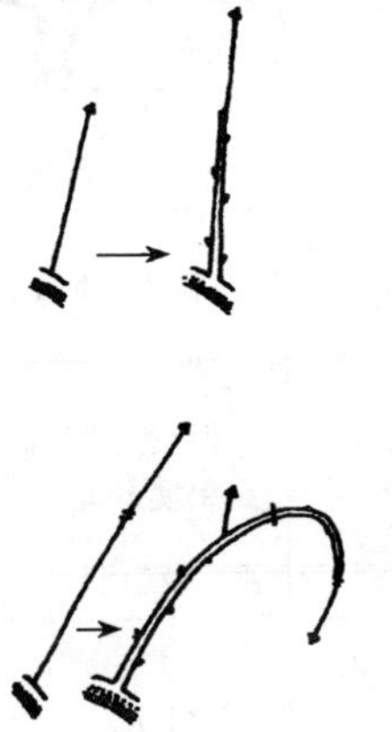	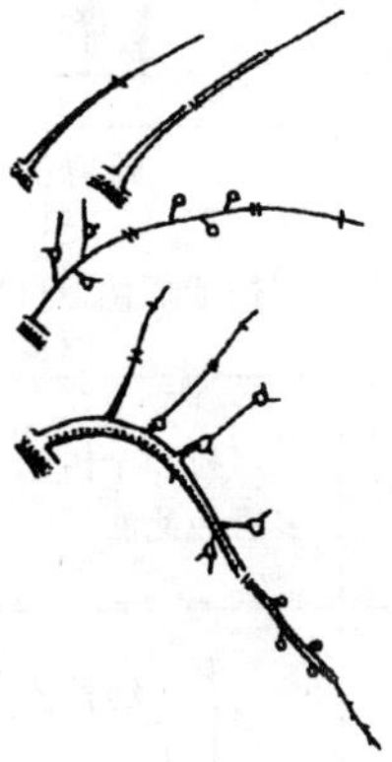	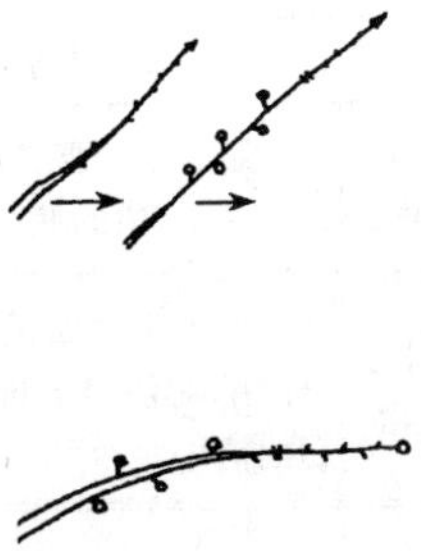
名称	发育枝长放	连年长放	延长枝长放
修剪方法	强发育枝不剪	枝组单轴延伸	延长枝不剪
作用与效果	缓和枝条势力，增加中、短枝比例	有利于缓势促短枝，增加成花数量	加大角度，增加短枝比例，加长生长明显减弱，或停止延伸

四、疏枝（疏剪）

将枝条齐根剪除叫疏枝。当枝条密挤、重叠、交叉、并生时，往往用疏剪去解决。幼树上枝量不多时，很少用疏剪手法，而盛果期因枝量大、衰弱枝较多，用疏枝法较多。疏枝修剪方法、作用与效果见表 5-6。

表 5-6　疏枝修剪方法、作用与效果

疏剪部位	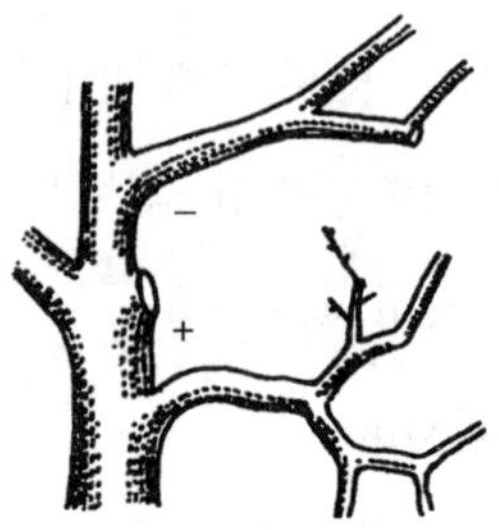	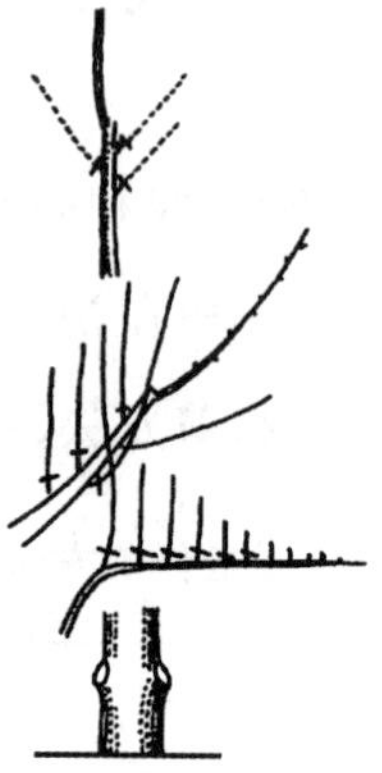	
名称	疏枝作用	疏剪伤口	疏除密生枝
修剪方法	疏枝伤口要齐根剪，并有20°～30°角的倾斜度	连续疏枝，对口疏枝	疏间密生枝、弱枝组
作用与效果	对伤口上面的枝有削弱作用，对伤口下面的枝有增强作用	对枝和全树削弱作用大，多避免此法	改善光照，促进成花，提高果实品质
疏剪部位		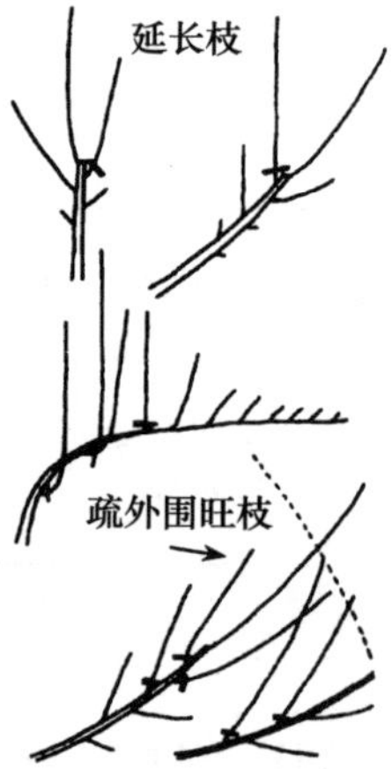	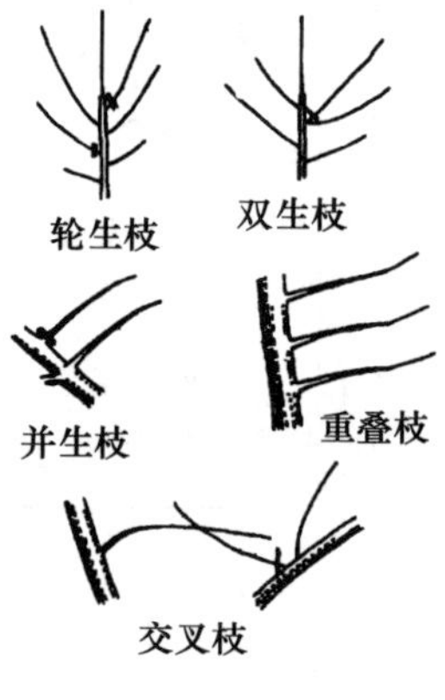
名称	疏剪新梢	疏剪1年生枝	
修剪方法	剪除无用、直立徒长梢、萌蘖等	剪除竞争枝和密生旺枝等	剪除轮生、并生、双生、重叠和交叉枝等
作用与效果	减少营养消耗，改善树冠光照	加强延长枝生长优势，改善树冠光照	有利于幼树整形、枝组形成和改善树冠光照

续表

疏剪部位	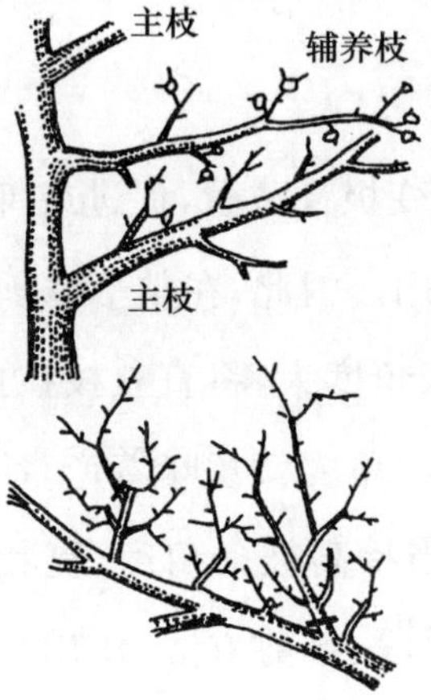		
名称	疏剪辅养枝和大枝组	疏剪侧重分枝	疏剪花芽、花、果
修剪方法	对影响骨干枝发展和枝组形成的辅养枝进行疏剪	疏剪树顶主枝上的过大侧生分枝	疏剪密生和瘦弱花芽及花、果
作用与效果	促进骨干枝发展和枝组形成，改善内膛光照	改善下层光照，控制树高和上强	减少花、果负载量，节省树体养分

疏剪部位	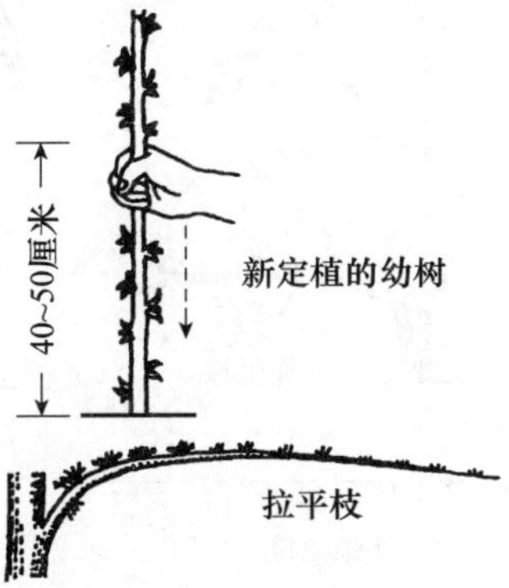	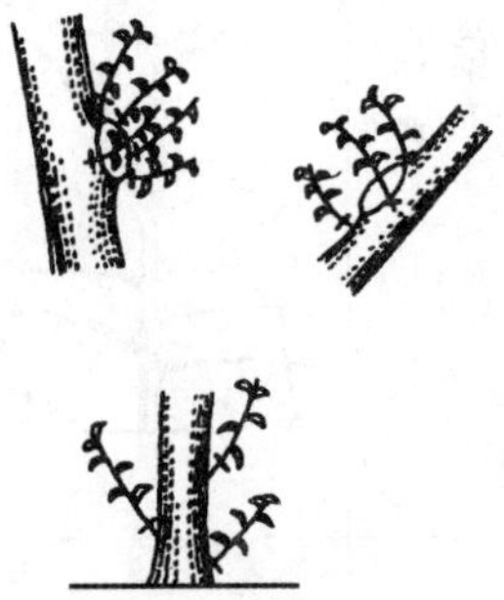
名称	抹芽	除萌
修剪方法	在嫩芽刚吐出不久，用手抹除	在萌蘖长出几厘米时，用手掰掉或剪除
作用与效果	减少无用芽的消耗，有利于整形	减少营养消耗，有利于上部枝条的发育

五、变　向

开张枝条分生角度和分布方向，有助于改变极性位置，促进或抑制枝条的生长、萌发，对调节其生长与结果有明显作用。因此，在整形修剪上也经常采用。如在幼树期至初果期，要求枝条开张角度大，将直立枝拉成水平，甚至下垂生长，有助于提早成花、结果。所以，“角度就意味着产量”。但到了盛果期，下垂枝生长衰弱，结果不好，要适当抬高枝条角度，复壮其生长势，达到树老枝不老，以保稳产、优质。变向手段、修剪方法、作用与效果见表5-7。

表5-7　变向手段、修剪方法、作用与效果

变向手段	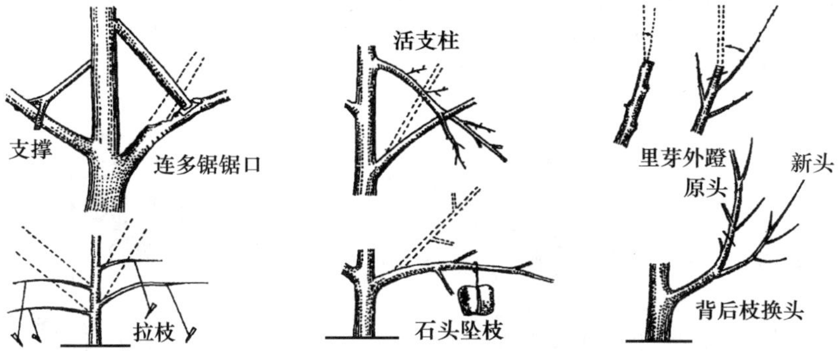
名称	开张角度
修剪方法	用多种方法开张骨干枝角度
作用与效果	缓和生长势，扩大树冠冠幅，改善内膛光照，提早成花结果，有利于早成形

续表

变向手段	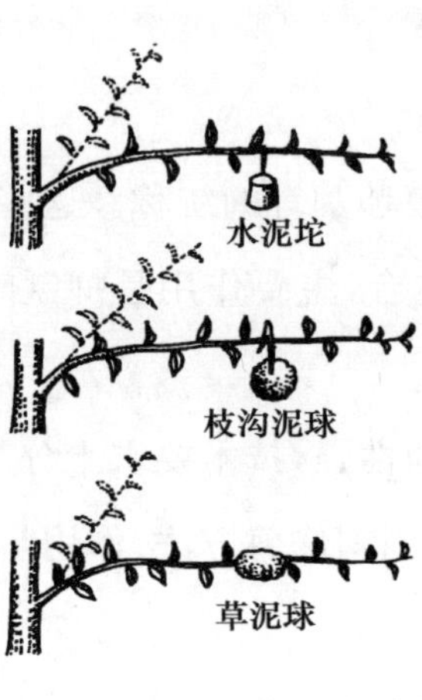		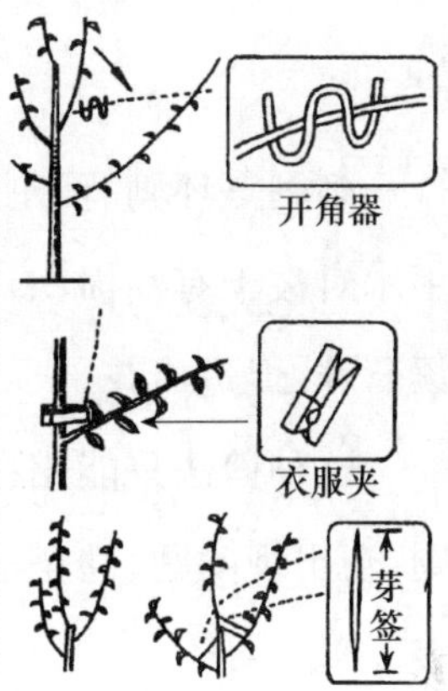
名称	开张枝条角度		
修剪方法	用泥球、水泥坨坠枝	7～8 月，长梢用手捋枝，使枝下曲，呈水平、下垂状态	长梢用开角器、衣服夹、牙签等开张角度
作用与效果	成本低，效果好，不用解绑，无副作用	缓和生长，促生中短枝	开张嫩梢基角效果好

变向手段	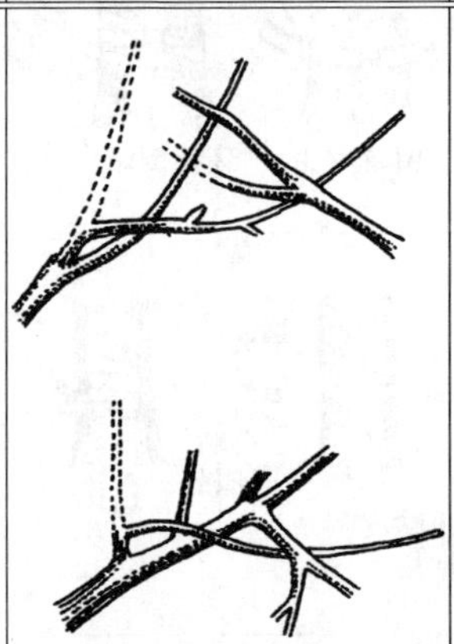	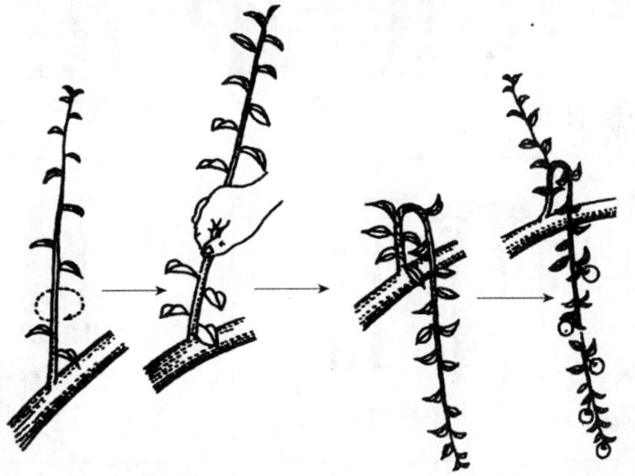
名称	别枝	扭梢
修剪方法	将直立长旺枝别在附近枝之下，使之呈水平和下垂状态	5 月中下旬，当新梢(竞争枝、直立旺梢)长达 30 厘米左右时，于基部半木质化处(5～6 厘米高)，扭曲 180°角，使之下垂，别在枝旁
作用与效果	抑制生长，促生花芽	减弱旺梢势力，促花结果

六、刻　剥

刻剥是环剥、环割、环状倒贴皮、刻芽、多道环割等的统称。这些局部小手术对枝干有些损伤,但保证在短期内能够愈合,主要作用是抑制旺长、积累营养、促进成花。

这种剪法只能用在旺树、旺枝上,而且时间性强,技术要求十分严格,否则,会出现问题,甚至造成死枝、死树的现象。刻剥修剪方法、作用与效果见表 5-8。

表 5-8　刻剥修剪方法、作用与效果

<table>
<tr><td rowspan="2">刻剥部位</td><td colspan="2">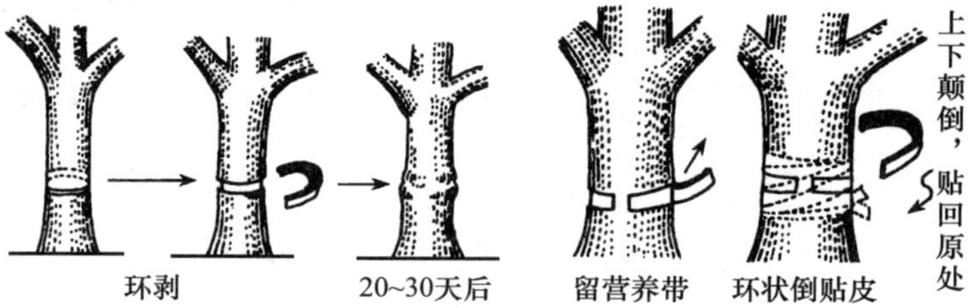
</td></tr>
<tr><td>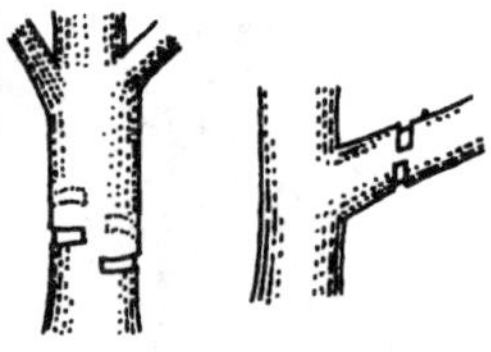
</td><td>
</td></tr>
<tr><td>名称</td><td colspan="2">环剥与环状倒贴皮</td></tr>
<tr><td>修剪方法</td><td colspan="2">5 月中旬至 6 月下旬,对枝干酌情环剥,剥皮宽度为剥皮处直径 1/10 左右,最宽不大于 1 厘米,最窄不小于 1 毫米,剥后 20～30 天愈合</td></tr>
<tr><td>作用与效果</td><td colspan="2">明显削弱枝、干生长势,短期内抑制根系生长,但有利于大量成花</td></tr>
</table>

续表

刻剥部位	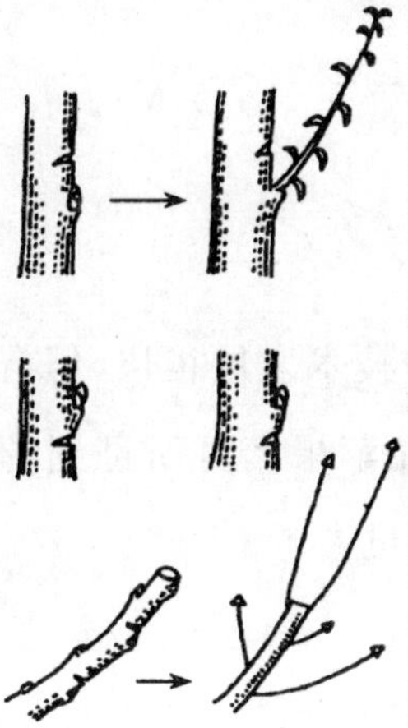	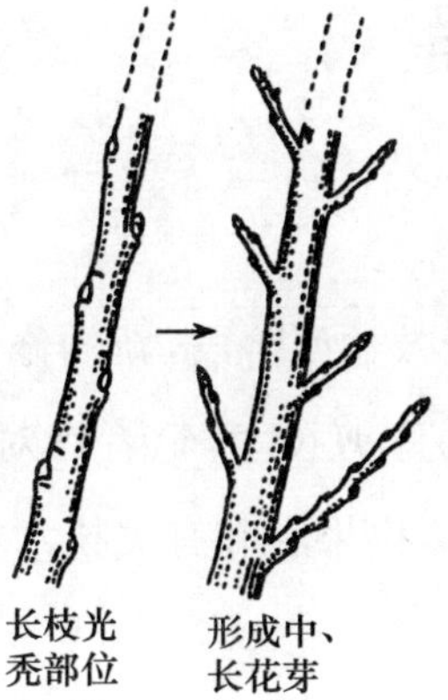	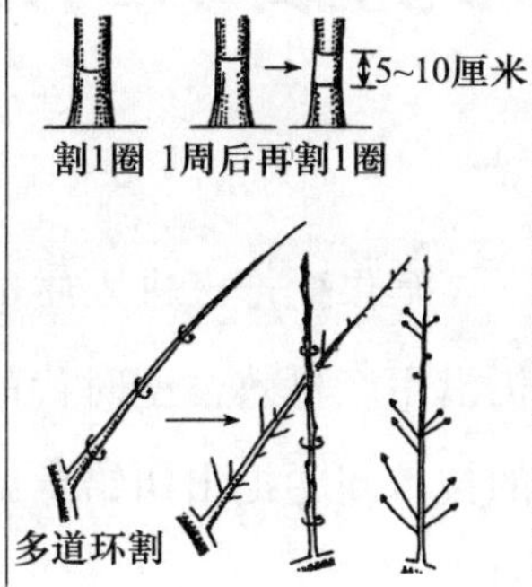
名称	刻伤(目伤)	大量刻芽	环割与多道环割
修剪方法	春季萌芽前,在芽的上方或下方0.5厘米处,用刀刻半月形切口	在芽的上方用刀或锯条横拉一小口即可	在枝干上环割树皮1圈或2圈,在光秃的1～2年生长枝上,隔20厘米环割1圈
作用与效果	促进或抑制芽的萌发、生长	促进光秃部位形成中、长枝花芽	促进发枝和成花

第 六 章
修剪技术纠错

苹果生产已进入质量效益型阶段，新的修剪技术发展很快，但有的果农仍沿用产量效益型时代的修剪技术，笔者针对在苹果产区所见到的这方面的技术问题提出纠错意见，供果农和有关技术人员参考。

一、剪锯口不合理

(一)修剪表现

1. 剪口离剪口芽距离 见图6-1。

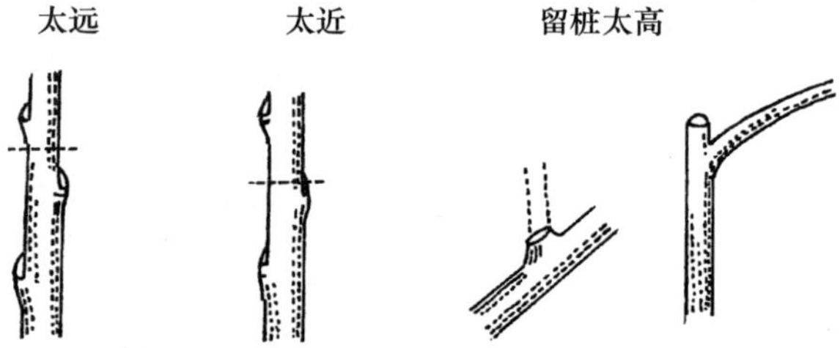

图6-1 剪口离剪口芽距离

2. 剪截角度不合理 见图6-2。

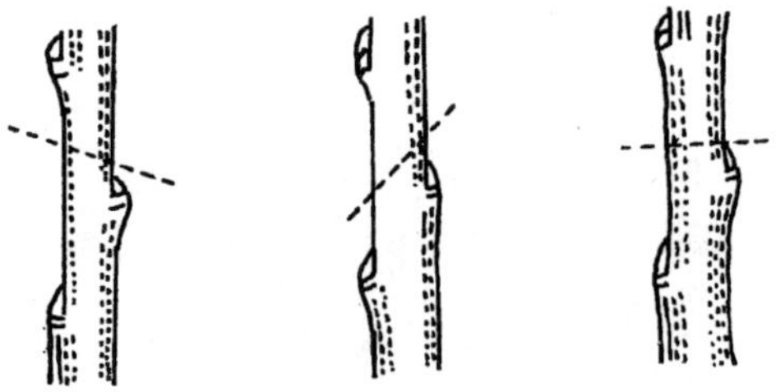

图6-2 剪截角度不合理

3. 不注意剪口芽方向 见图 6-3。

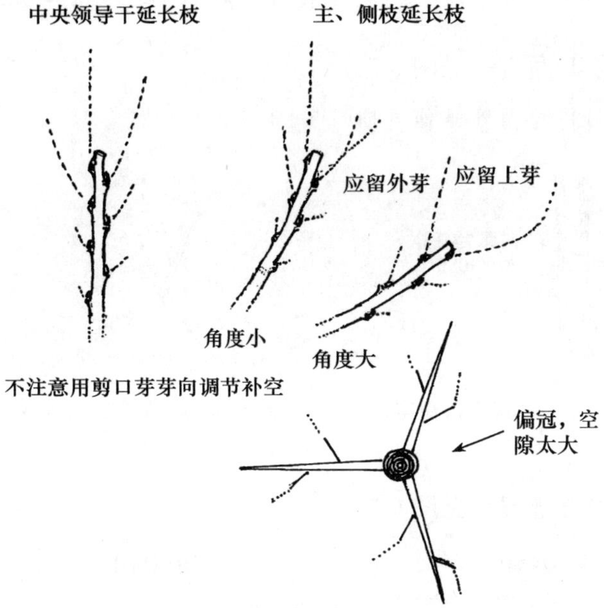

图 6-3 不注意剪口芽方向

4. 锯口不合理 见图 6-4。

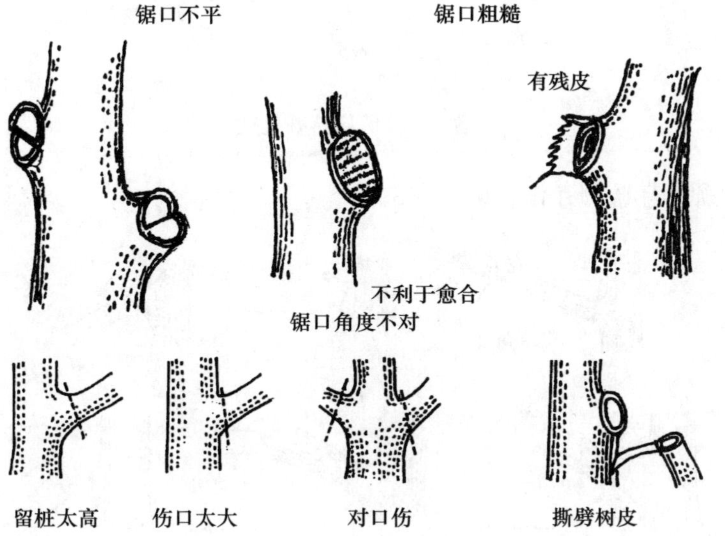

图 6-4 锯口不合理

(二)纠错方法

1. 注意剪口角度 见图6-5。

2. 利用剪口芽调整延伸方向 见图6-6。

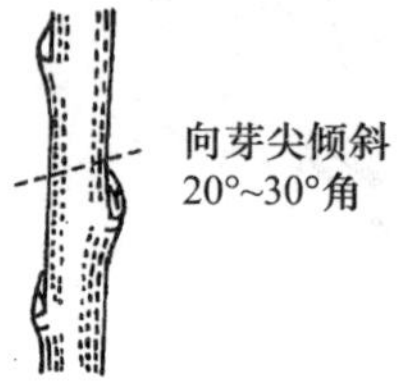

图6-5 注意剪口角度

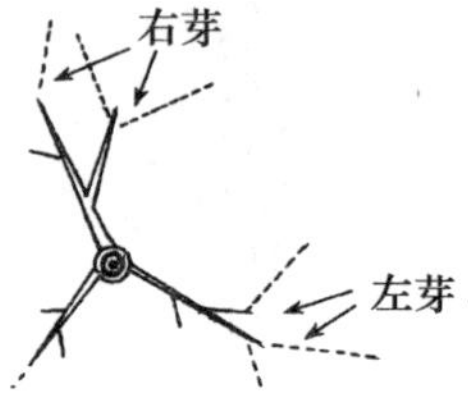

图6-6 利用剪口芽调整延伸方向

3. 剪口特殊处理 见图6-7。

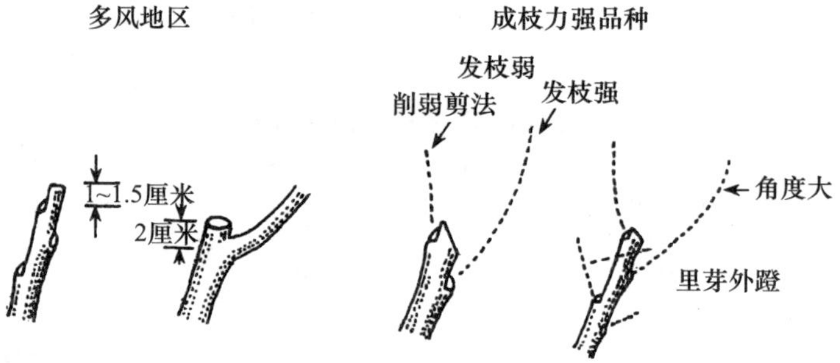

图6-7 剪口特殊处理

4. 锯口与锯除方法 见图6-8。

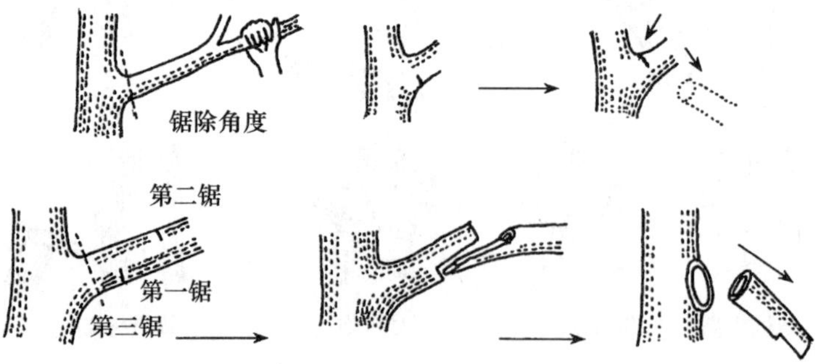

图6-8 锯口与锯除方法

二、拉技不规范

在本书整形部分，已列举了整形拉枝不合理的一些内容。下面介绍修剪、促进结果方面拉技不规范的问题。

(一)修剪不规范的表现

1. 用竞争枝交叉拉枝　见图6-9。

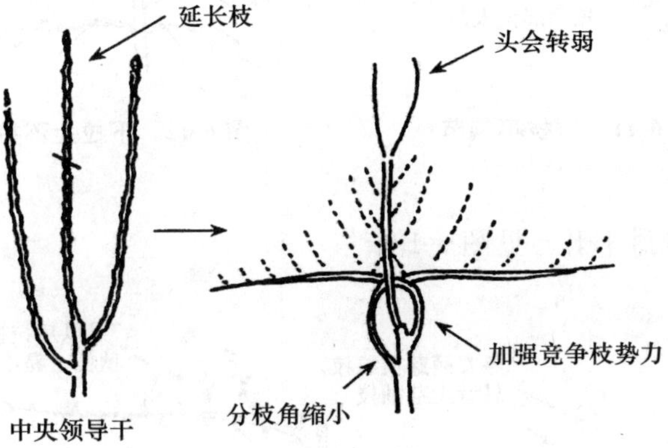

图6-9　用竞争枝交叉拉枝

2. 不该拉的长梢也拉枝　见图6-10。

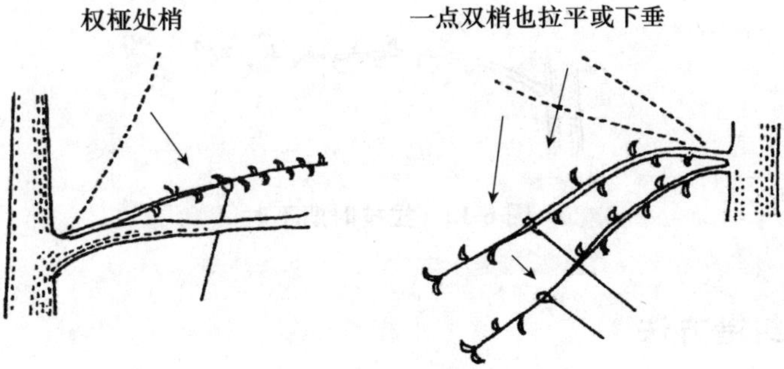

图6-10　不该拉的长梢也拉枝

3. 拉枝不规范 见图 6-11。

4. 下拉上不拉 见图 6-12。

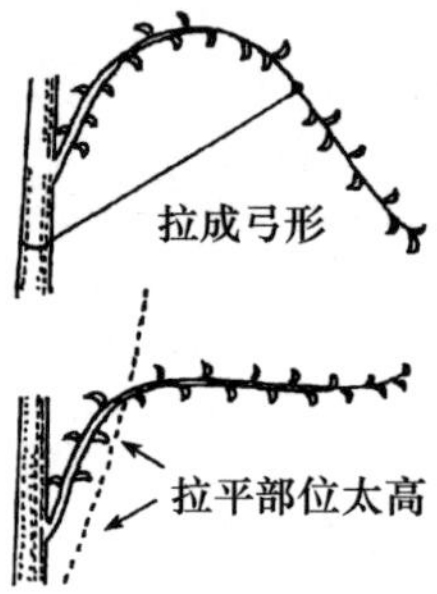

图 6-11 拉枝不规范

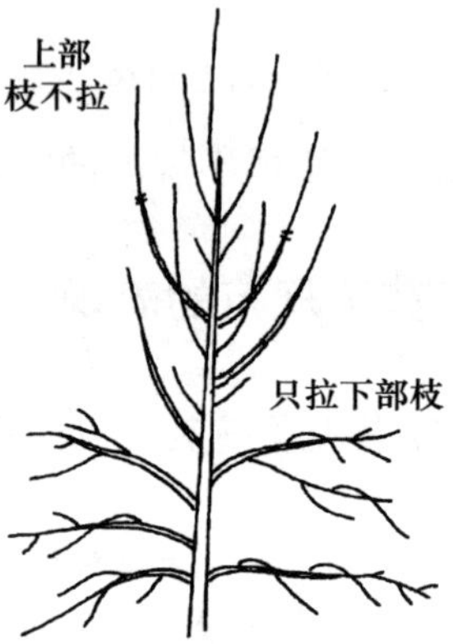

图 6-12 下拉上不拉

5. 拉枝时期不对 见图 6-13。

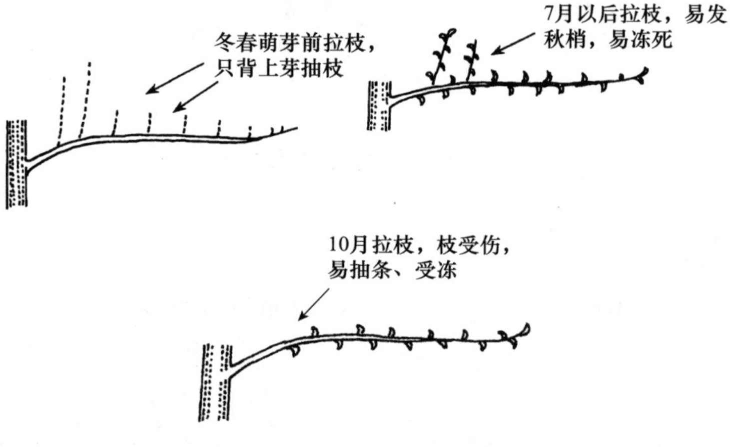

图 6-13 拉枝时期不对

(二)纠错方法

1. 拉成不拱腰状态 见图 6-14。

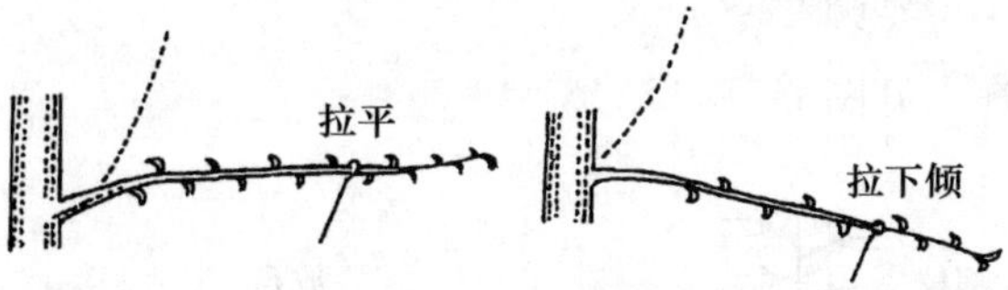

图 6-14 拉成不拱腰状态

2. 拉向四面八方 枝条分布均匀，见图 6-15。

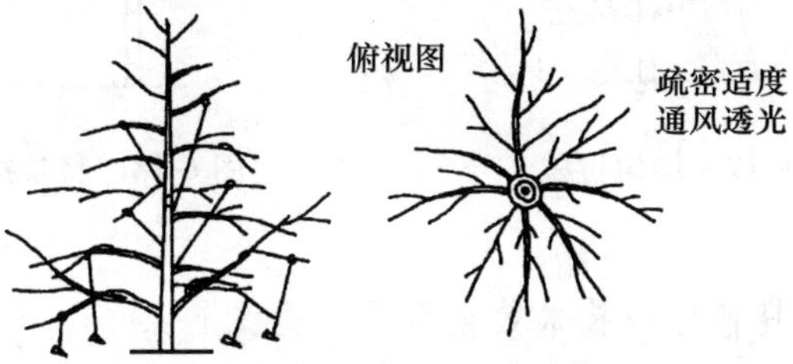

图 6-15 拉向四面八方

3. 适时拉枝 见图 6-16。

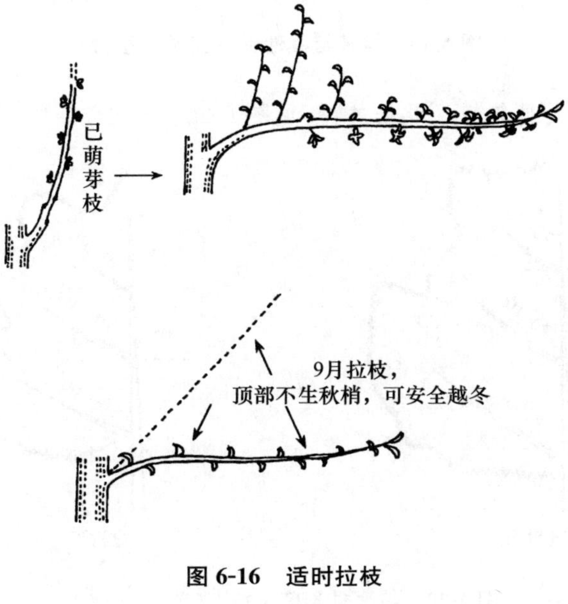

图 6-16 适时拉枝

4. 均匀拉枝 见图6-17。

5. 将枝拉顺 见图6-18。

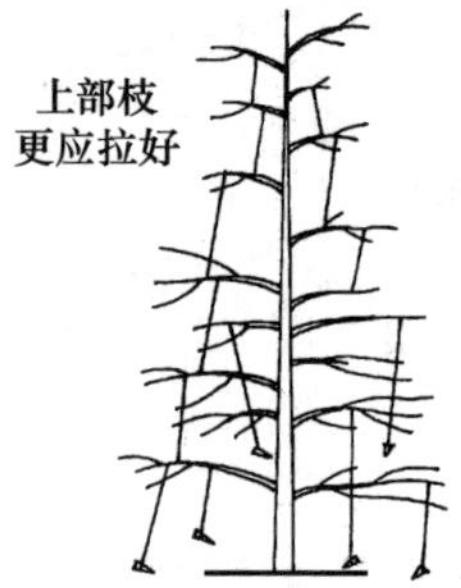

图6-17 均匀拉枝

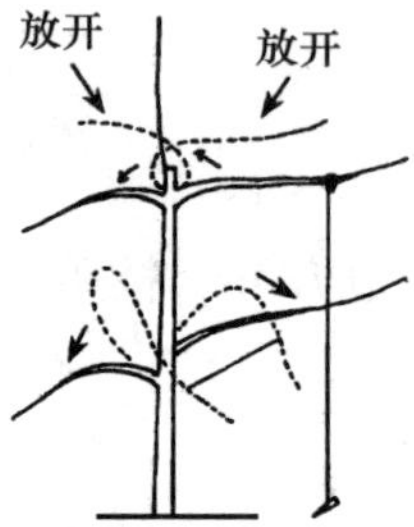

图6-18 将枝拉顺

6. 拉枝结合其他促花技术效果更好 见图6-19。

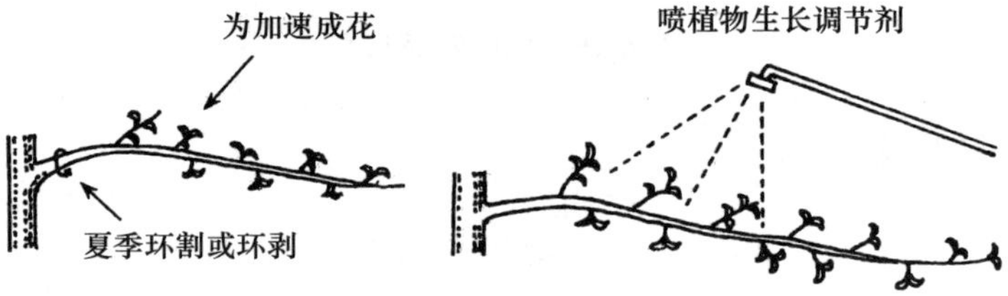

图6-19 拉枝与其他促花技术相结合

7. 按要求长度拉枝 够长才拉，见图6-20。

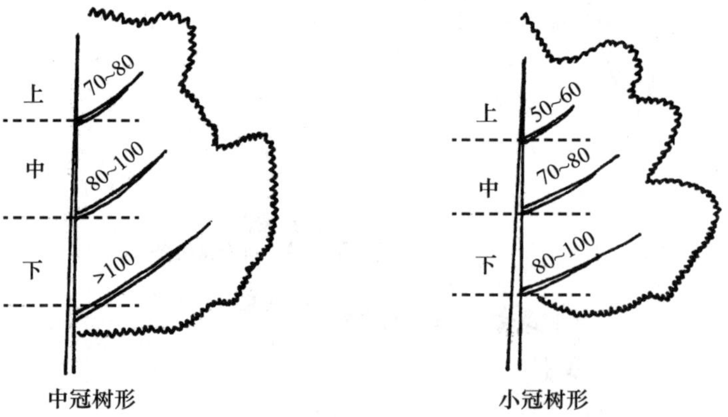

图6-20 按要求长度拉枝 （单位：厘米）

三、剪折枝伤枝

为了促进成花结果，对大枝实行剪折技术，使其半死不活，枝势立即被削弱，但此项技术不够成熟，效果不佳，甚至事与愿违。

(一)修剪表现

1. 粗枝　见图6-21。

2. 细枝　见图6-22。

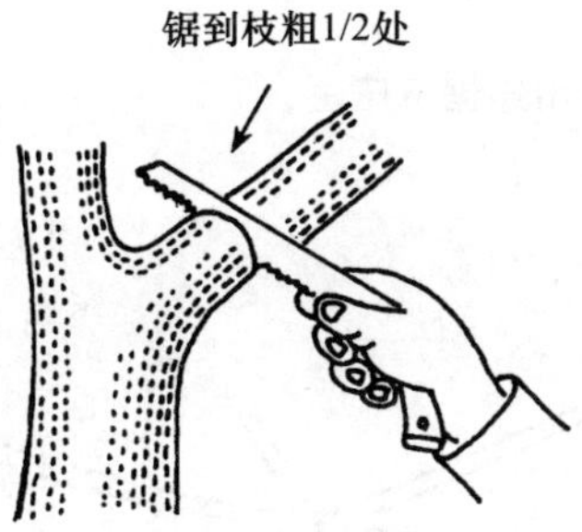

图6-21　粗枝剪折

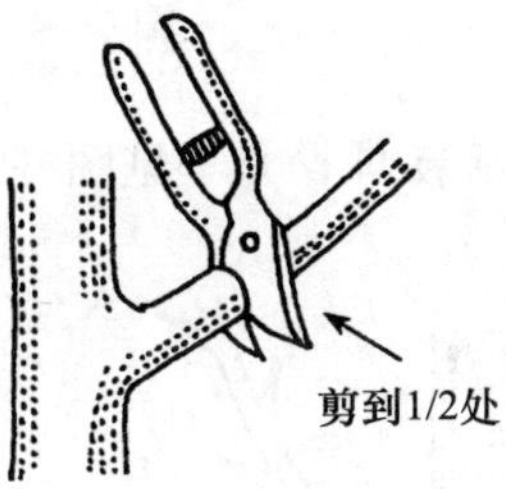

图6-22　细枝剪折

3. 半折倒，压劈，伤口处夹一小木棍(俗称老虎大张嘴)　见图6-23。

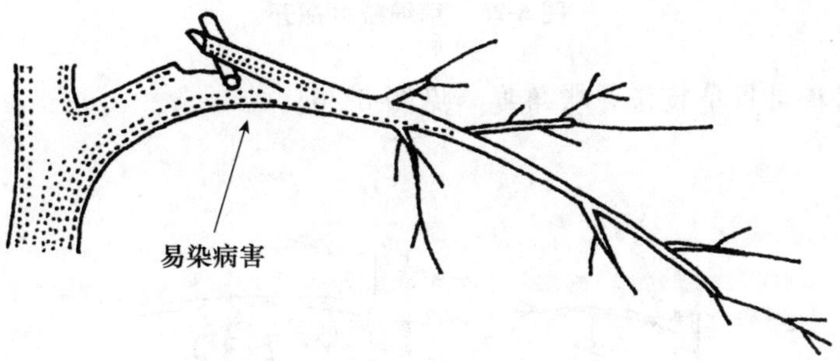

图6-23　伤口处夹一小木棍

(二)纠错方法

1. 粗硬大枝 用连锯下压法较为有效。但这种枝不能作为永久枝来用,因为木质部锯口永远不能愈合,牢固性较差,不能负担大量果实。见图 6-24。

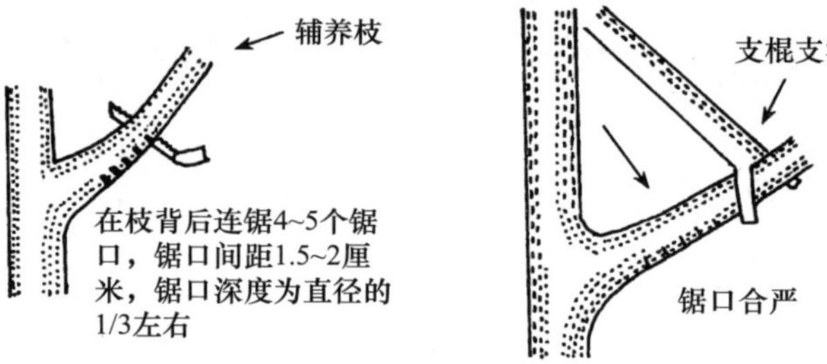

图 6-24 粗硬大枝用连锯下压法

2. 稍细枝可撑开 见图 6-25。

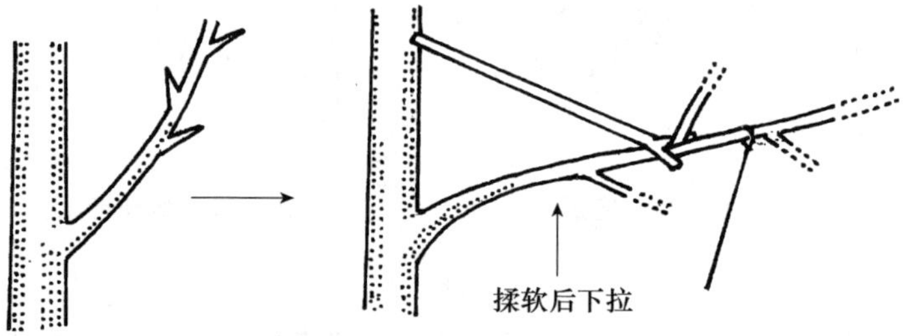

图 6-25 稍细枝可撑开

3. 细枝可用坠枝法开张角度 见图 6-26。

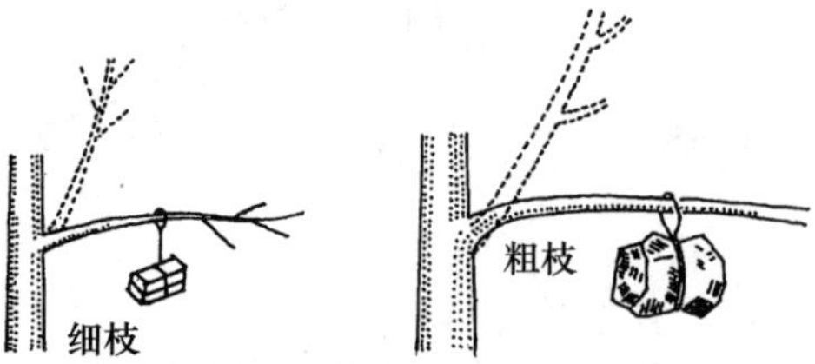

图 6-26 细枝可用坠枝法开张角度

四、绑　枝

有的果园，为控制枝条直立生长，图省事，竟将许多枝条捆绑起来。这种做法不利于枝条舒展和充分发挥叶片的光合作用潜力，施药喷不透，易生病虫害。

(一)生产上的问题

1. 株间长枝相互捆绑　见图 6-27。

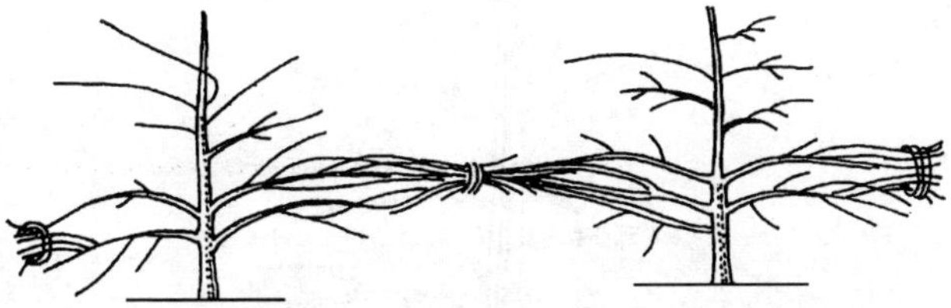

图 6-27　株间长枝相互捆绑

2. 单株多束捆绑　见图 6-28。

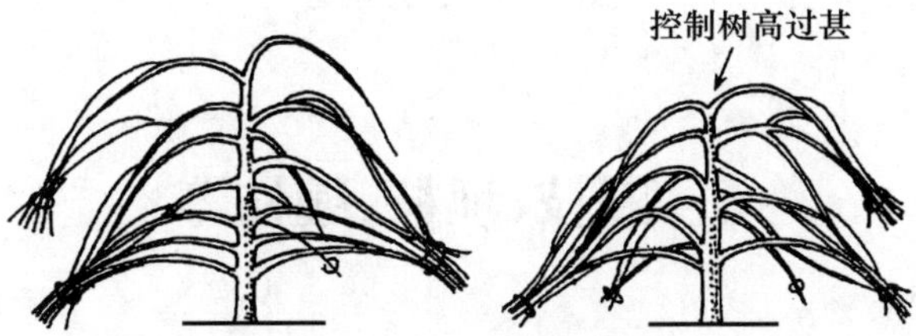

图 6-28　单株多束捆绑

(二)纠错方法

1. 松绑　舒展枝条，使枝条均匀、合理地伸向各方，并达到应有高度，以利于通风透光和便于喷药等田间作业。见图 6-29。

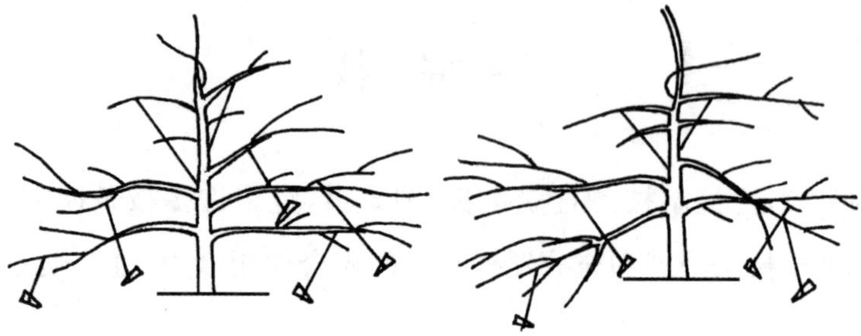

图 6-29 松绑

2. 各方拉匀 重塑中央领导干优势，见图 6-30。

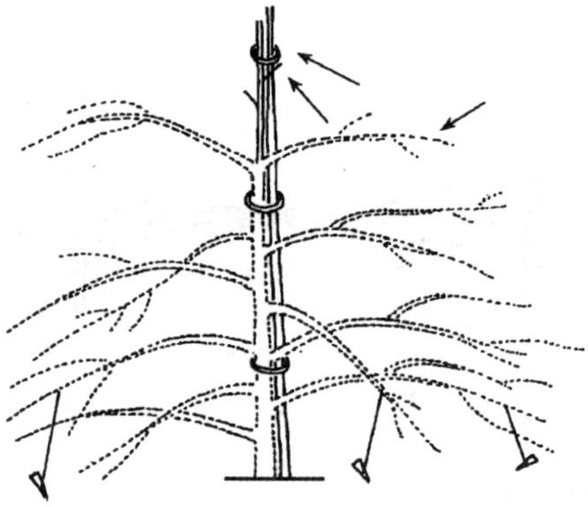

图 6-30 各方拉匀

五、圈枝、埋枝、缠枝等

为了控制过旺长枝，有的果园喜欢用省事的办法——圈枝、别枝、缠枝、埋枝等，促其缓势成花，虽有一定作用，但其后果不佳，已不提倡应用，应迅速改正过来。

(一)生产上的问题

1. 全树大量圈枝 内膛光照不良，树枝不舒展，易染病虫害，见图 6-31。

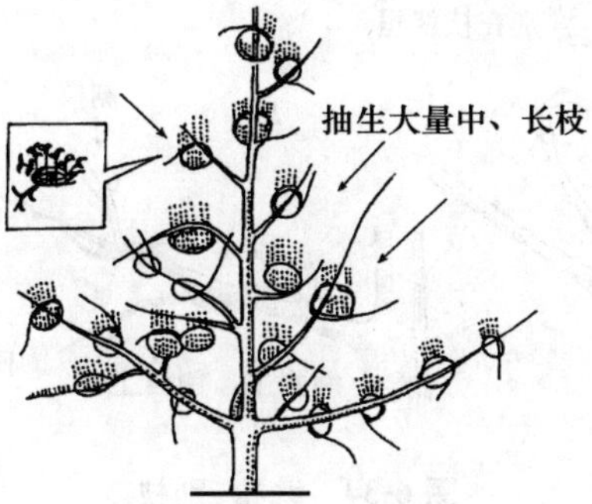

图 6-31 全树大量圈枝

2. 枝条相互圈别、丛生、交叉 混乱不堪，时间长了，相互缠合在一起，难解难分，见图 6-32。

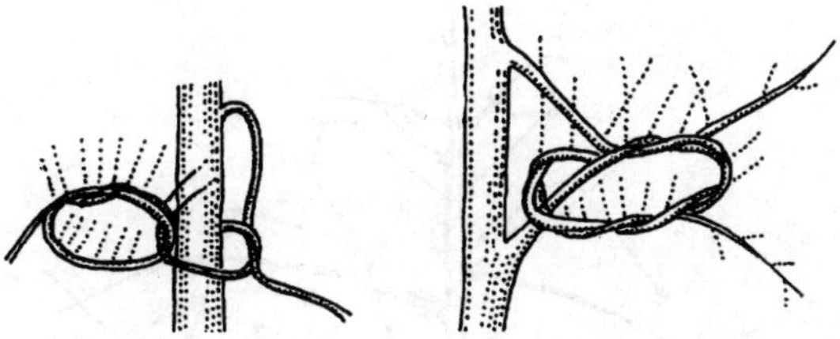

图 6-32 枝条相互圈别、丛生、交叉

3. 埋枝 俗称"癞蛤蟆嘴啃泥"，见图 6-33。

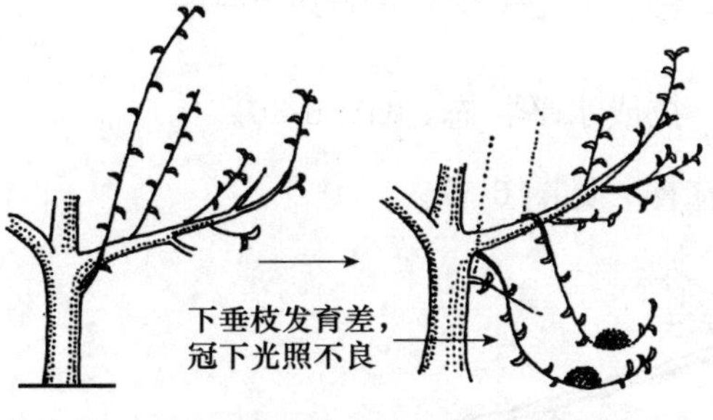

图 6-33 埋枝

4. 缠枝、别枝 见图 6-34。

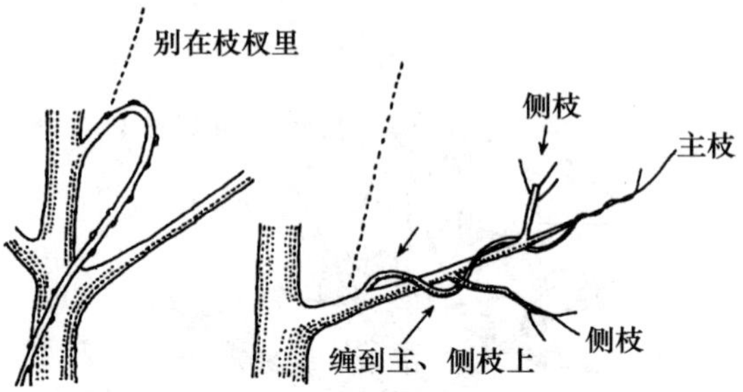

图 6-34 缠枝、别枝

(二)纠错方法

1. 打开所有圈枝 拉向外围,让枝条舒展,见图 6-35。

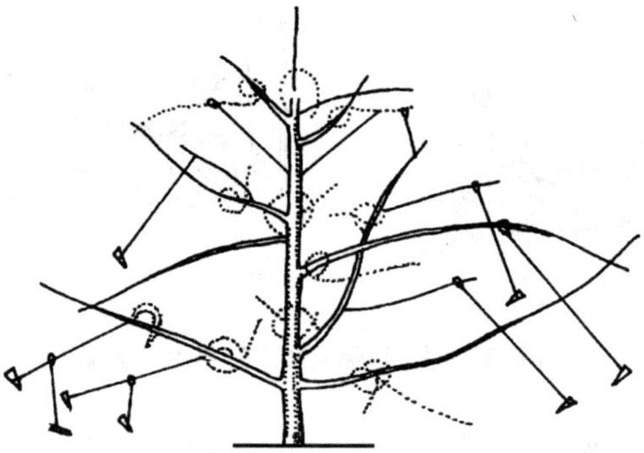

图 6-35 打开所有圈枝

2. 解除埋枝 拉成水平状态,见图 6-36。

3. 改缠枝为拉枝 见图 6-37。

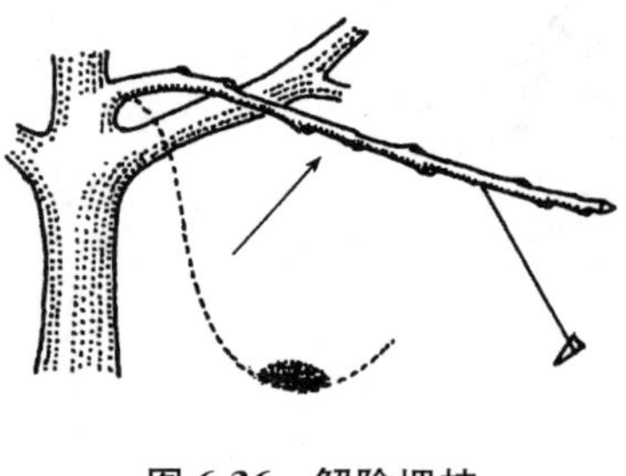

图 6-36 解除埋枝

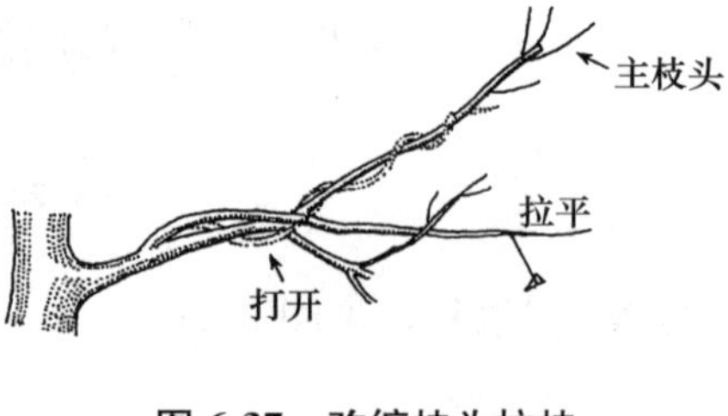

图 6-37 改缠枝为拉枝

六、环剥、环割过度

环剥、环割技术是促花结果最有效的手段之一，是初果期的常用技术。但在生产上有误解，认为这项技术是万能的，即在不加强综合管理的情况下，只要环剥、环割就万事大吉。殊不知在结果过量、养分消耗过多的情况下，环剥树实难成花，有时要休息1～2年才能成花结果。所以，这项技术只能是暂时性的，不得已而用之。到了盛果期，应停止采用该技术。在连年环剥、大量结果后，树势极度衰弱，易患苹果轮纹病、苹果腐烂病、苹果干腐病、苹果烂根病等；在套袋栽培时，果实易患缺钙症、缺硼症等。所以，要正确理解和运用割剥技术。在大面积生产上运用该技术时，曾有诸多问题和教训，值得重视。

(一)生产上的问题

1. 环剥用力过猛 造成死树，时有发生，见图6-38。

2. 用斧头砍树皮 不易愈合，见图6-39。

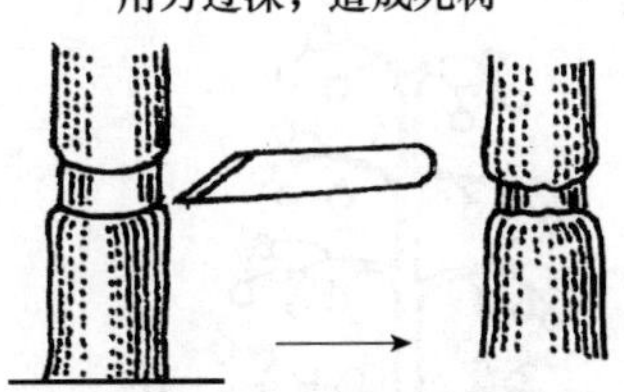

图6-38 环剥用力过猛

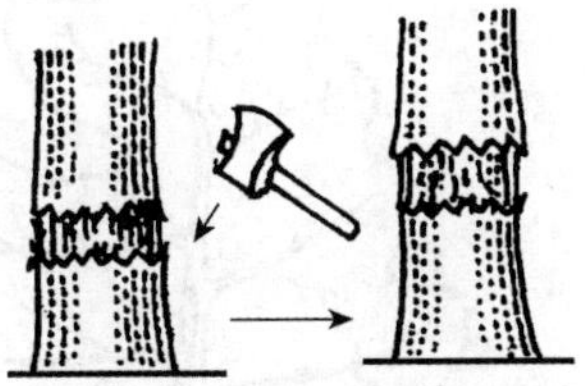

图6-39 用斧头砍树皮

3. 环剥口过宽 见图6-40。

4. 环剥口刀口不规范 见图6-41。

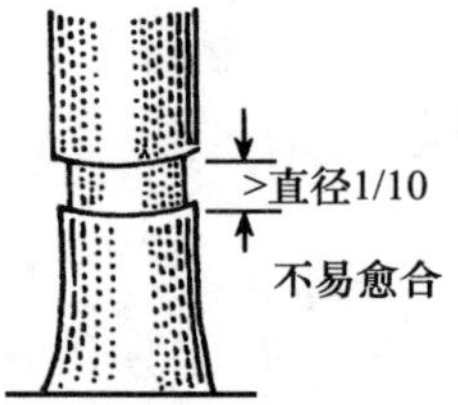

图 6-40 环剥口过宽

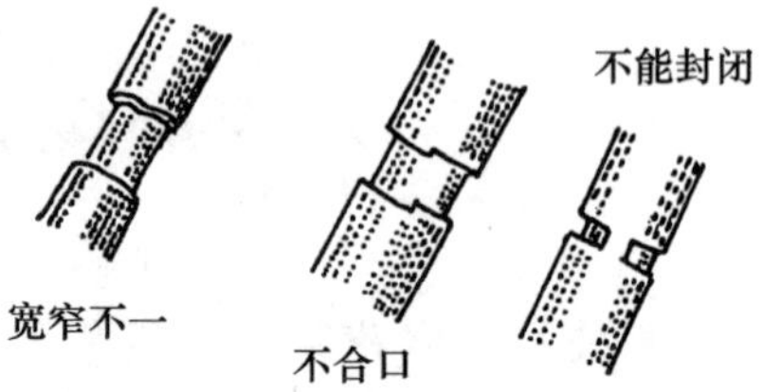

图 6-41 环剥口刀口不规范

5. 树干和主枝同时环割 削弱树势太重,见图 6-42。

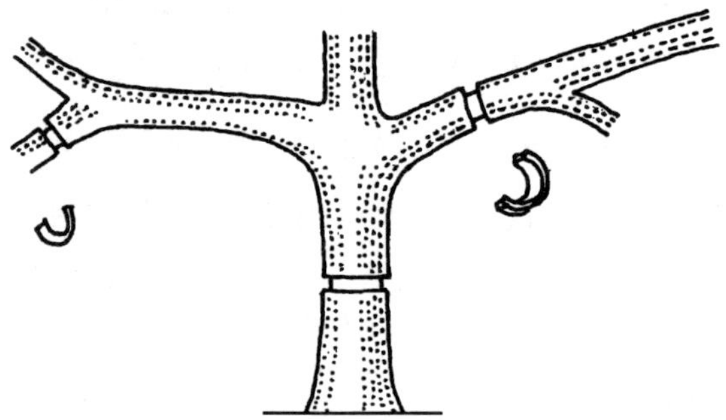

图 6-42 树干和主枝同时环割

6. 弱树也环剥 树大量成花、结果,树势更弱,易患病死亡,见图 6-43。

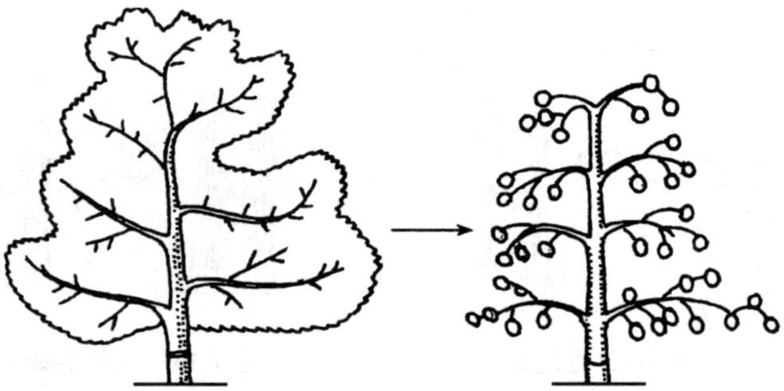

图 6-43 弱树环剥后树势更弱

7. 不同品种皮层愈合能力不同 不根据品种皮层愈合能力环剥,环剥宽度一样,见图 6-44。

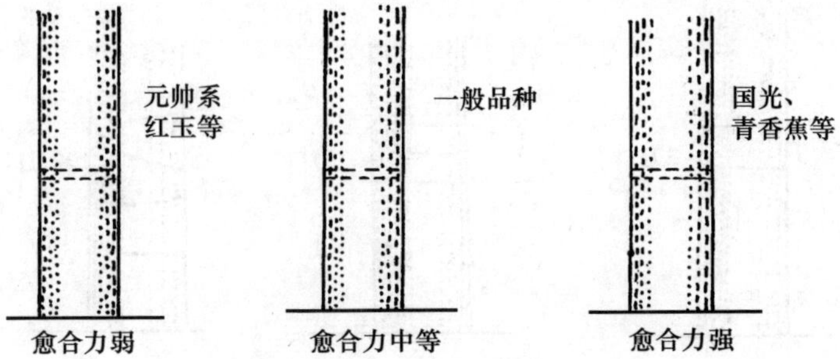

图 6-44　不同品种皮层愈合能力不同

在树势一致、干粗相近条件下，不同剥口宽度愈合效果不同(图 6-45)。

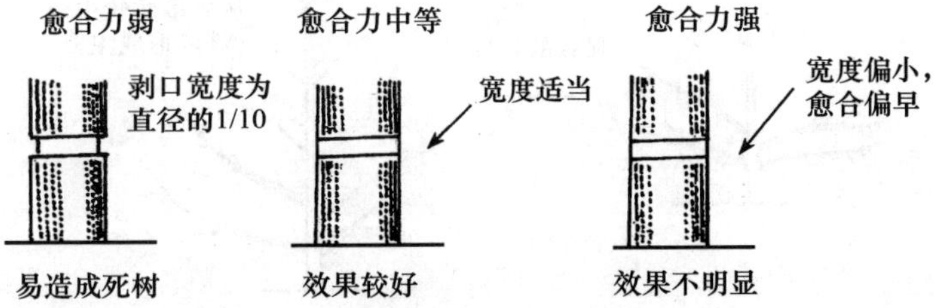

图 6-45　不同剥口宽度愈合效果不同

8. 割刀口时用力过猛　伤及木质部，造成死树，见图 6-46。

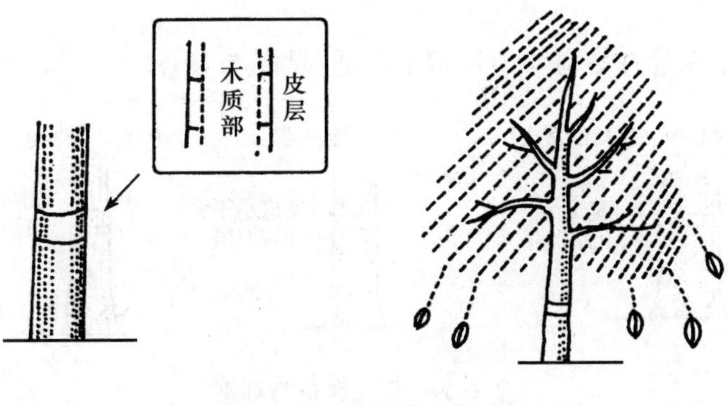

图 6-46　伤及木质部，造成死树

9. 连割数刀　易导致树弱或死树，见图 6-47。

10. 中央领导干多道环割　见图 6-48。

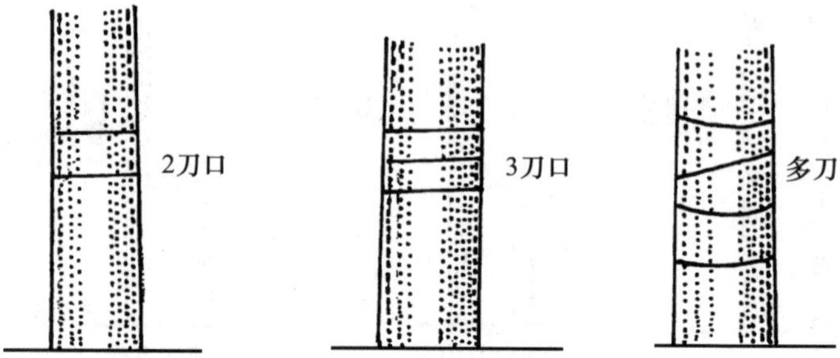

图 6-47 连割数刀,易导致树弱或死树

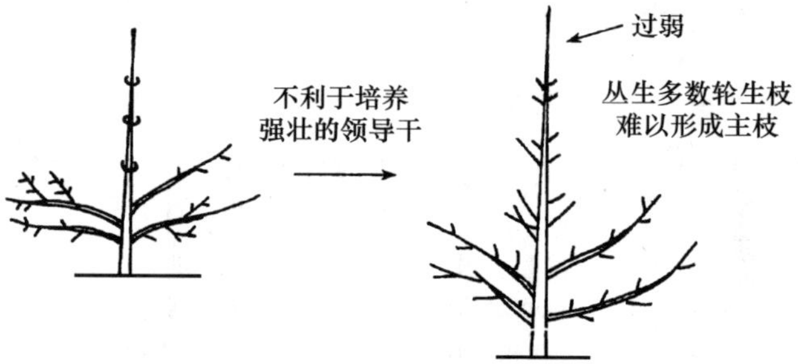

图 6-48 中央领导干多道环割

(二)纠错方法

1. 因品种进行环剥 刀口宽窄合适,见图6-49。

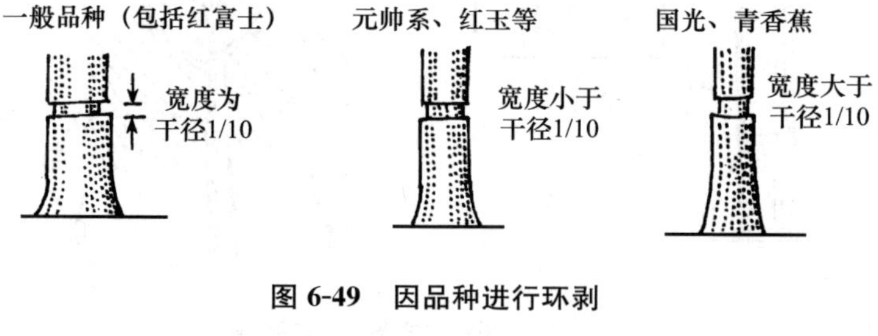

图 6-49 因品种进行环剥

2. 剥口太宽的补救 见图6-50。

3. 只宜选旺树、旺枝环剥 见图6-51。

4. 因树确定环剥刀口数 中庸树与强旺树环割刀口数不同,见图6-52。

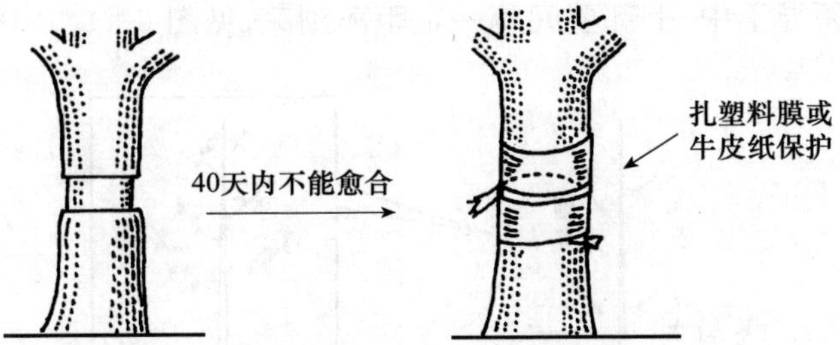

图 6-50 剥口太宽的补救

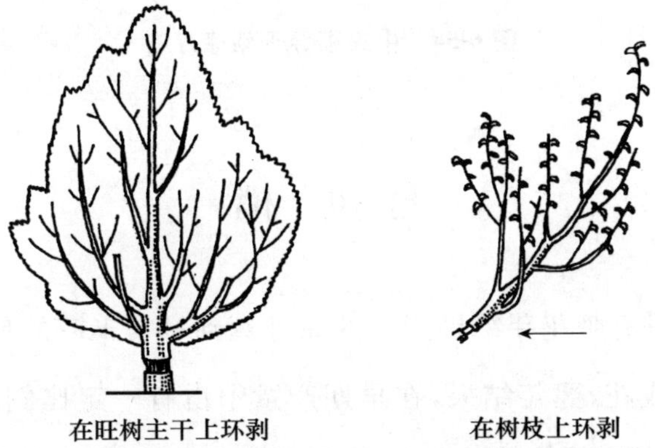

图 6-51 宜选旺树、旺枝环剥

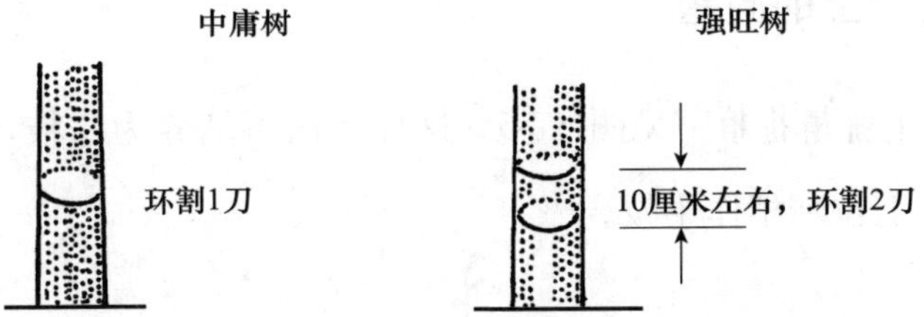

图 6-52 中庸树与强旺树环割刀口数不同

环割后易弱的品种可分次环割和错位分次环割，见图 6-53。

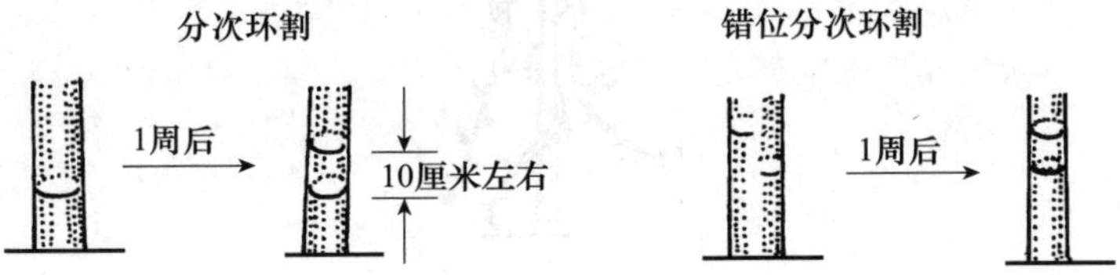

图 6-53 环割后易弱的品种分次环割

在中央领导干中、上部要间隔一定距离刻芽,见图6-54。

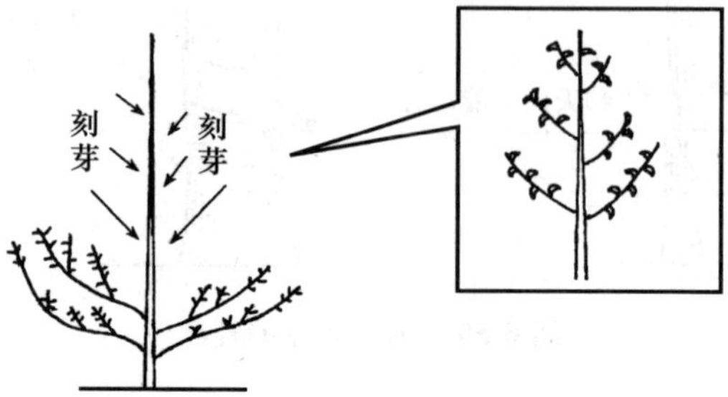

图 6-54　中央领导干刻芽方法

七、扭　梢

扭梢是促进有腋花芽结果能力的品种达到早实丰产的夏剪措施之一。一般扭后当年成花,翌年结果,在早期产量中占有一定比例。在实际操作中,扭梢常有不规范操作情况发生,给生产带来或多或少的损失。

(一)生产上的问题

1. 将骨干新梢扭梢　见图6-55。这样无法再培养为主枝,只好提高树干高度,再选上位新梢作主枝。

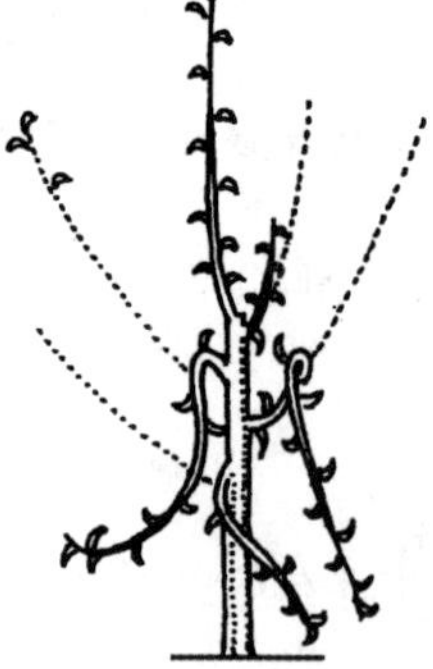

图 6-55　将骨干新梢扭梢

2. 扭梢部位不合理 见图 6-56。

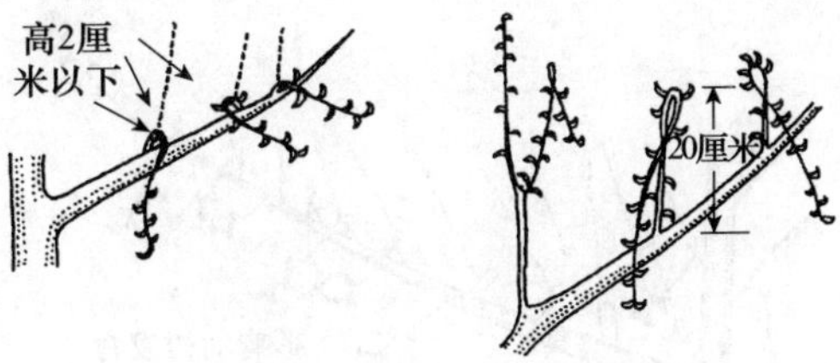

图 6-56 扭梢部位不合理

3. 扭梢过劲 扭 360°～720°角，满树扭死新梢，削弱了树势、枝势，见图 6-57。

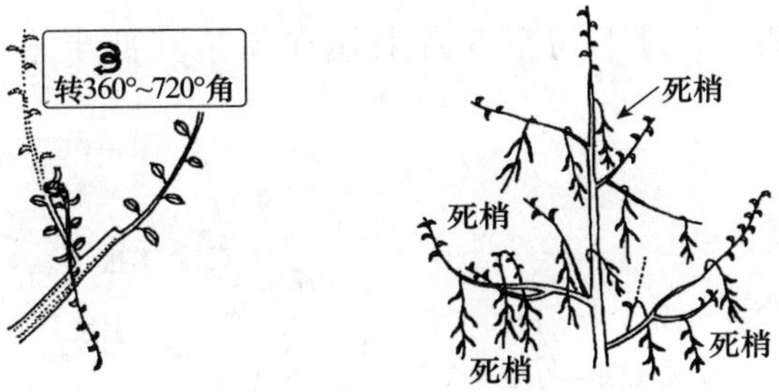

图 6-57 扭梢过劲

4. 扭梢时期不当

(1)扭梢太早 见图 6-58。

(2)扭梢太晚 见图 6-59。

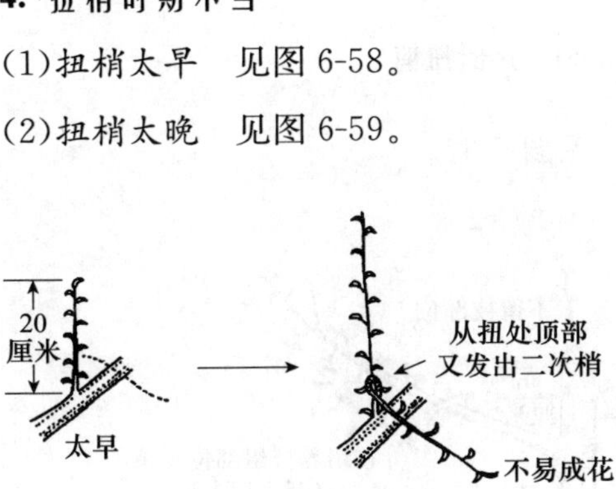

图 6-58 扭梢太早

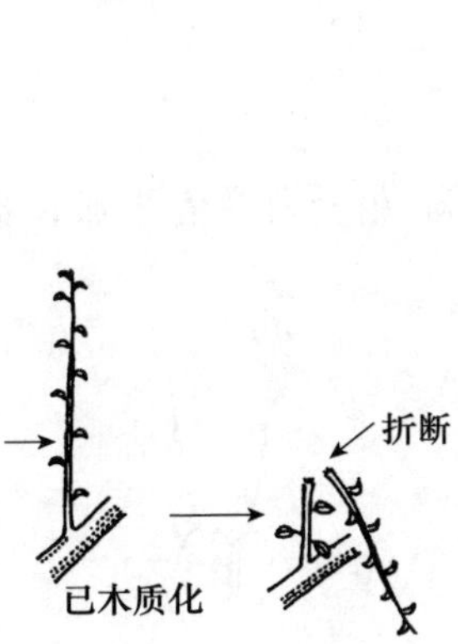

图 6-59 扭梢太晚

5. 见梢就扭 扭梢成排，都偏垂一面，影响对太阳光的利用，从而影响幼树发育，见图6-60。

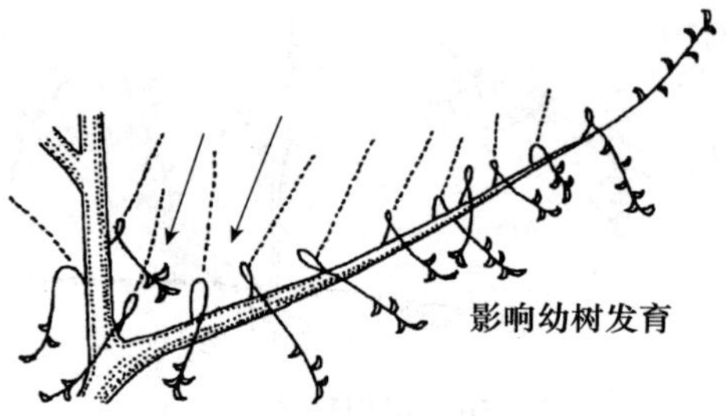

图6-60 见梢就扭，影响幼树发育

(二)纠错方法

1. 适时扭梢 5月下旬至6月上旬在新梢基部半木质化部位扭梢，见图6-61。

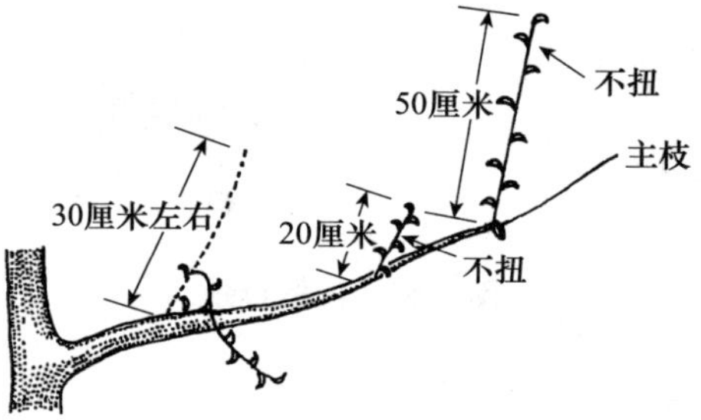

图6-61 适时扭梢

2. 根据新梢着生部位扭梢 见图6-62。

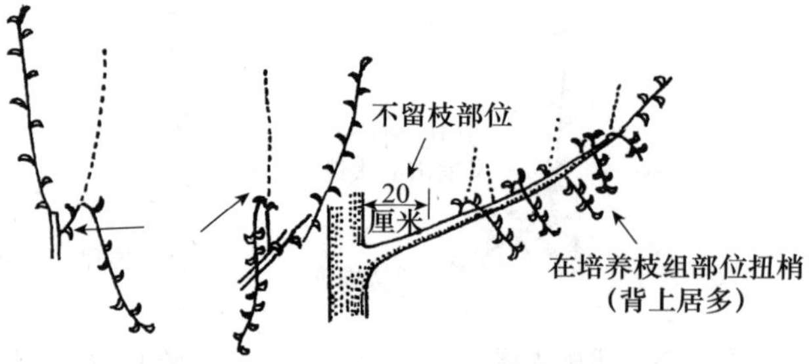

图6-62 根据新梢着生部位扭梢

3. 因梢扭梢　见图 6-63。

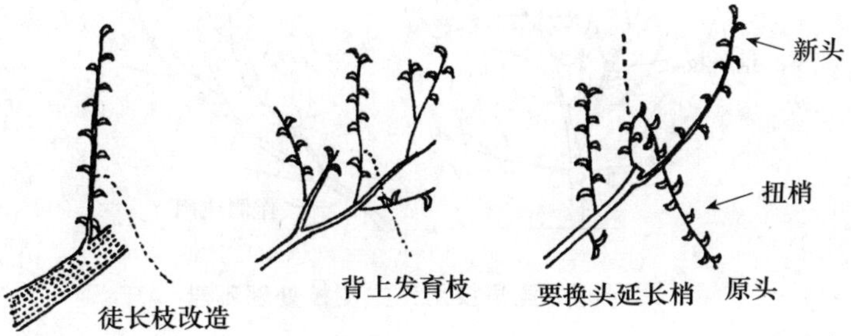

图 6-63　因梢扭梢

4. 扭梢与其他技术结合运用　见图 6-64。

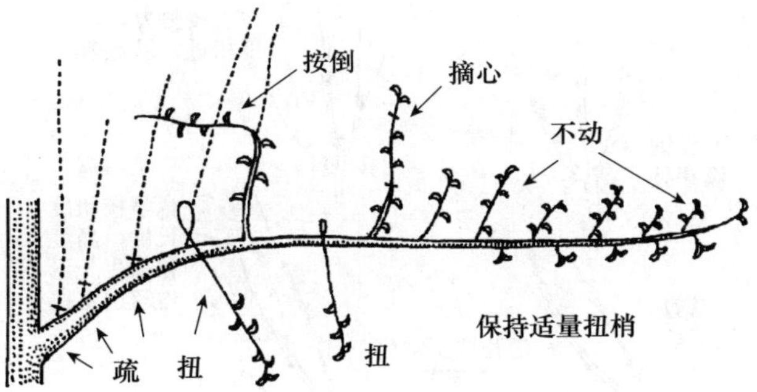

图 6-64　扭梢与其他技术结合运用

八、竞争枝处理不当

由于苹果树受顶端优势和成枝力弱等因素的影响，各延长头剪口下多发生 2～4 个长枝，其余为中、短枝。在长枝中，剪口下第二至第三枝多与顶梢竞争，如何处理好它们之间的关系，要因品种、因树制宜。

(一)生产上的问题

1. 用作主、侧枝　见图 6-65。易形成双头、多头竞争，郁闭树冠。

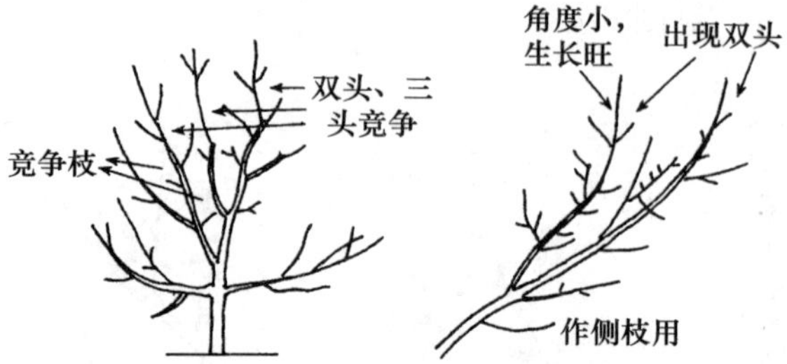

图 6-65 竞争枝用作主侧枝处理不当

2. 对竞争枝剪留长度不当 见图 6-66。

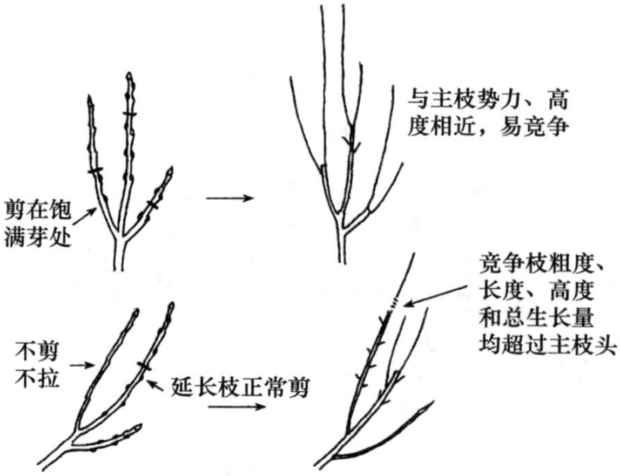

图 6-66 对竞争枝剪留长度不当

3. 形成双杈枝、三杈枝 见图 6-67。

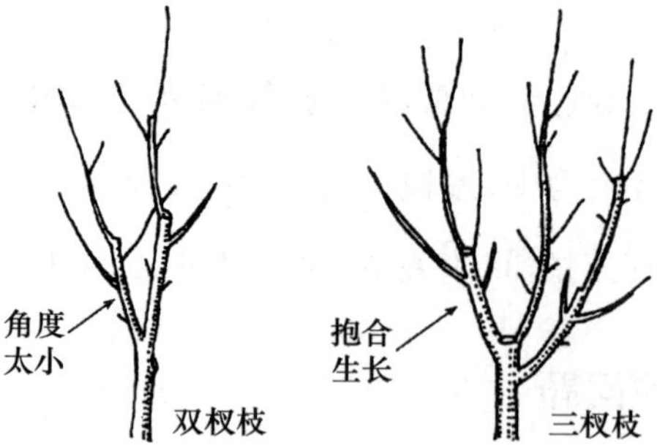

图 6-67 形成双杈枝、三杈枝

4. 形成树上长树现象　见图 6-68。

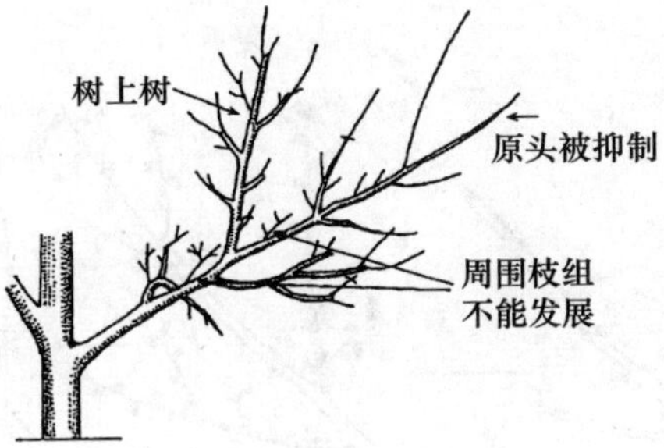

图 6-68　形成树上长树现象

(二)纠错方法

1. 竞争枝强于原头　见图 6-69。

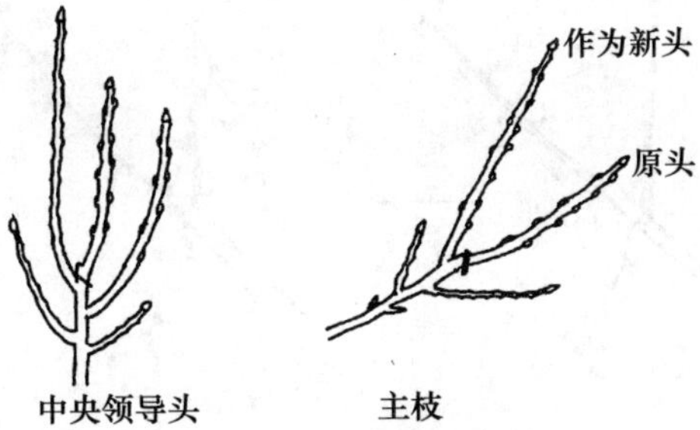

图 6-69　竞争枝强于原头

2. 用于早结果　可加以利用 2～3 年，见图 6-70。

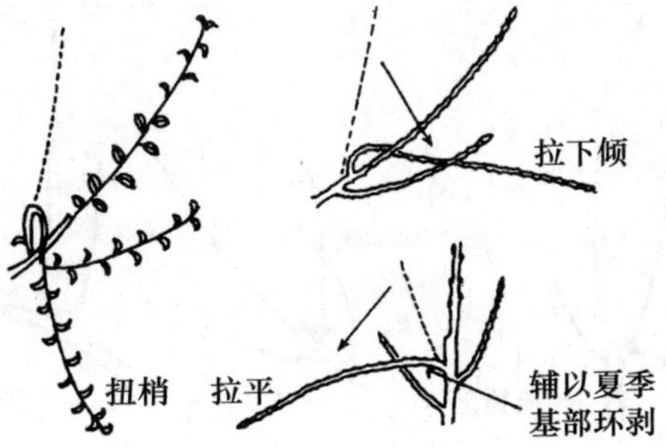

图 6-70　用于早结果

3. 培养为中、小枝组 增加结果部位,见图6-71。

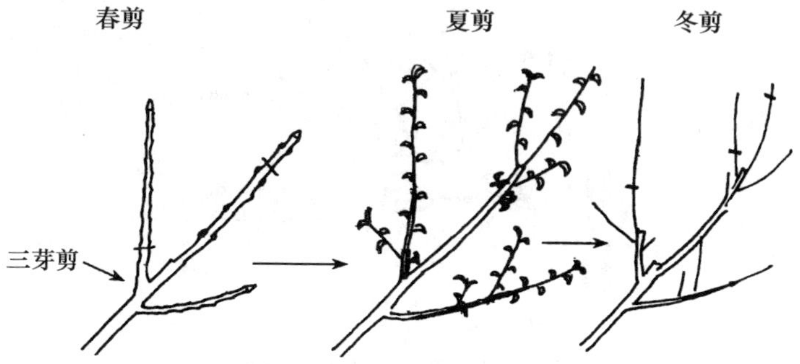

图6-71 培养为中、小枝组

4. 连续扭梢形成下垂中、小枝组 见图6-72。

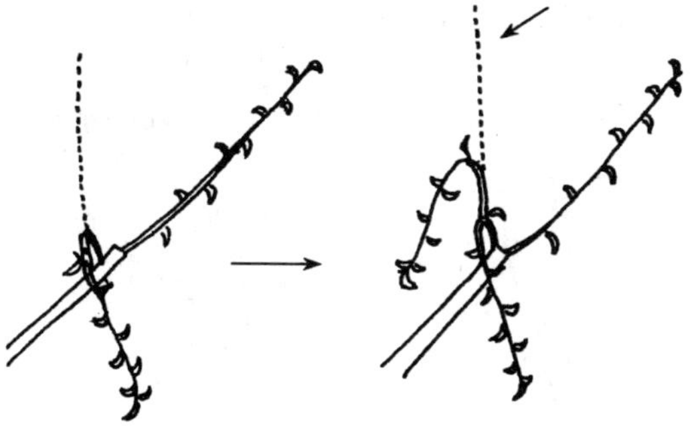

图6-72 连续扭梢形成下垂中、小枝组

5. 将无用枝疏除 见图6-73。

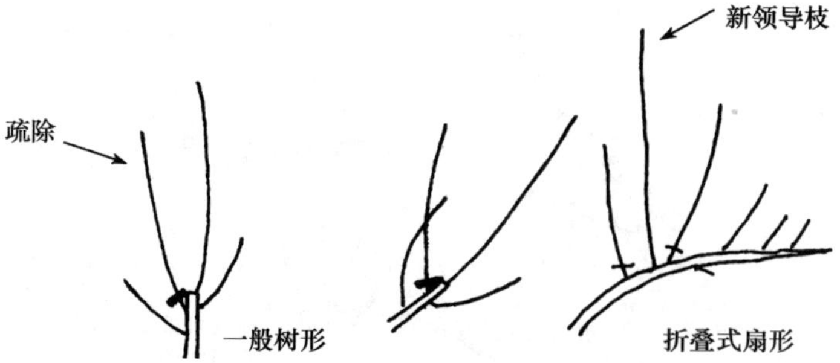

图6-73 将无用枝疏除

6. 改造多年生竞争枝

(1)疏除竞争枝 见图6-74。

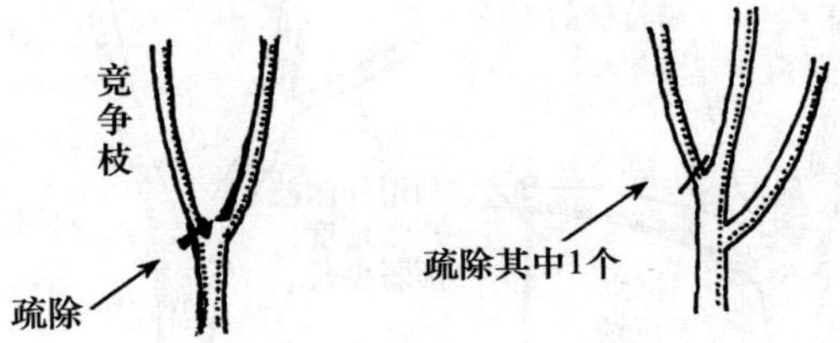

图6-74 疏除竞争枝

(2)拉平竞争枝 见图6-75。

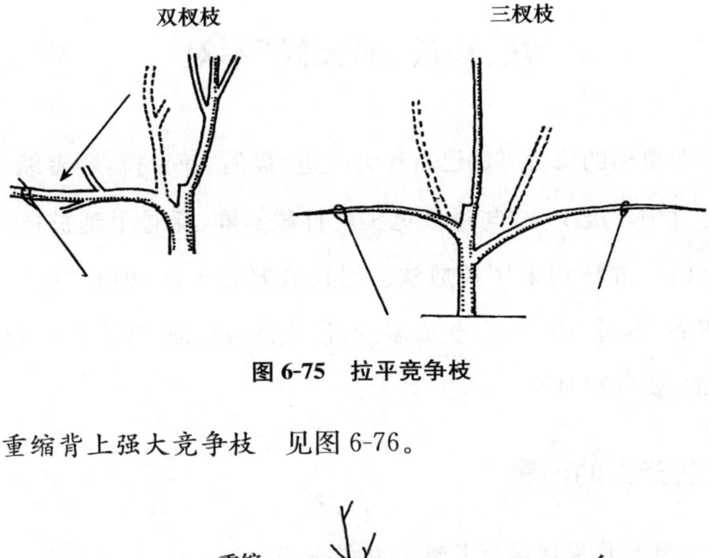

图6-75 拉平竞争枝

(3)重缩背上强大竞争枝 见图6-76。

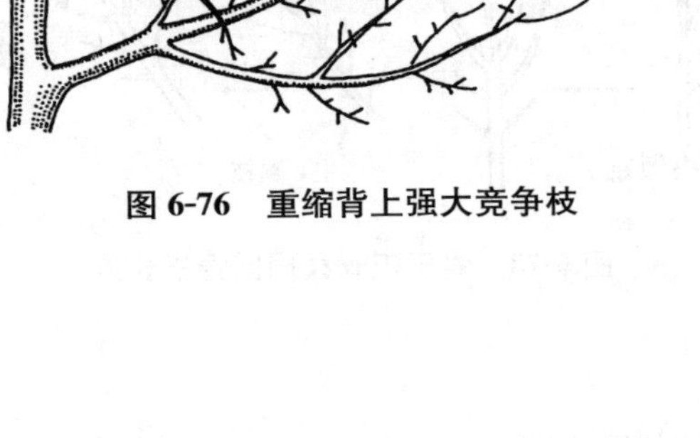

图6-76 重缩背上强大竞争枝

(4)粗大竞争枝 改造方法见图6-77。

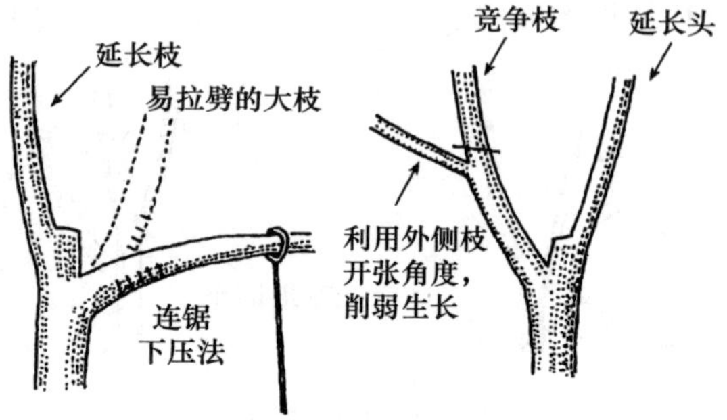

图6-77 粗大竞争枝改造方法

九、长放的“火候”不对

目前,苹果树的修剪方法已有很大改进,提倡“旺者拉,弱者缩,密者疏,极少截”。其中,“极少截”与过去见头就打截不同,除骨干延长枝需中截促强枝延伸外,一般枝均采用长放法。但长放要有火候,即有“度”。不同品种、不同树势、不同结果状况,长放多少,什么枝应长放,什么枝应短截,是有具体要求的,要分别对待。

(一)生产上的问题

1. 骨干延长枝周围强枝长放 见图6-78。

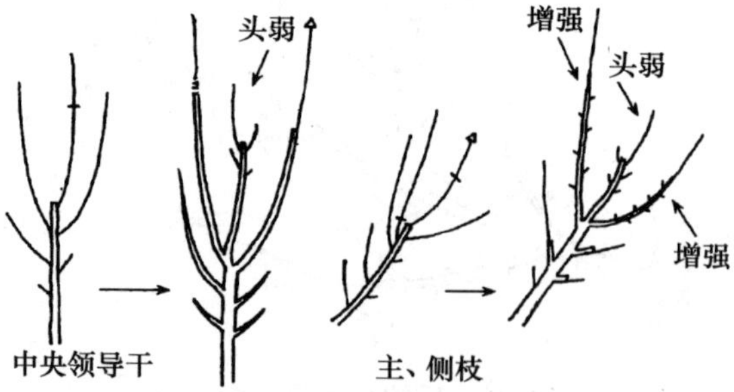

图6-78 骨干延长枝周围强枝长放

2. 背上强枝长放(不结合变向)　见图 6-79。

3. 变成树上树　见图 6-80。

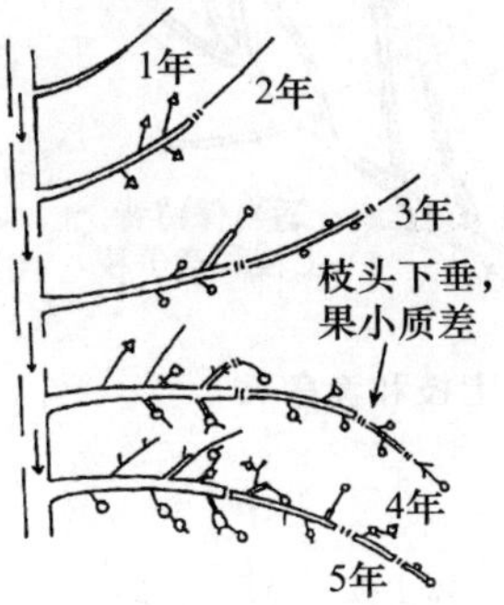

图 6-79　背上强枝长放

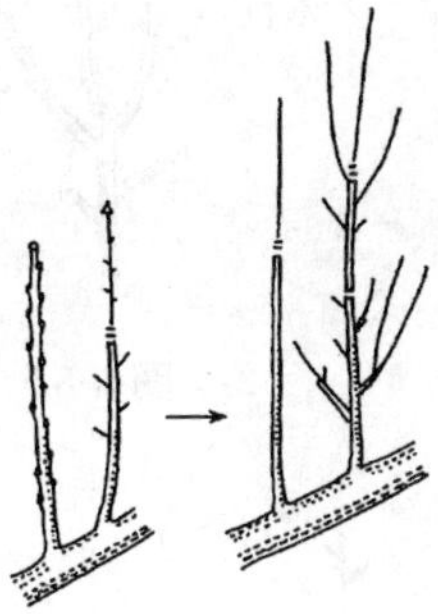

图 6-80　变成树上树

(二)纠错方法

1. 增强延长枝生长势

(1)拉平　见图 6-81。

(2)枝头低于骨干枝头　见图 6-82。

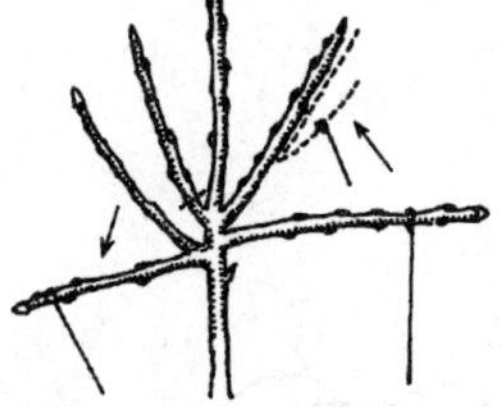

图 6-81　拉平

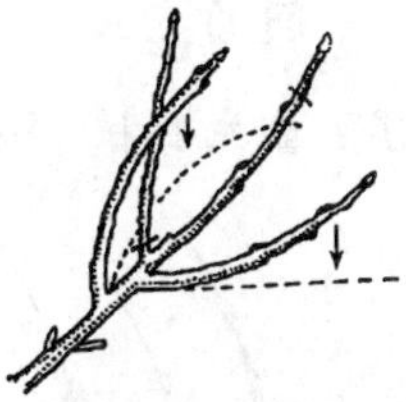

图 6-82　枝头低于骨干枝头

2. 适当保留背上枝和竞争枝　为削弱延长枝生长势，背上枝和竞争枝暂时保留，见图 6-83。

3. 防止长成“树上树”，影响骨干枝前部生长

(1)变向　见图 6-84。

(2)改为中、大枝组　见图 6-85。

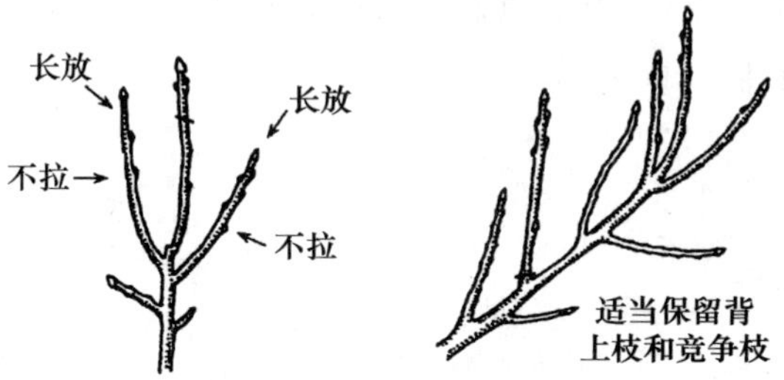

图 6-83　适当保留背上枝和竞争枝

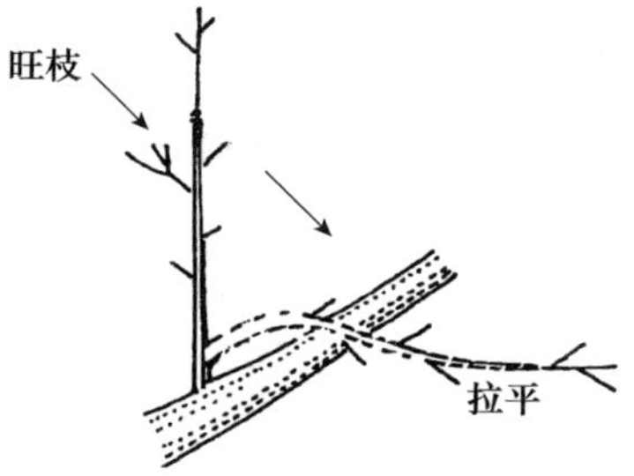

图 6-84　变向

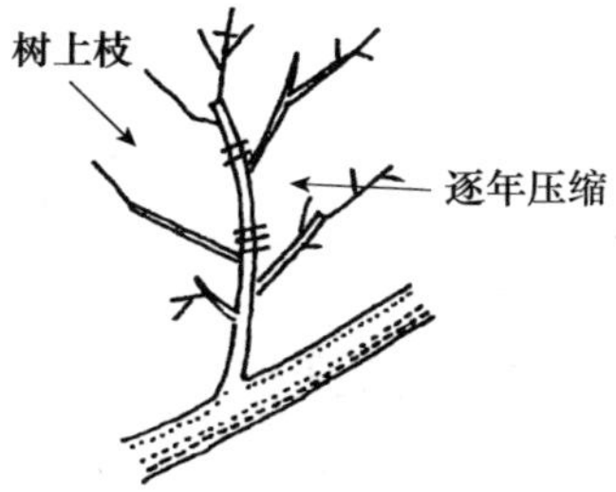

图 6-85　改为中、大枝组

4. 疏、缩密生、衰弱长放枝

(1)疏除中间的直立枝　见图 6-86。

(2)缩剪下垂生长枝　见图 6-87。

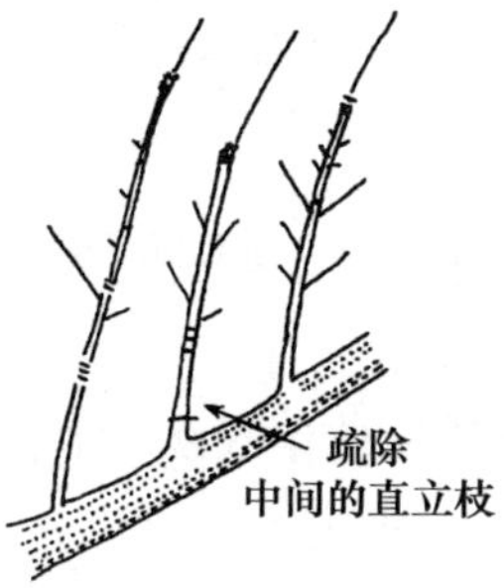

图 6-86　疏除中间的直立枝

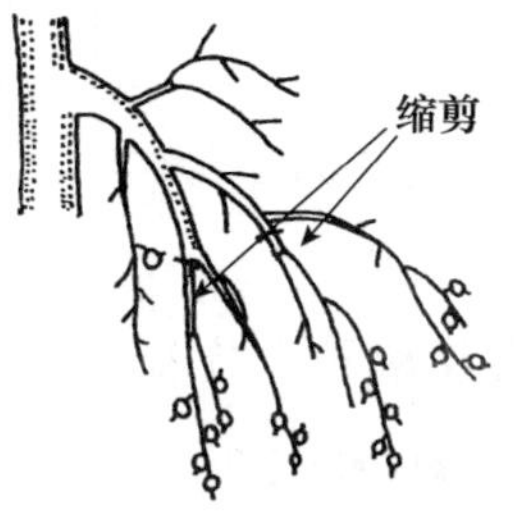

图 6-87　缩剪下垂生长枝

5. 逐年疏除长放大枝　见图 6-88。

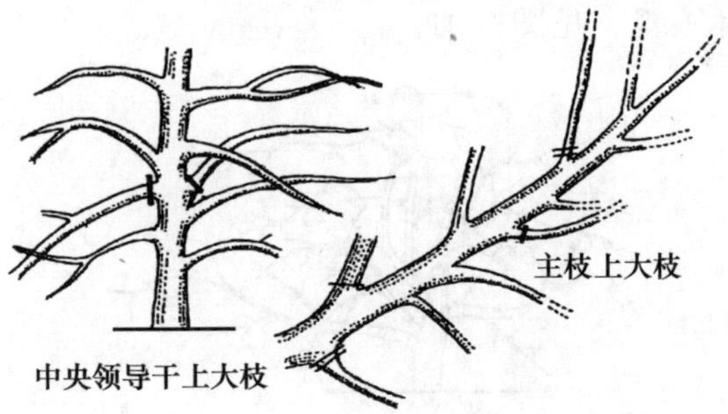

图 6-88　逐年疏除长放大枝

十、多年极度轻剪树

这类树在许多果区均有所见。由于园主特别惜枝，怕影响产量和收入，便不细致修剪，任其自然分枝，逐渐形成大枝直立、密布，相互穿插、丛生，枝组培养不起来，骨干枝中、下部光秃，结果部位外（上）移，产量下降，质量不高。对此类树，要下决心改造。在修剪上要改变手法，经过几年工夫，结合其他综合管理技术，树会很快恢复到正常状态。

（一）生产上的问题

1. 各品种树体表现

（1）元帅系普通品种树体表现　见图 6-89。

（2）国光树体表现　见图 6-90。

图 6-89　元帅系普通品种树体表现

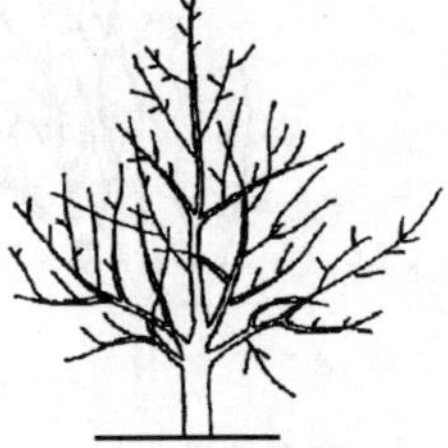

图 6-90　国光树体表现

(3)金冠树体表现　见图6-91。

图6-91　金冠树体表现

(4)短枝型树

①元帅系短枝型树体表现　见图6-92。

②金冠系短枝型树体表现　见图6-93。

图6-92　元帅系短枝型树体表现

图6-93　金冠系短枝型树体表现

2. 大枝过多,纵横穿插,树冠郁闭

(1)幼树期见枝就留　不管主、从关系,见图6-94。

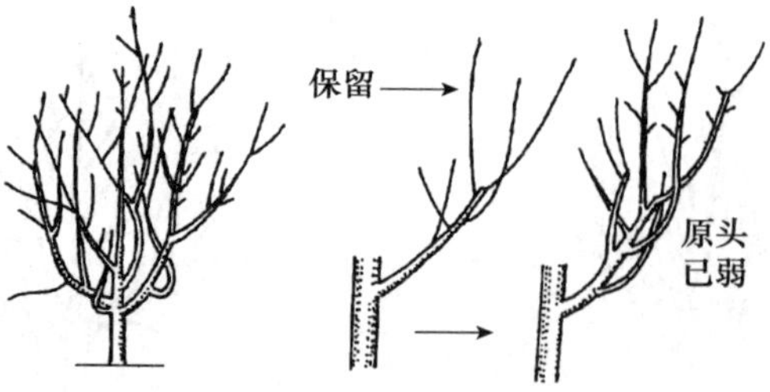

图6-94　幼树期见枝就留

(2)大枝丛生 混乱不堪,枝叶繁多,对病虫害难于防治,见图 6-95。

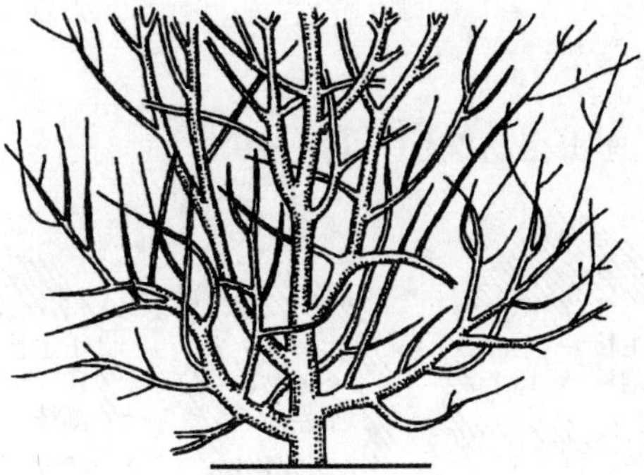

图 6-95 大枝丛生

(3)内膛枝组早衰 骨干枝下部光秃严重,结果表面化,见图 6-96。

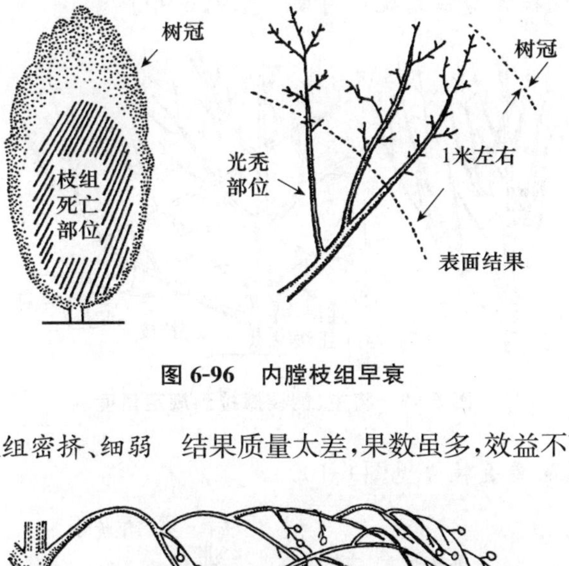

图 6-96 内膛枝组早衰

(4)外围枝组密挤、细弱 结果质量太差,果数虽多,效益不高,见图 6-97。

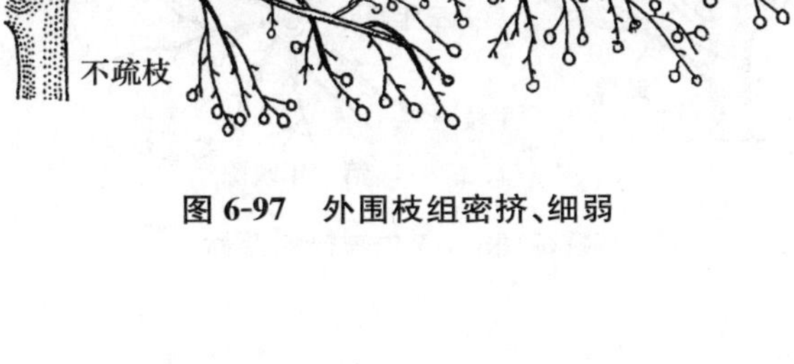

图 6-97 外围枝组密挤、细弱

(二)纠错方法

1. 确定主、侧枝

(1)按树形要求选出主、侧枝　见图 6-98。

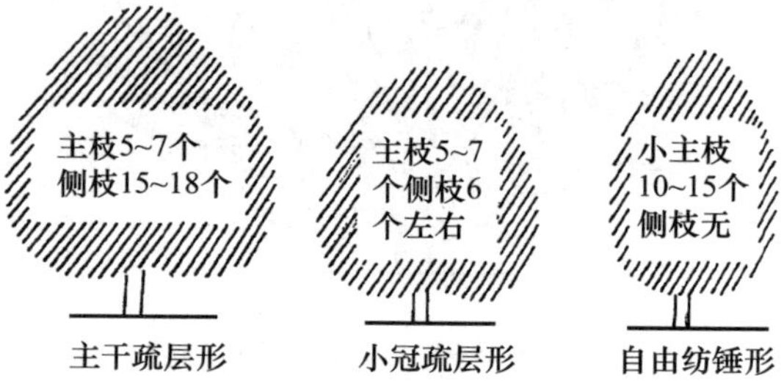

图 6-98　按树形要求选出主、侧枝

(2)将主、侧枝各撑拉到规定角度　见图 6-99。

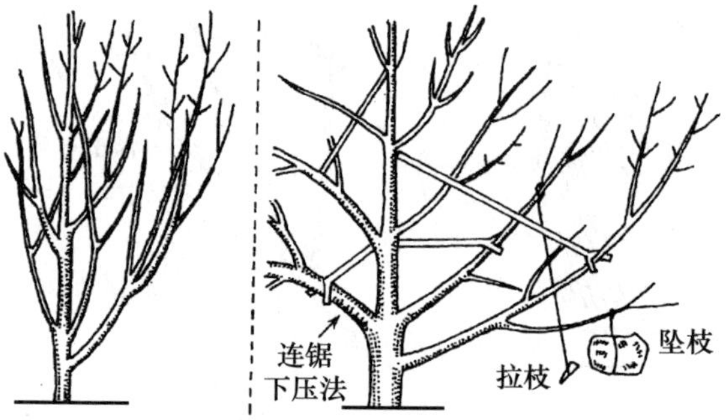

图 6-99　将主、侧枝撑拉到规定角度

(3)逐年疏除重叠枝　见图 6-100。

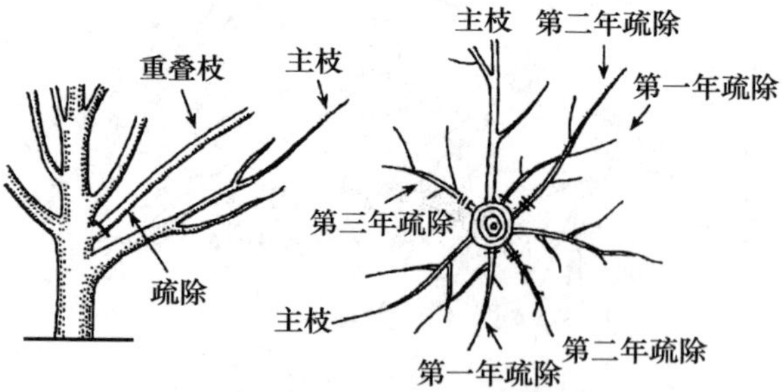

图 6-100　逐年疏除重叠枝

2. 疏、缩主、侧枝背上无用的直立强枝　拉平有用的直立枝，见图 6-101。

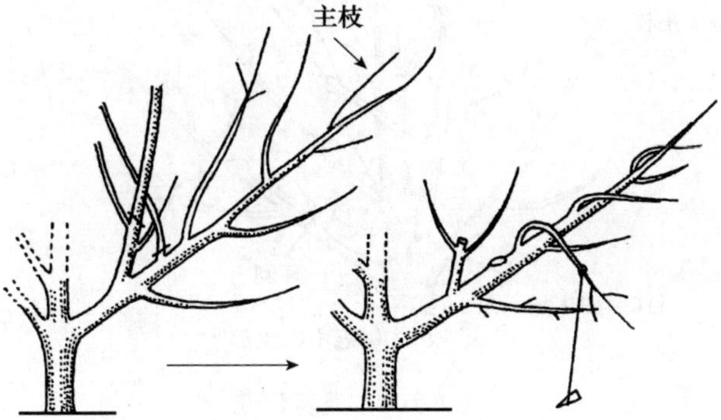

图 6-101　疏、缩主、侧枝背上无用的直立强枝

3. 1～2 年生长枝在中、下部刻芽促枝　见图 6-102。

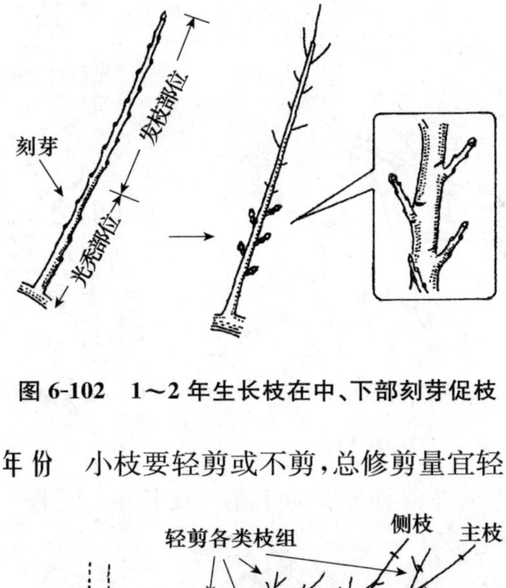

图 6-102　1～2 年生长枝在中、下部刻芽促枝

4. 大枝重剪年份　小枝要轻剪或不剪，总修剪量宜轻，见图 6-103。

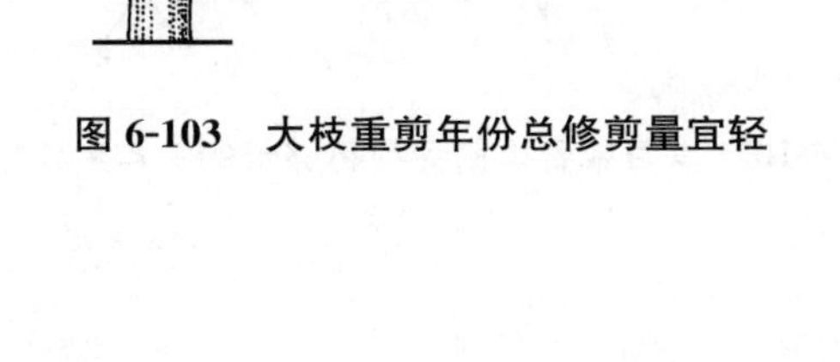

图 6-103　大枝重剪年份总修剪量宜轻

5. 夏剪促花 见图 6-104。

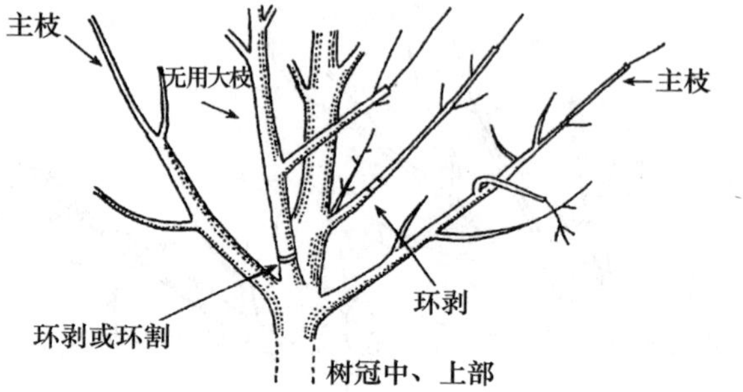

图 6-104 夏剪促花

(1)对背上强梢进行扭梢、摘心 以促花结果,见图 6-105。

(2)疏除剪锯口周围多余新梢 见图 6-106。

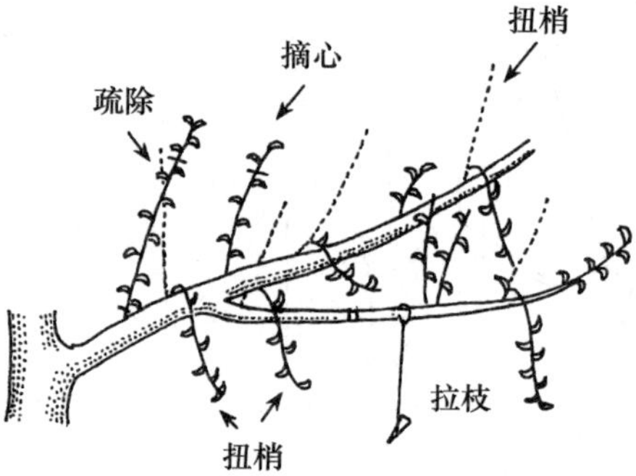

图 6-105 对背上强梢进行扭梢、摘心

图 6-106 疏除剪锯口周围多余新梢

(3)9 月或春季萌芽前将够长的 1 年生枝拉平 见图 6-107。

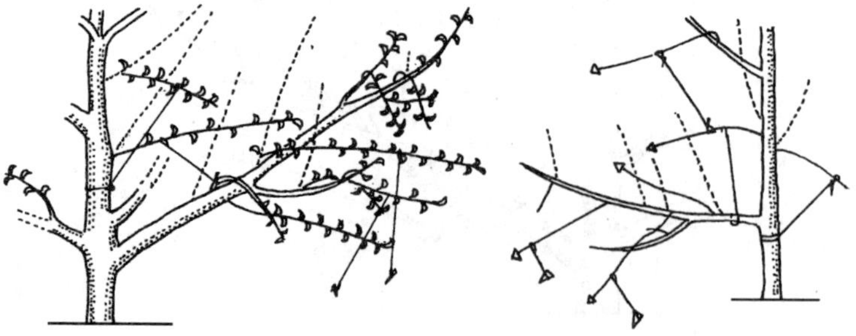

图 6-107 9 月或春季萌芽前将够长的 1 年生枝拉平

十一、疏枝轻重问题

(一)生产上的问题

1. 不疏枝　该长的枝没长成,不该长的枝长得又粗又长(图 6-108)。

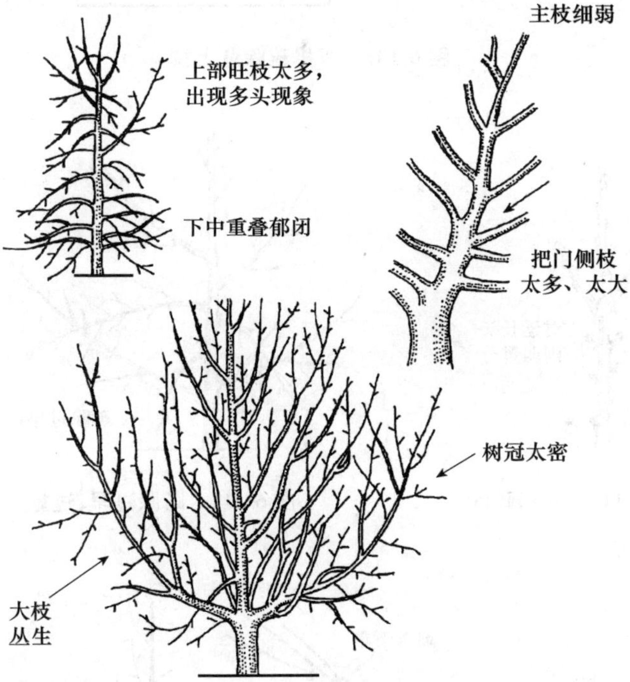

图 6-108　不疏枝的树体表现

2. 疏枝不当

(1)成排疏除　背上枝一个不留,见图 6-109。

(2)对口疏除　对延长头削弱过分,见图 6-110。

(3)疏除过早、过重　见图 6-111。

(4)只疏前部分枝　树的延长头易上翘,见图 6-112。

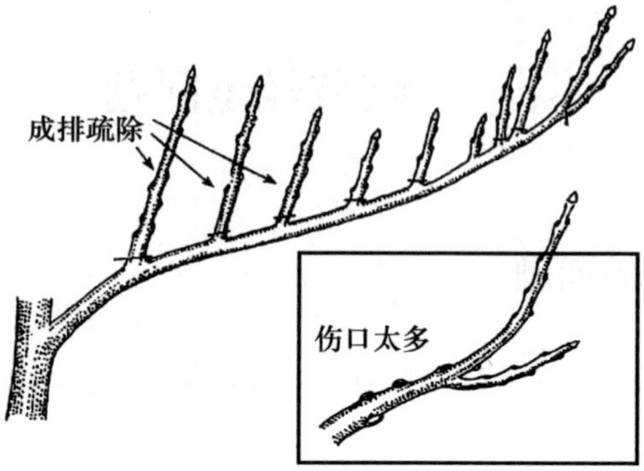

图 6-109 成排疏除背上枝

图 6-110 对口疏除

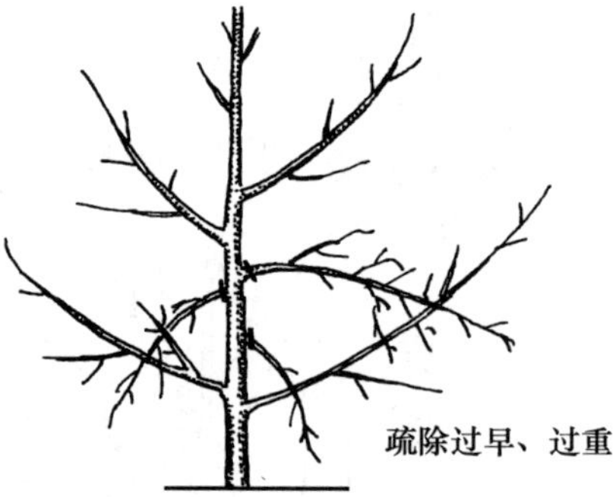

图 6-111 疏除过早、过重

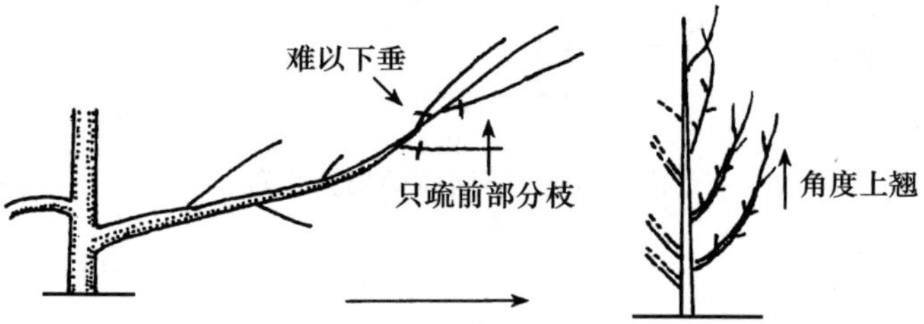

图 6-112 只疏前部分枝

(二)纠错方法

1. 疏枝与扭梢、摘心等结合进行 见图 6-113。

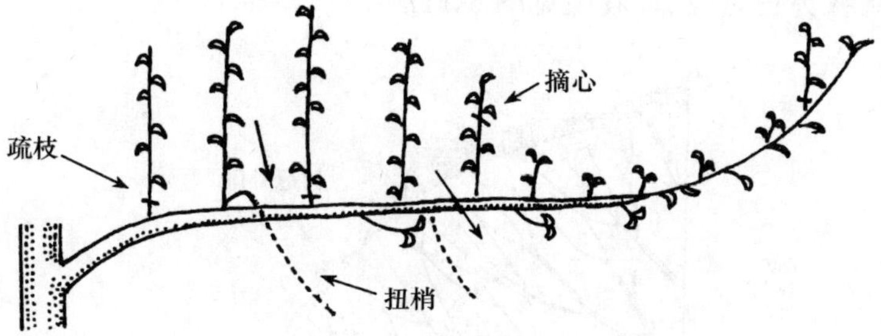

图 6-113　疏枝与扭梢、摘心等结合进行

2. 对纺锤形中央领导头竞争枝的处理　见图 6-114。

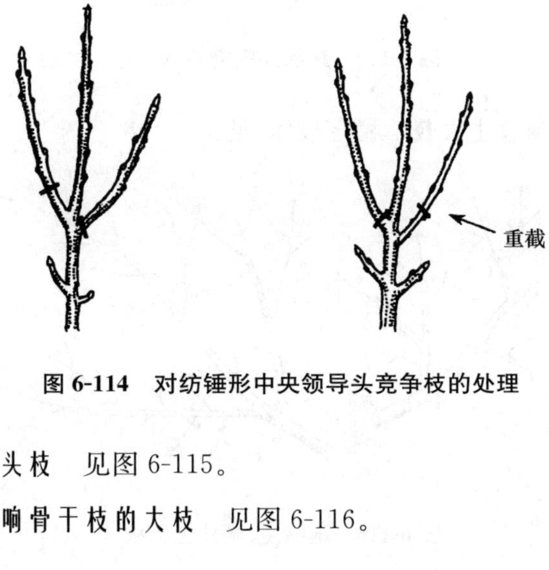

图 6-114　对纺锤形中央领导头竞争枝的处理

3. 轻疏梢头枝　见图 6-115。

4. 重疏影响骨干枝的大枝　见图 6-116。

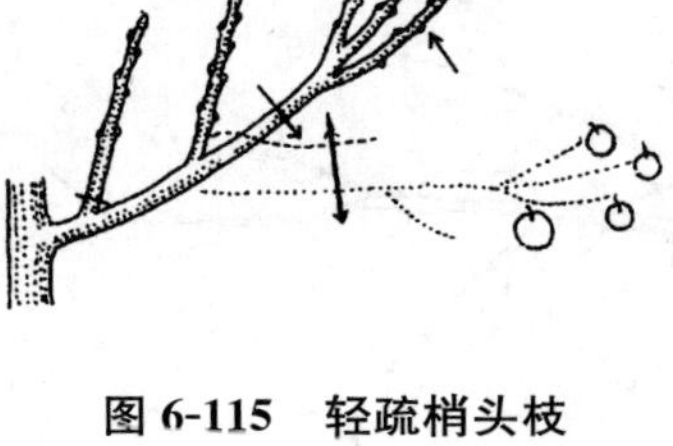

图 6-115　轻疏梢头枝

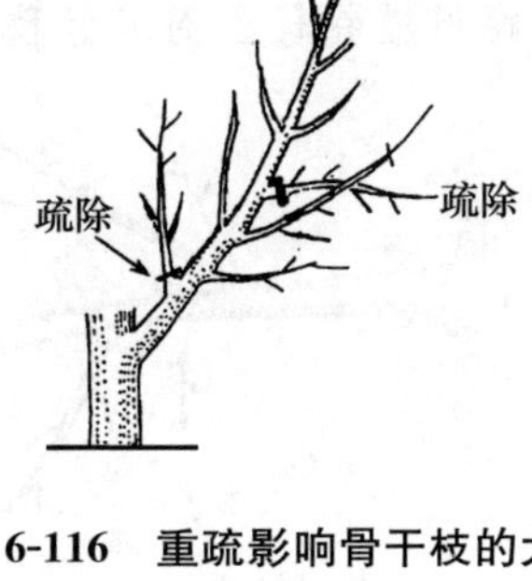

图 6-116　重疏影响骨干枝的大枝

5. 疏除外围密枝、旺枝 见图 6-117。

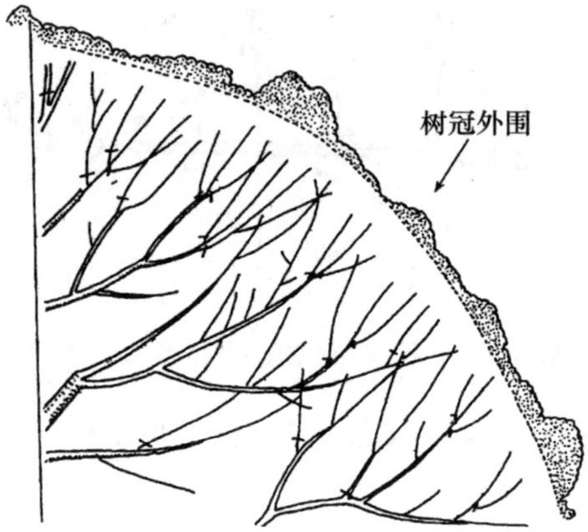

图 6-117 疏除外围密枝、旺枝

6. 疏除主、侧枝上大枝 稳定枝体,见图 6-118。

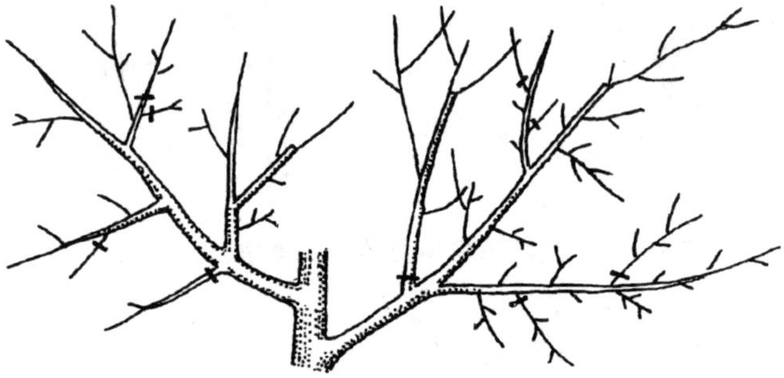

图 6-118 疏除主、侧枝上大枝

7. 疏剪辅养枝上的大分枝 令其继续单轴延伸,见图 6-119。

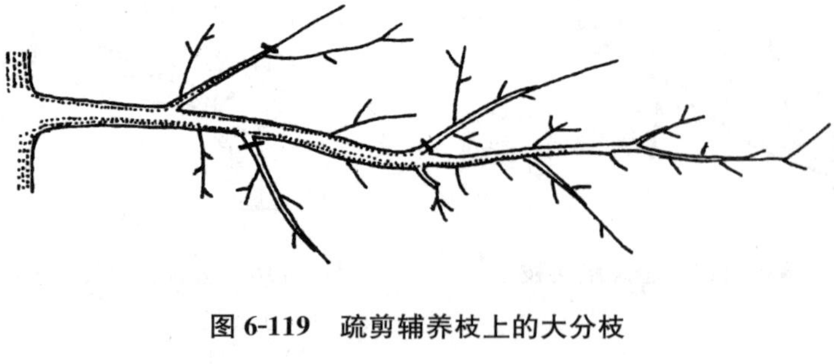

图 6-119 疏剪辅养枝上的大分枝

十二、修剪量掌握不准

对不同年龄时期、不同树势、枝量、花芽量等树，应分情况采用不同的修剪方法，提倡“因树修剪”。但在实际操作中，主要凭操作者修剪经验和技术习惯进行修剪，往往难以掌握统一的修剪量，易出现剪轻或剪重的情况。幼树期，注意整形，若修剪过重，虽然可以快成形，但影响早实丰产，所以提出“整形结果两不误”或“边整形，边结果”的口号；相反，在盛果期，若过度轻剪，枝组得不到及时更新，易使树势和枝势逐年削弱，果小，质量差，单位面积经济效益不佳。

(一)生产上的问题

1. 幼树重截

(1)逢头必截　见图 6-120。

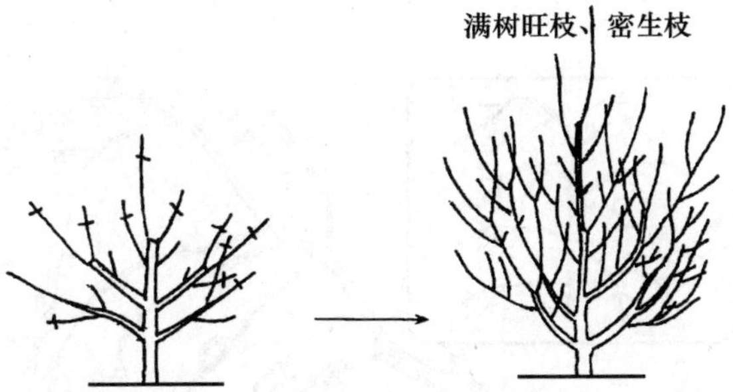

图 6-120　逢头必截

(2)短截太重　多为中截或重截，见图 6-121。

(3)留枝量太少　见图 6-122。

2. 盛果期树剪得太轻　花、果量大，果小、质差，枝组无力，衰弱下垂，见图 6-123。

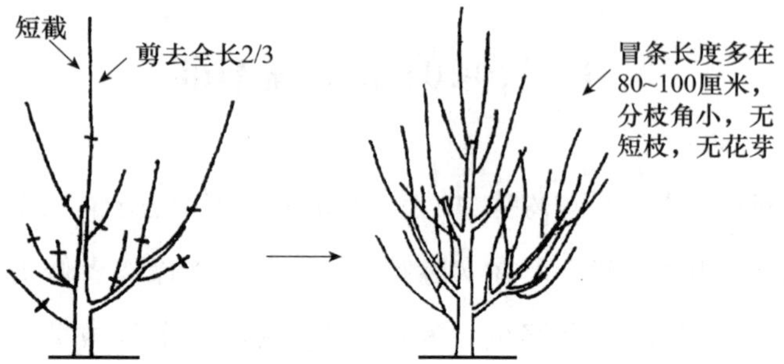

图 6-121　短截太重

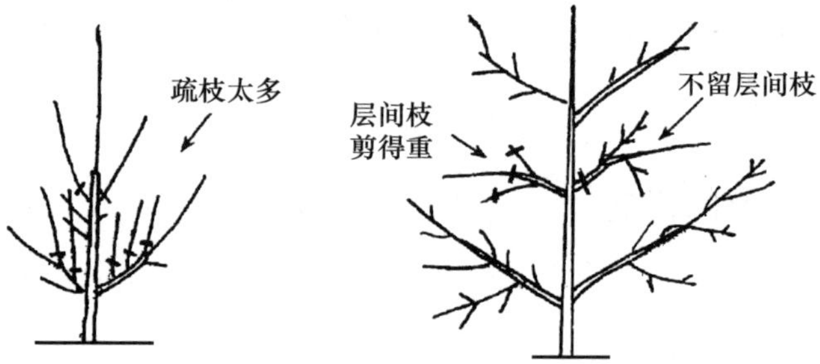

图 6-122　留枝量太少

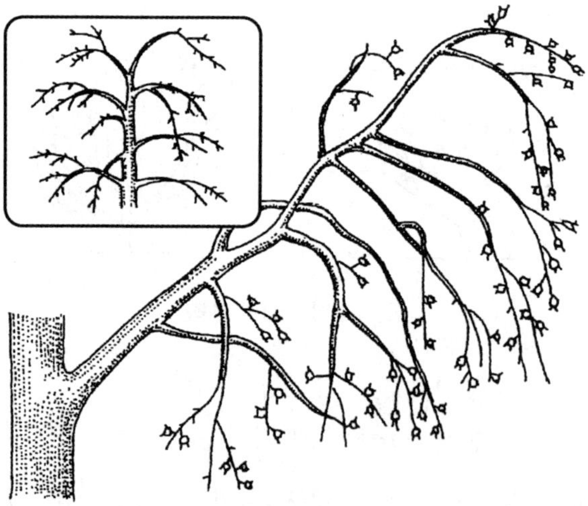

图 6-123　盛果期树剪得太轻

(二)纠错方法

1. 幼树至初果期树

(1)骨干枝、延长枝、辅养枝的处理　骨干枝、延长枝正常短截,剪留 40～60 厘米,辅养枝轻剪长放,拉平、外伸,见图 6-124。

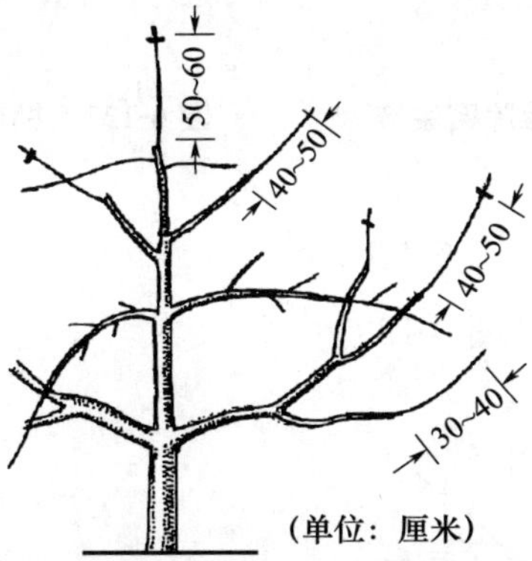

图 6-124　骨干枝、延长枝、辅养枝的处理

(2)处理好骨干枝头周围的枝　见图 6-125。

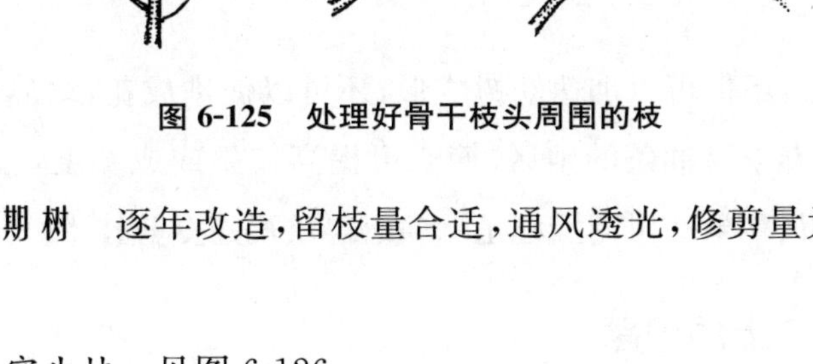

图 6-125　处理好骨干枝头周围的枝

2. 盛果期树　逐年改造,留枝量合适,通风透光,修剪量为适度(20%左右)。

(1)疏除密生枝　见图 6-126。

(2)缩剪衰弱下垂枝　见图 6-127。

图 6-126　疏除密生枝

图 6-127　缩剪衰弱下垂枝

(3)改造辅养枝　见图 6-128。

(4)培养新枝组　见图 6-129。

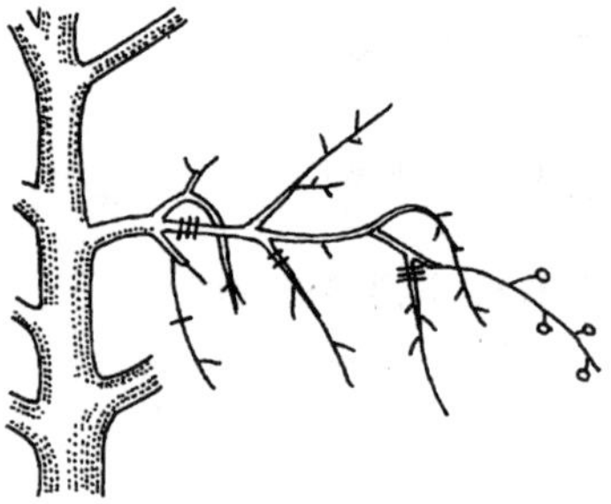

图 6-128　改造辅养枝

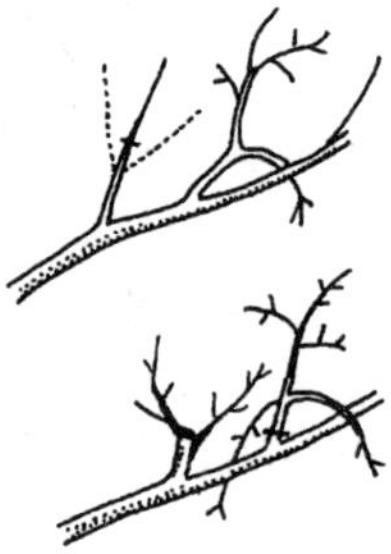

图 6-129　培养新枝组

十三、摘心不合理

新梢摘心,不但可以加速幼树成形,还可以促进成花,培养紧凑型枝组。在冬季寒冷、春季易抽条的地区,摘心可提高枝条或成熟度,有利于幼树安全越冬。所以,苹果幼树期摘心是一项值得重视的夏剪技术。

(一)生产上的问题

1. 一律摘心　见图 6-130。

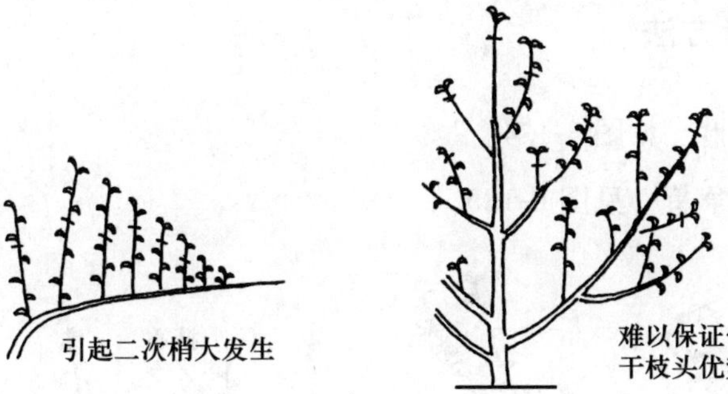

图 6-130　一律摘心

2. 摘心部位太高　见图 6-131。

3. 只摘中心延长梢　见图 6-132。

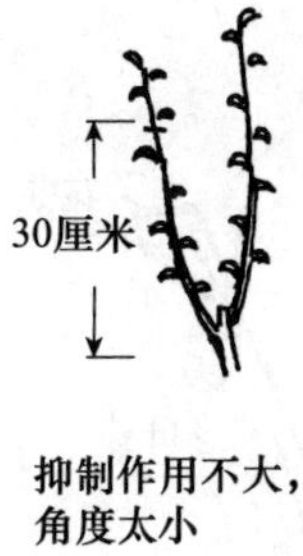

图 6-131　摘心部位太高

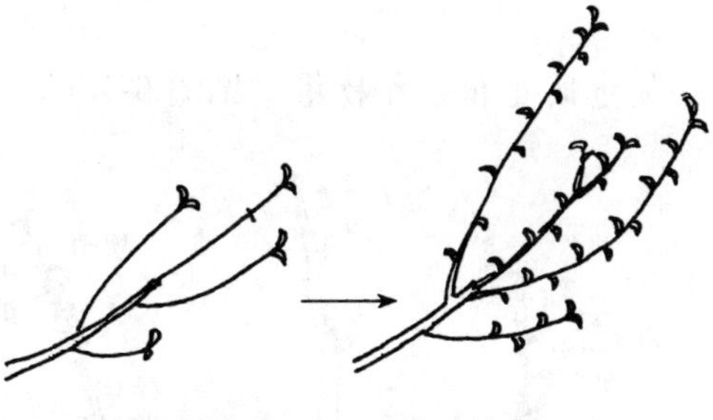

图 6-132　只摘中心延长梢

4. 摘心时间不合适　易抽条地区，摘心早，造成秋梢大发生，不利于安全越冬(图 6-133)。

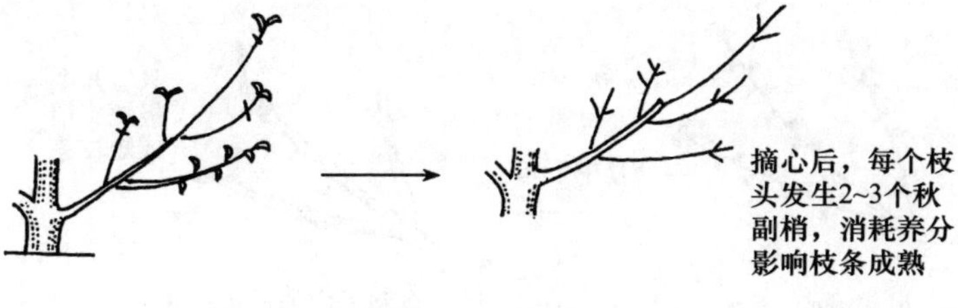

图 6-133　摘心时间不合适

(二)纠错方法

1. 加速成形 见图 6-134。

2. 控制竞争梢 见图 6-135。

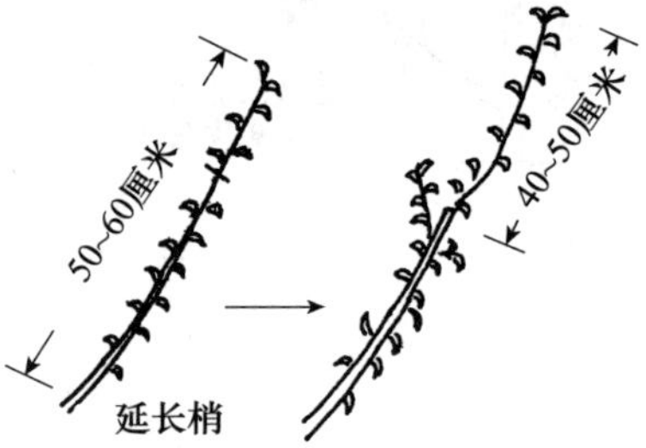

图 6-134 加速成形

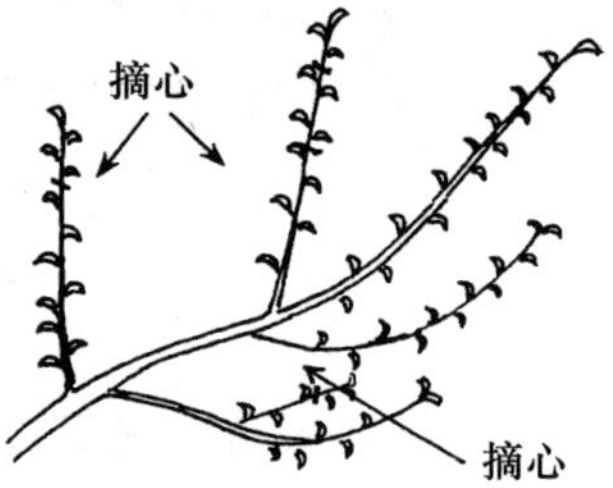

图 6-135 控制竞争梢

3. 促进成花和培养枝组 见图 6-136。

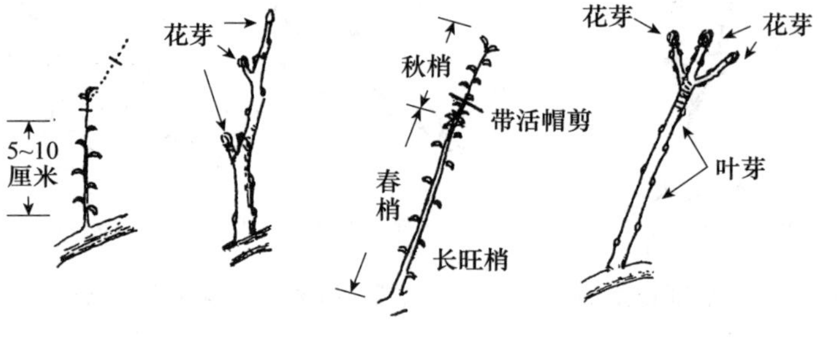

图 6-136 促进成花和培养枝组

4. 提高树体越冬能力 见图 6-137。

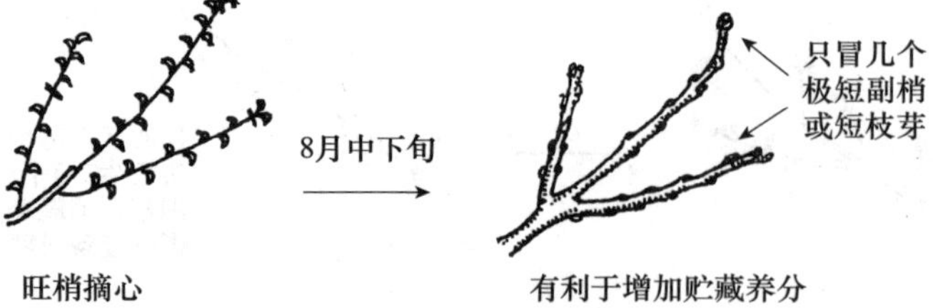

图 6-137 提高树体越冬能力

十四、枝组类型不适宜

(一)生产上的问题

1. 幼树期便开始培养敦实、紧凑型枝组　树势易旺,影响结果,见图 6-138。

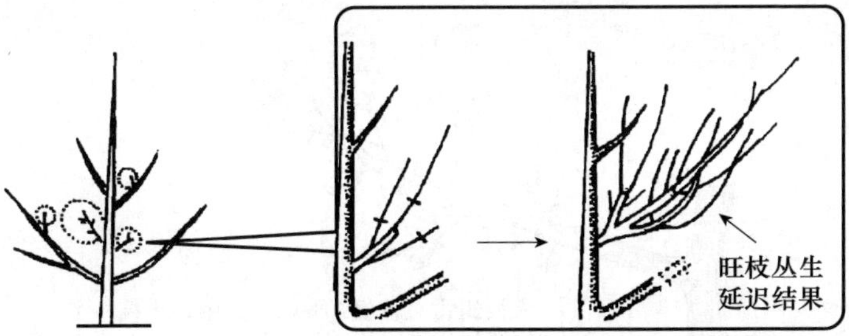

图 6-138　幼果期培养敦实、紧凑型枝组影响结果

2. 盛果期仍培养单轴细长枝组　易使枝组和果枝衰弱,结果能力下降,果品质量不高,见图 6-139。

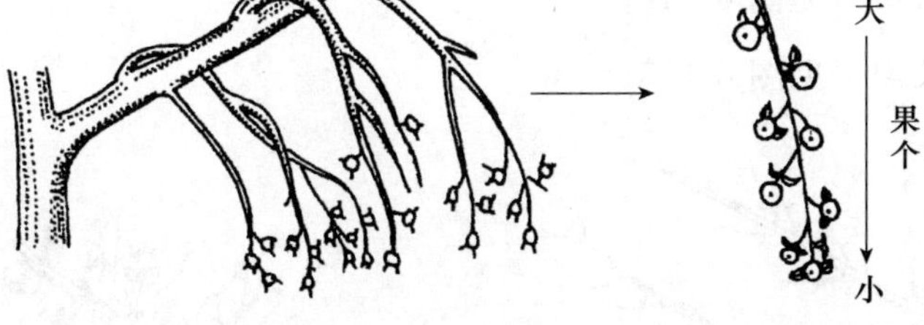

图 6-139　盛果期仍培养单轴细长枝组,导致结果能力下降

3. 盛果期骨干枝背上缺乏大、中枝组　果实、枝干易日灼,产量较低,见图 6-140。

4. 大枝组比例太大　见图 6-141。

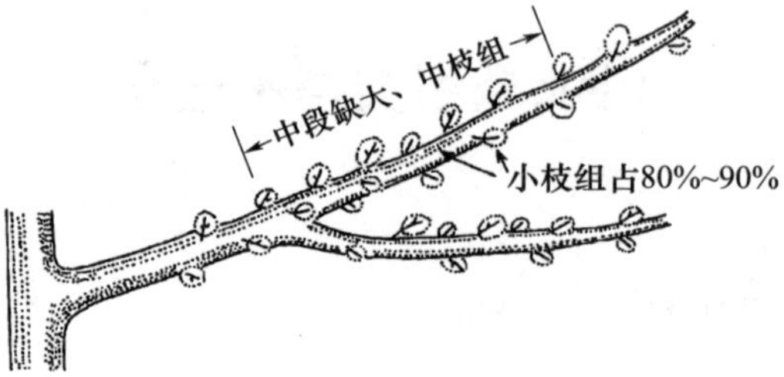

图 6-140 盛果期骨干枝背上缺乏大、中枝组

图 6-141 大枝组比例太大

(二)纠错方法

1. 按树的年龄时期培养枝组

(1)初果期 见图 6-142。

(2)盛果期 见图 6-143。

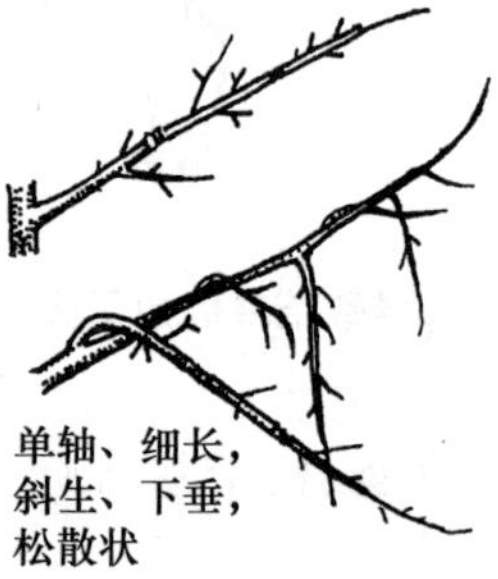

图 6-142 初果期培养枝组

图 6-143 盛果期培养枝组

2. 按树势强弱培养枝组　见图 6-144。

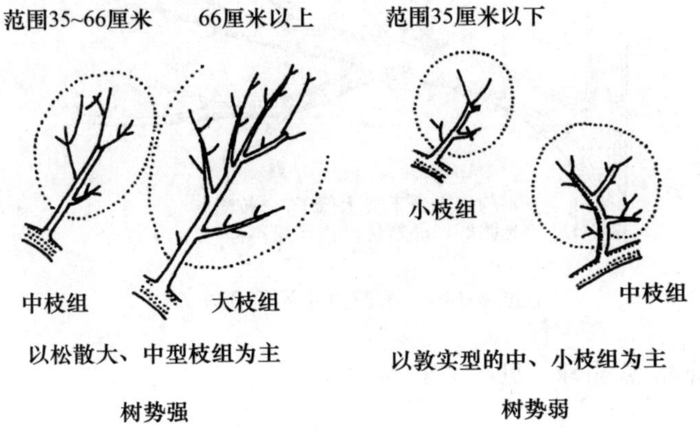

图 6-144　按树势强弱培养枝组

十五、枝组分布不匀

(一)生产上的问题

1. 密度太大不利于生产优质果　见图 6-145。

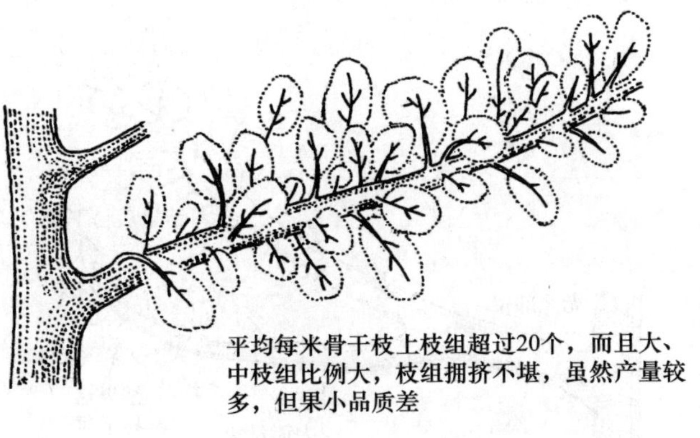

图 6-145　密度太大不利于生产优质果

2. 密度过小不利于丰产　见图 6-146。

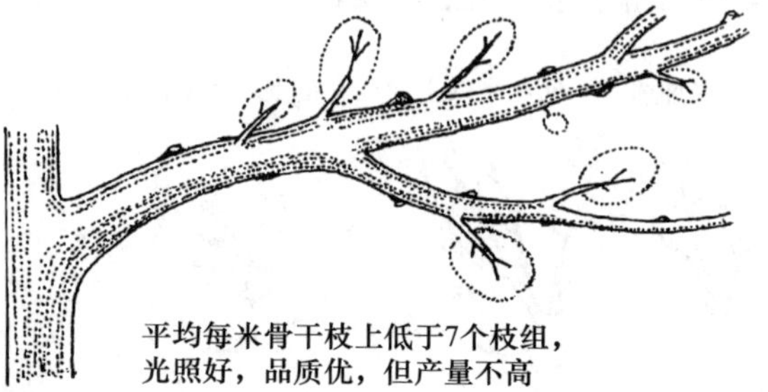

图 6-146　密度过小不利于丰产

3. 分布稀密不匀　见图 6-147。

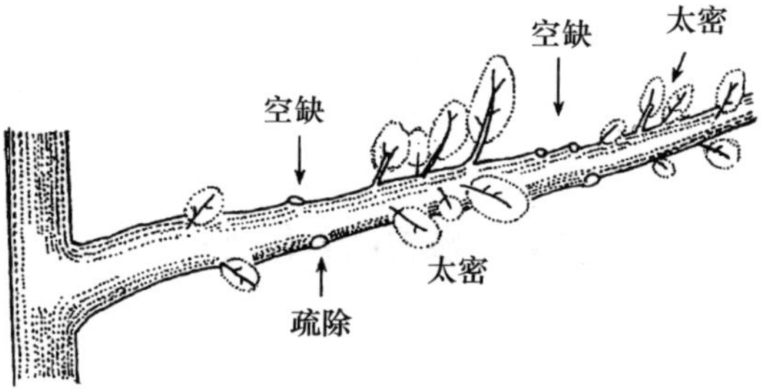

图 6-147　分布稀密不匀

4. 外围枝组太密　见图 6-148。

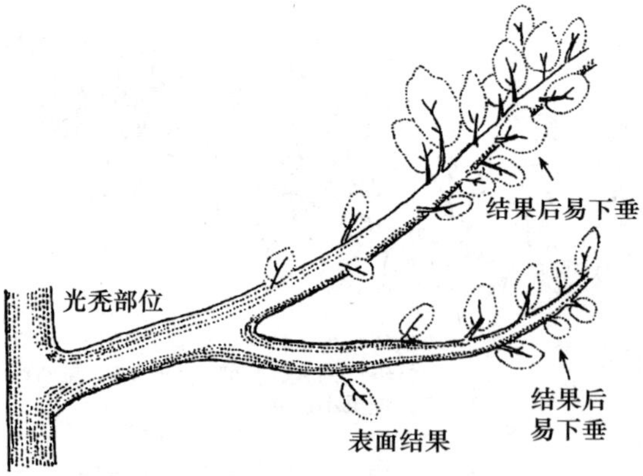

图 6-148　外围枝组太密

(二)纠错方法

1. 加强保护,培养稀疏部位枝组

(1)不踩坏枝组 多用梯凳,少上树,见图 6-149。

(2)减少花、果留量 见图 6-150。

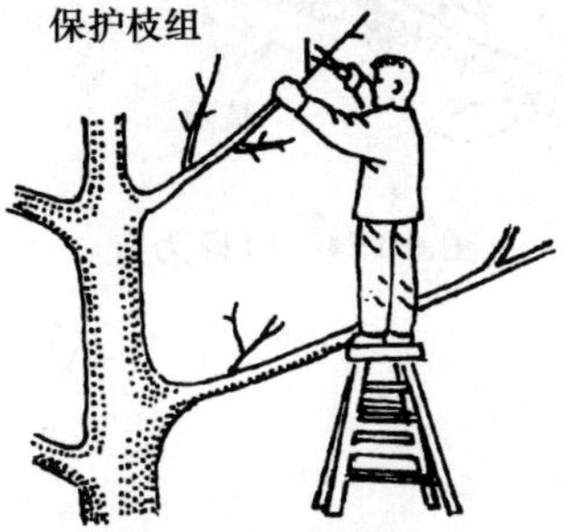

图 6-149 不踩坏枝组

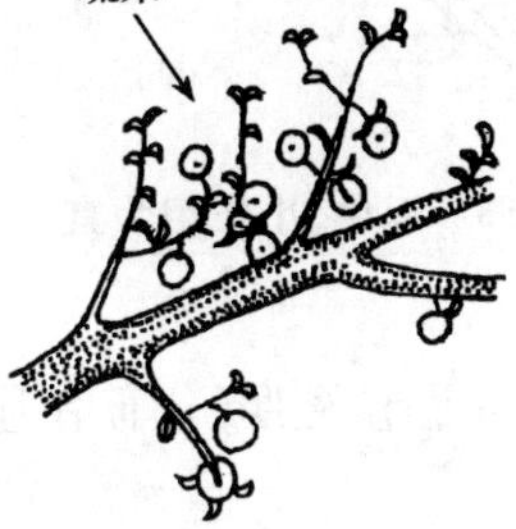

图 6-150 减少花、果留量

2. 疏除密生枝组

(1)疏除衰弱枝组 见图 6-151。

(2)缩剪高大枝组 见图 6-152。

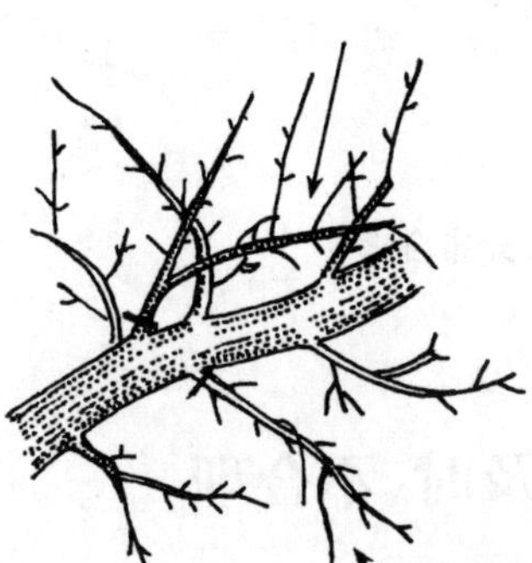

图 6-151 疏除衰弱枝组

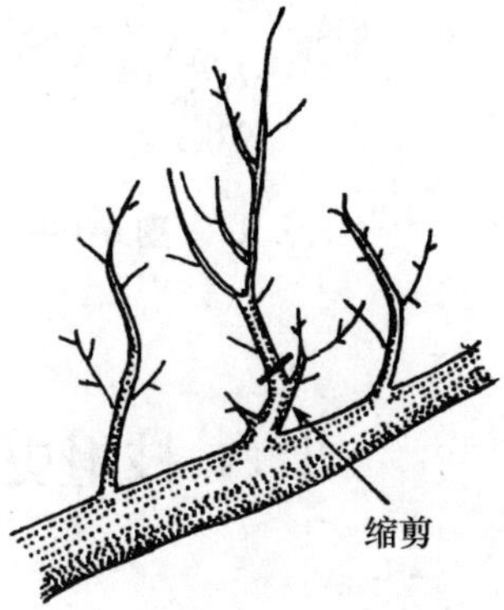

图 6-152 缩剪高大枝组

3. 控制外围枝组

(1)以中、小枝组为宜 见图 6-153。

(2)以稀为宜　见图6-154。

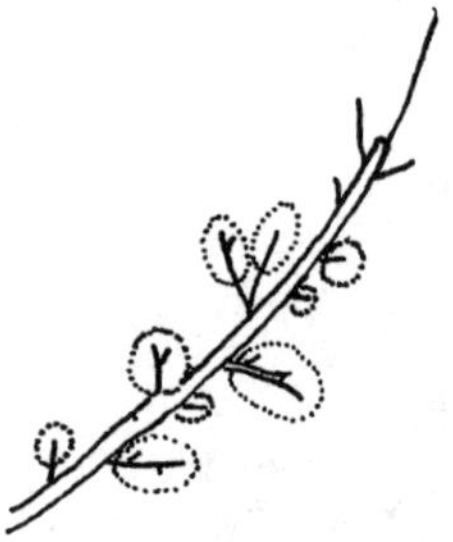

图6-153　以中、小枝组为宜

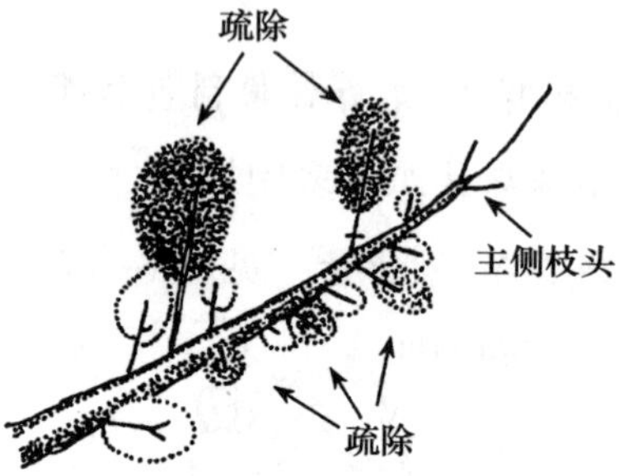

图6-154　以稀为宜

4. 保持适宜密度,分布合理　见图6-155。

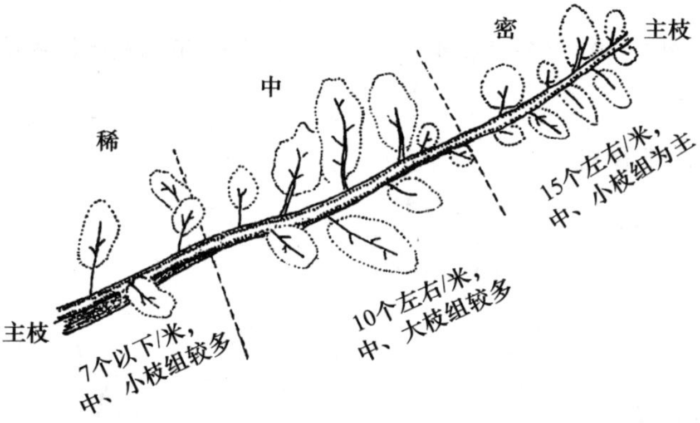

图6-155　保持适宜密度,分布合理

十六、枝组更新复壮不及时、不合理

枝组健壮程度与坐果率和果品质量密切相关。一般年龄轻的枝组生长健壮,开花坐果好,果大质佳;反之,则果小、质差,产量下降。但枝组在一株树上有几百个,甚至上千个,因此修剪起来要求细致、周到、合理,使大部分存留枝组生长正常,结果良好。

(一)生产上的问题

1. 结果过多加速了枝组衰老进程　见图 6-156。

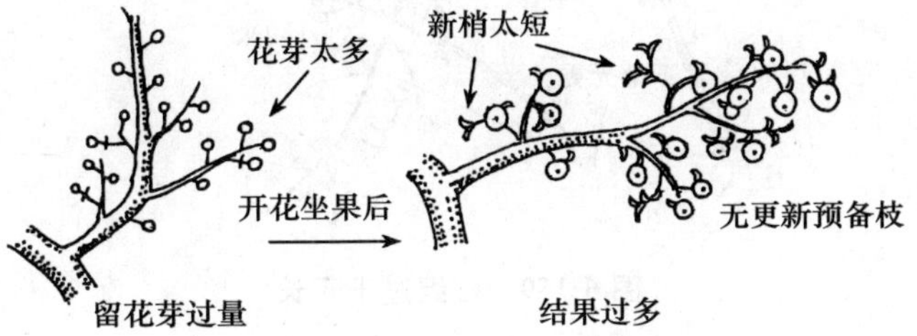

图 6-156　结果过多加速了枝组衰老进程

2. 下垂枝组较多且衰老　缺乏自我更新能力，见图 6-157。

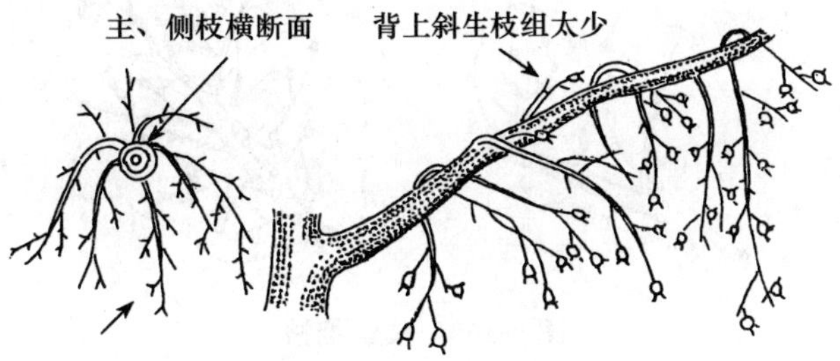

图 6-157　下垂枝组较多且衰老

3. 果枝年龄过大　大于 7 年生的较多，果台枝多为短枝，见图 6-158。

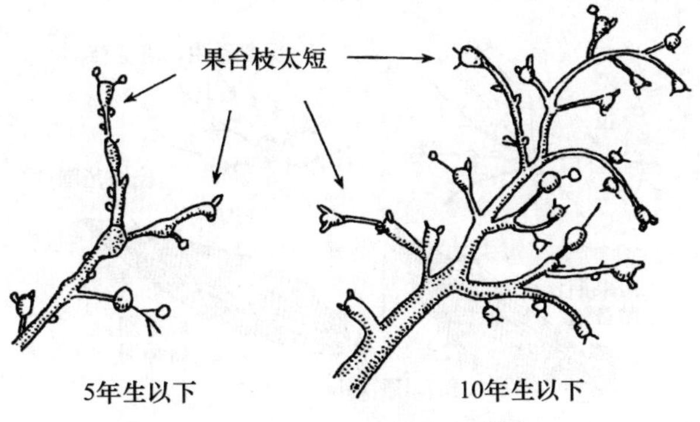

图 6-158　果枝年龄过大

4. 枝组过于冗长 细软无力,结果个小、质差,见图6-159。

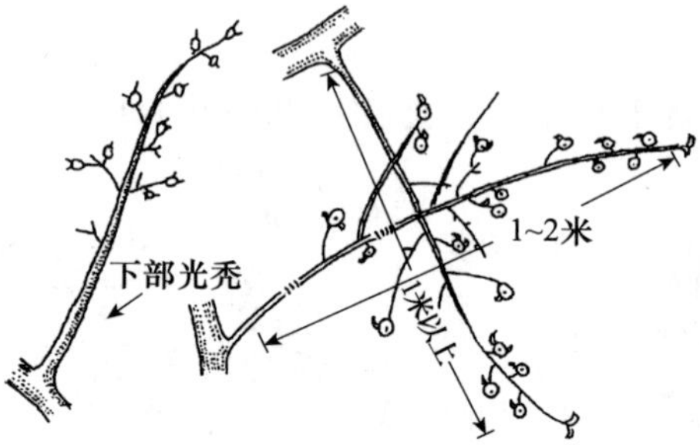

图6-159 枝组过于冗长

5. 枝组拥挤 缺光早衰,见图6-160。

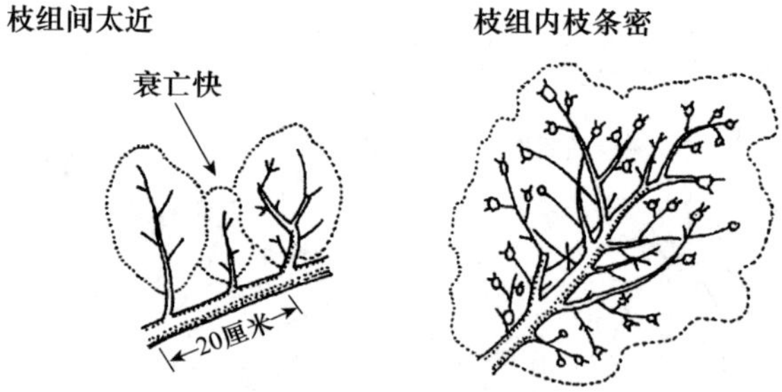

图6-160 枝组拥挤

(二)纠错方法

1. 用枝组姿势协助其势力 见图6-161。

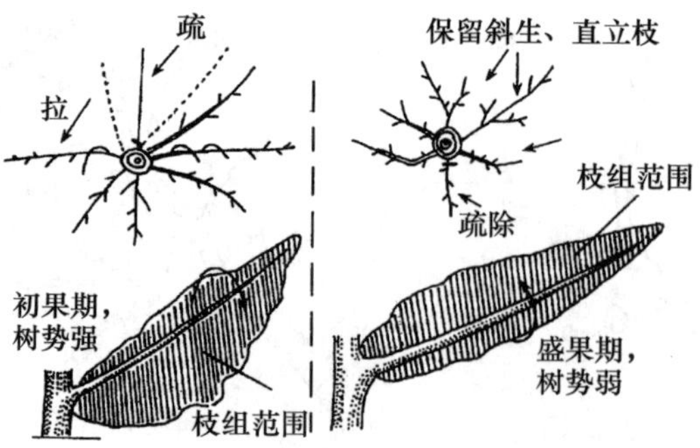

图6-161 用枝组姿势协助其势力

2. 各类枝组插空排列 高低相间,错落有致,充分利用空间和阳光,见图 6-162。

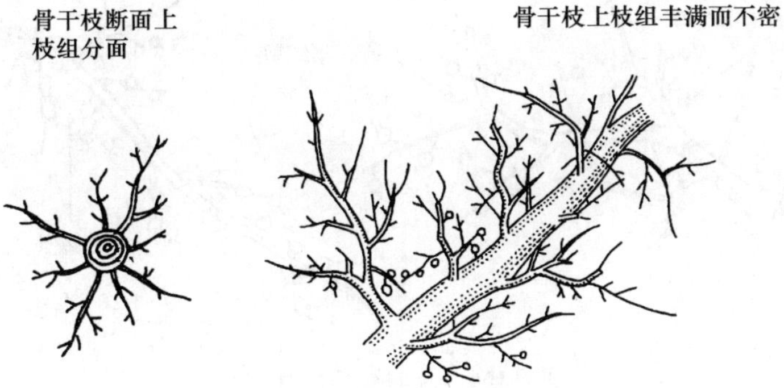

图 6-162 各类枝组插空排列

3. 为培养良好枝组创造条件

(1)大枝间距大些 见图 6-163。

(2)骨干枝角度大些 见图 6-164。

图 6-163 大枝间距大些

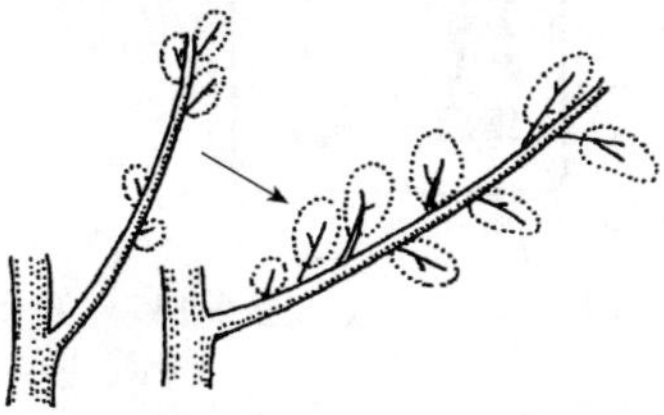

图 6-164 骨干枝角度大些

(3)打开层间 见图 6-165。

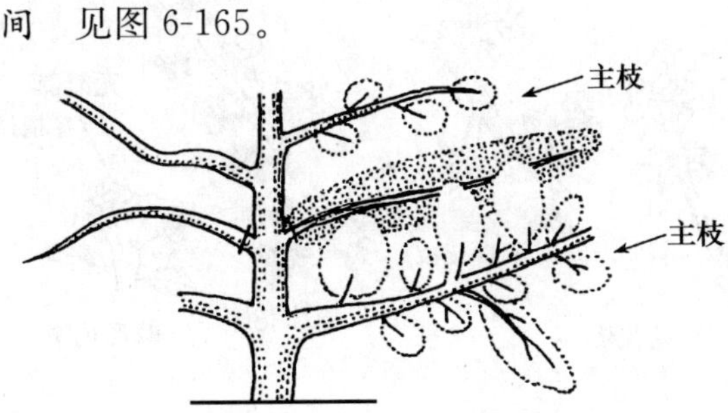

图 6-165 打开层间

4. 及时更新复壮枝组 见图6-166。

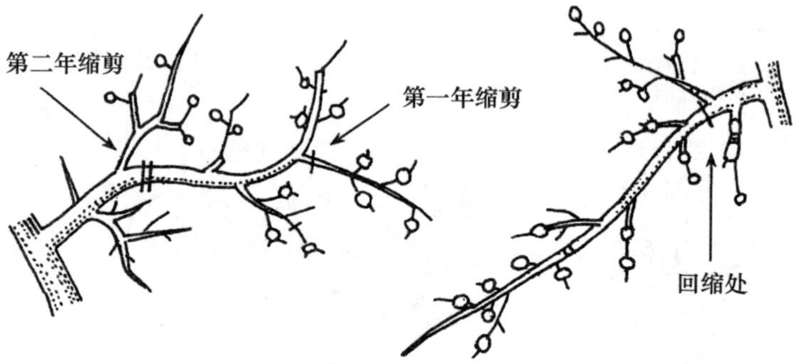

图6-166 及时更新复壮枝组

5. 疏除过多、过弱花芽 见图6-167。

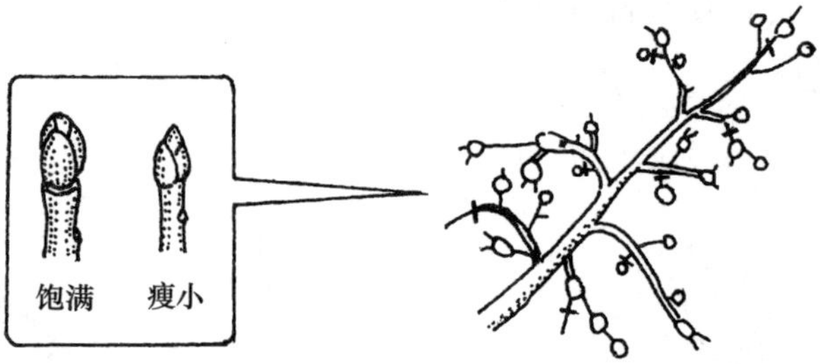

图6-167 疏除过多、过弱花芽

6. 疏除多余花序 见图6-168。

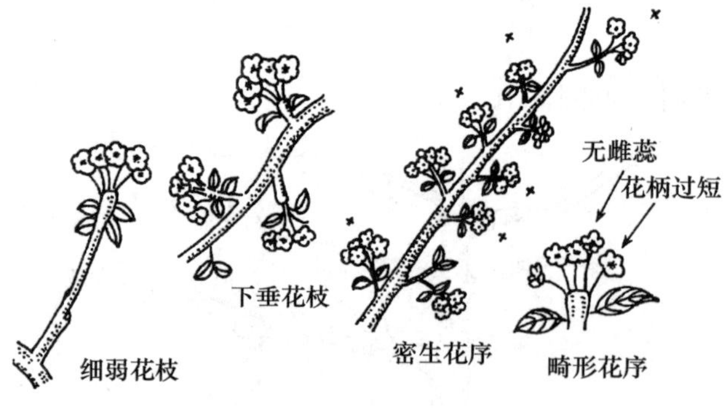

图6-168 疏除多余花序

7. 疏除多余幼果　见图 6-169，全树按适宜负载量留果（或中心果）。

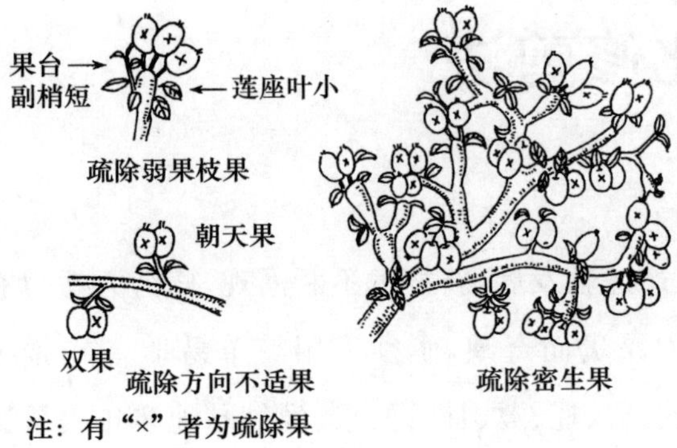

图 6-169　疏除多余幼果

8. 控制大枝组比例　见图 6-170。

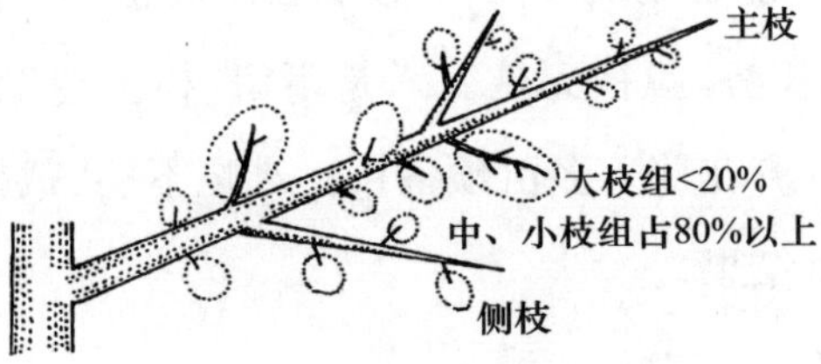

图 6-170　控制大枝组比例

9. 枝组新梢中截，准备更新条件　见图 6-171。

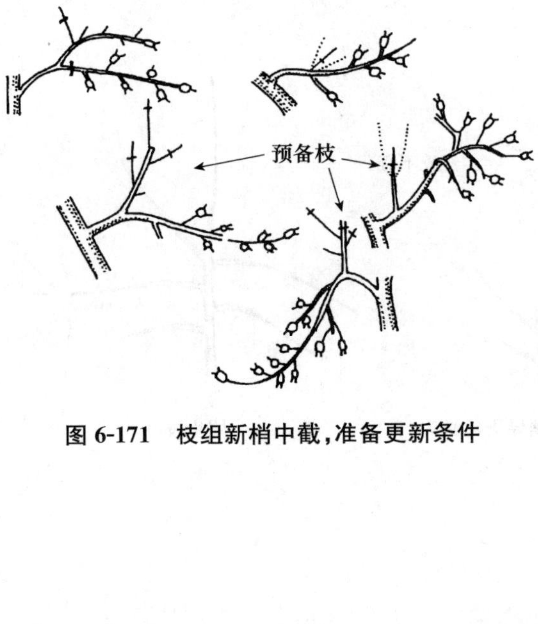

图 6-171　枝组新梢中截，准备更新条件

第 七 章
省工简化修剪法

我国苹果生产蓬勃发展,新技术不断涌现,修剪方法也有许多创新。近年来,果园劳动力昂贵而奇缺,亟须采用简单易学、省工高效的修剪方法。为此,我们经过陕、鲁、辽、冀、甘、晋、京、豫等基地多年大量试验、示范,已总结出一套以疏、拉为主的简易省工法。其要点是:一是除个别延长枝外,一般不短截。二是除特殊需要外,一般不回缩。三是尽可能采用长放法(连放6~7年)。四是尽可能采用疏枝法,大枝和枝组间留够距离。五是用角度调控枝条和全树的生长势,拉枝到位。六是不留“树上树”和背上大枝组。七是不搞串花枝回缩(齐花剪),多留预备枝。八是不搞“戴帽”(年痕处)剪(因缩短枝轴,不利下垂结果)。

一、基本不短截

见图7-1。

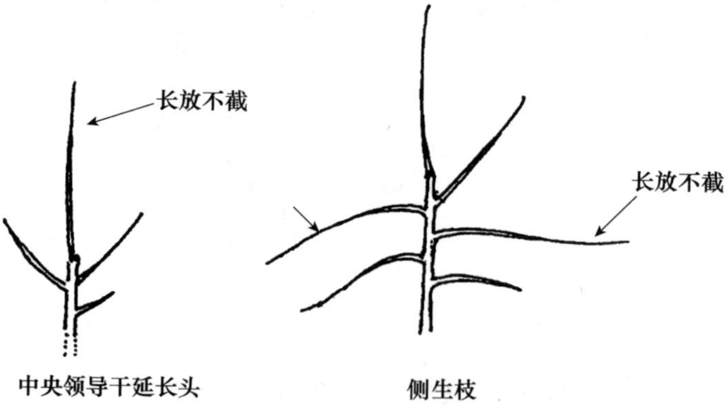

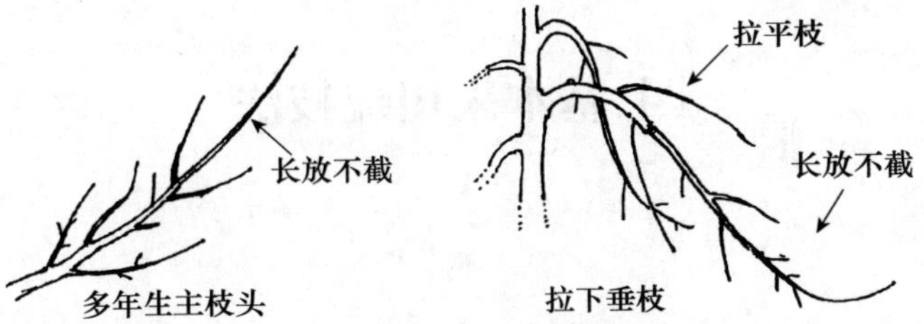

图 7-1　基本不短截

二、基本不回缩

见图 7-2。

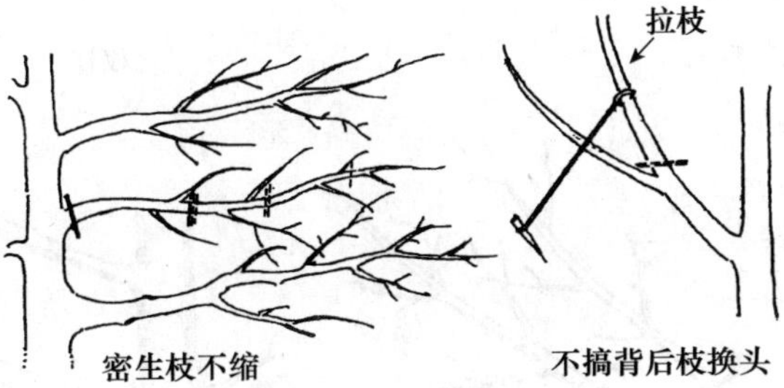

图 7-2　基本不回缩

三、基本采用长放法

见图 7-3。

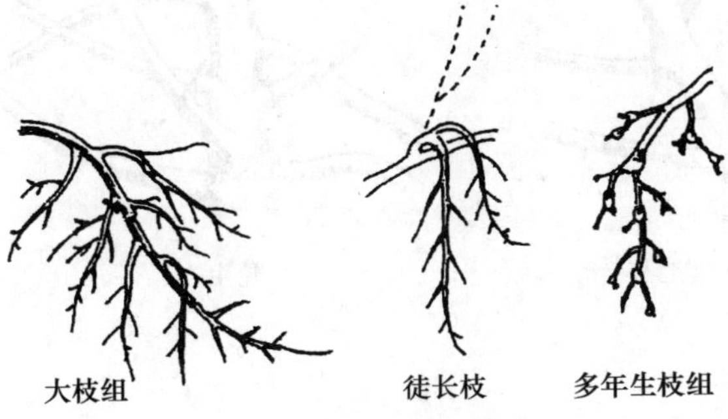

图 7-3　基本采用长放法

四、基本采用疏枝法

见图 7-4。

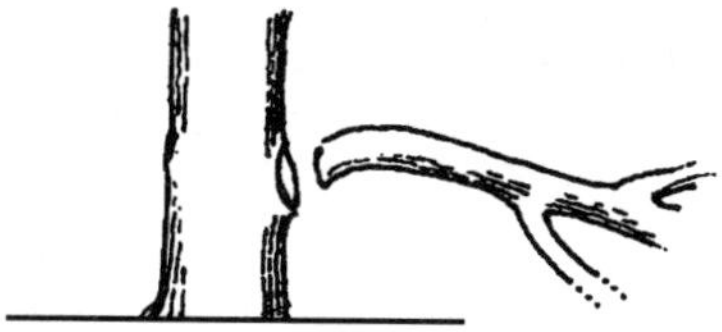

低位枝

三杈枝

双头枝

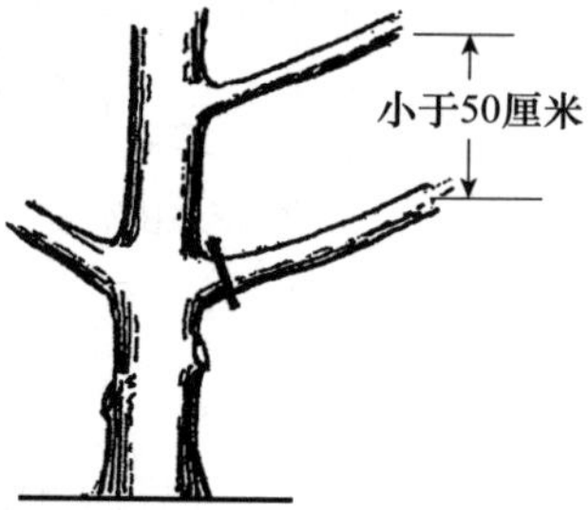

重叠枝

排骨枝

轮生枝

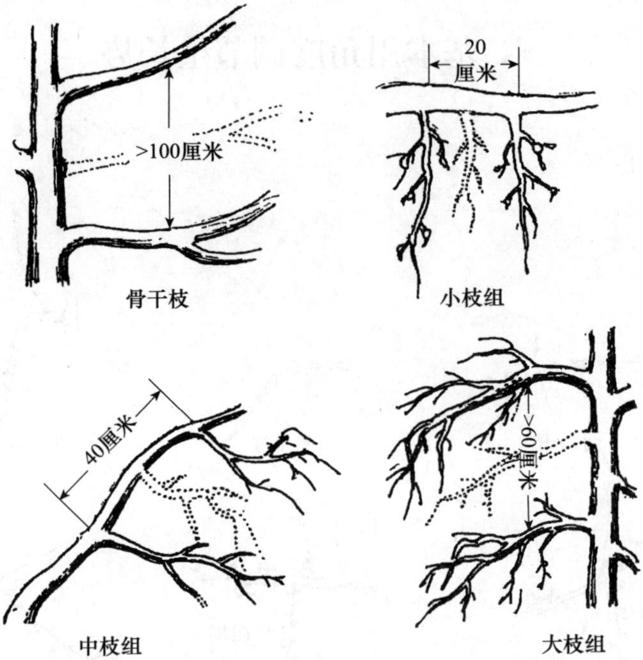

图 7-4　基本采用疏枝法

五、基本不留树上树(直立强旺树)

见图 7-5。

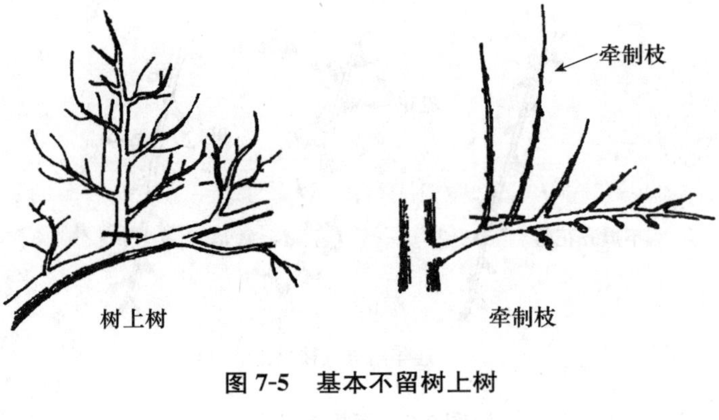

图 7-5　基本不留树上树

六、基本用角度调节生长势

见图 7-6。

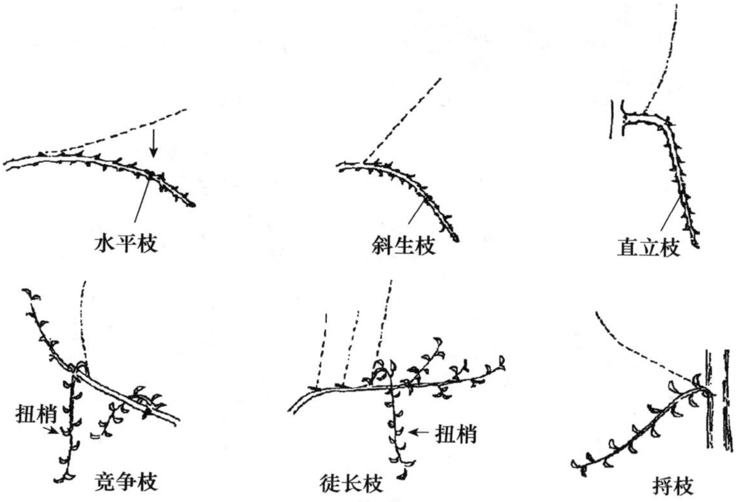

图 7-6 基本用角度调节生长势

七、不搞齐花剪(花上剪)

见图 7-7。

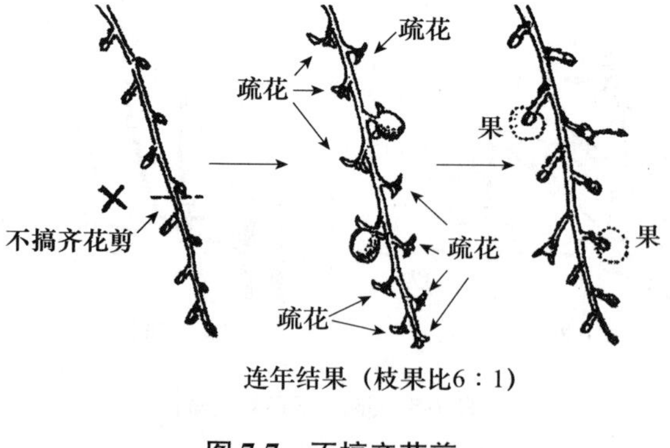

图 7-7 不搞齐花剪

八、不搞“戴帽”剪

见图 7-8。

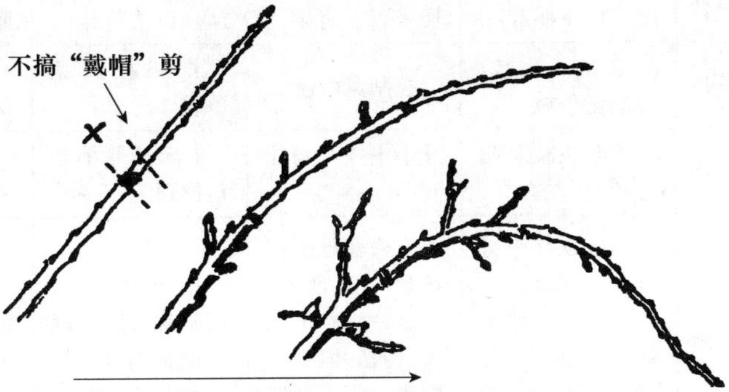

图 7-8　不搞“戴帽”剪

通过上述简化省工修剪法，劳动效率成倍提高。在利用锋利剪锯的情况下，每人每天可剪初果期树 50～60 株，盛果期树 30～40 株。据在河南省陕县二仙坡果园调查，修剪熟练的技术员 1 人剪 1 株树用的时间是：5 年生矮砧红王将用 3 分钟，5 年生乔砧红富士用 4.7 分钟，8 年生乔砧红富士用 8.1 分钟。技术简单易学，树体反应稳定，丰产、稳产，易于普及推广。

附表　4 种树形 1～5 年生整形修剪方法

年份	作业项目	树形			
		小冠疏层形	自由纺锤形	细长纺锤形	主干形
栽后第一年	定干高度	70～80 厘米	60～70 厘米	70～90 厘米	90～100 厘米
	苗木管理	抹除主干上 40 厘米以下萌芽	抹除主干上 30 厘米以下萌芽	抹除主干上 50 厘米以下萌芽	抹除主干上 40 厘米以下萌芽
	夏季管理	选留三主枝，控制竞争枝	控制竞争枝	严格控制竞争枝	对侧梢摘心，摘顶叶，转节间
	秋季管理	拉开主枝基角达到 60°左右	小主枝基角拉到 70°～80°	1 米长侧梢基角拉到 70°～90°	对长旺侧梢拿枝软化
	冬季管理	中央领导头剪留 80～90 厘米，各主枝头剪留 40～50 厘米，剪口芽留外芽，方位角 120°	中央领导头剪留 50～60 厘米，选 2～4 个小主枝，剪留 40～50 厘米，剪口芽留外芽	中央领导头，强不截，弱短截于饱满芽处，保持中央干优势	去除全部侧梢，中央领导干短截于饱满芽处
栽后第二年	春季管理	主干抹芽同上年，控制骨干枝、竞争枝，选留一、二层主枝，必要时，刻芽促枝	主干抹芽同上年，控制竞争梢和直立梢	主干抹芽同上年，对拉平枝背上新梢采取多种方法分别控制	主干抹芽同上年，支顶促侧，分道环割 1～2 道
	夏季管理	控制竞争枝、直立旺枝、密生枝等	同上年	同上年	拉平 30 厘米长新梢，对竞争杈在木质化后，于基部环割
	秋季管理	拉开主枝基角达 60°，腰角 70°～80°角；年生长量＜1 米者，长放不拉	拉枝同上年	侧梢 70～80 厘米长者拉平	拉平或软化新梢
	冬季管理	保持 1～2 层间距 70～80 厘米，各主枝头剪留 40～50 厘米，中央领导头剪留 50～60 厘米，注意侧枝的选留位置	小主枝强旺者可不剪，中庸者可留 40 厘米短截	疏竞争枝、直立枝和重叠枝、密生枝，中央领导头可不剪	中央领导头饱满芽处短截，剪除秋梢，保留春梢

续表

年份	作业项目	树形			
		小冠疏层形	自由纺锤形	细长纺锤形	主干形
栽后第三年	春季管理	管理同上年	管理同上处	将 70～80 厘米旺枝拉平，对背下芽于芽前刻伤，其他剪法同上年	新梢 30 厘米时拉到 90°～100°角，在当年新梢 15 厘米长时，对上年分枝基部环割促花
	夏季管理	同上年	同上年	同上年	同上年
	秋季管理	同上年	同上年	同上年	同上年
	冬季管理	疏除近中央领导干 20 厘米内的直立、徒长枝	中央领导头剪留 50 厘米左右，各小主枝头剪留 40 厘米左右	保持中央领导干生长优势，在树高 2.5 米时，不必短截延长头，令其成花	中央领导头饱满芽处剪，疏过密、重叠枝，留 15 个左右大枝组
栽后第四年至第五年	春季管理	同前几年	同前几年	同前几年	光秃带刻芽，其他同前几年
	夏季管理	注意疏除徒长枝、密生枝，对辅养枝进行促花修剪	同前几年	同前几年	新梢 30 厘米长时拉到下垂状，对 1～2 年生枝基部环割，搞好疏花、定果工作
	秋季管理	同前几年	上部小主枝拉枝，其他同前几年	同前几年	同前几年
	冬季管理	4 年生树中央领导头、主、侧枝头各剪留 50～60 厘米、40～50 厘米和 40 厘米左右，辅养枝拉平、长放。5 年生树，树高已达 3 米，基部主枝头可不短截，继续留第二、第三层主枝。用先放后缩法培养枝组	中央领导头可长放，或用弱枝换头，各小主枝头不必再截，疏剪外围竞争枝、直立枝，开始疏剪下部过多大枝	中央领导头长放，控制或疏除侧生旺枝。调整中下部侧生枝角度，保持树势平衡	中央领导干高达 3 米以上时，延长头长放。注意疏剪密生枝、重叠枝，保持适宜枝干比

后 记

我是一位果树栽培技术工作者，从1965年开始，直至今日，绝大部分时间是在生产一线度过的，对我长年身居生产一线指导生产的体会进行总结。一是解决问题多。我在苹果产区蹲点几十年，充分了解果农的生产要求和存在的问题，并进行现场指导，就地解决问题。二是讲课培训人员多。我的足迹遍布大部分苹果产区，在山东省青岛、烟台、临沂等地，山西省运城、临汾、晋中等地，河南省商丘、新郑、洛阳、三门峡等地，甘肃省天水、庆阳、平凉等地，河北省衡水、唐山、保定等地，辽宁省葫芦岛、丹东、海城、大连等地，陕西省宝鸡、咸阳、延安、渭南等地，以及津京地区等讲课、考察多次，培训50万～60万人次。在讲课前后，果农会提出许多技术难题，绝大部分我当场就能给予解答；有些现场回答不了的问题，我通过查阅资料、请教能者等方式，写信或通电话回复果农，让果农满意。三是考察果园多。一般在职期间每年出差80～100天，退休后20多年每年出差180～230天，所到果园难以计数，在考察中发现许多生产上的问题并总结出较好的经验。四是培养示范园多。如河南省三门峡市陕州区二仙坡果业基地，陕西省三原县马额镇郭战虎苹果示范园，辽宁省兴城市三道沟乡李希林苹果示范园，北京市顺义区张镇乡张金旺SOD苹果示范园等30多个，这些示范园技术规范，果品质量好，果园管理经验丰富，推广价值高，对苹果提质增效起到重要的示范作用。

汪景彦